高等教育学前教育专业实践应用型系列教材

学前儿童发展心理学

莫秀锋　郭　敏　编著

东南大学出版社
·南京·

图书在版编目(CIP)数据

学前儿童发展心理学/莫秀锋，郭敏编著. —南京：东南大学出版社，2016.3(2024.8 重印)
高等教育学前教育专业实践应用型系列教材
ISBN 978-7-5641-5861-3

Ⅰ.①学… Ⅱ.①莫…②郭… Ⅲ.①学前儿童—儿童心理学—发展心理学 Ⅳ.①B844.12

中国版本图书馆 CIP 数据核字(2016)第 013116 号

学前儿童发展心理学

出版发行	东南大学出版社
社　　址	南京市四牌楼 2 号　**邮编**　210096
网　　址	http://www.seupress.com
电子邮箱	press@seupress.com
经　　销	全国各地新华书店
印　　刷	苏州市古得堡数码印刷有限公司
开　　本	787mm×1092mm　1/16
印　　张	18.75
字　　数	421 千
版　　次	2016 年 3 月第 1 版
印　　次	2024 年 8 月第 4 次印刷
书　　号	ISBN 978-7-5641-5861-3
定　　价	49.90 元

本社图书若有印装质量问题，请直接与营销部联系。电话(传真)：025-83791830

前　言

了解儿童是科学教育儿童的前提。我国学前领域的国家文件与政策，一向强调学前教育要符合儿童的身心发展特点，要“以游戏为主”。因此，作为阐明学前儿童心理发展的具体内容、发展的规律与特点、发展的影响因素及其影响机制的《学前儿童发展心理学》，一直是学前教育专业的核心必修课程。该课程的学习效果如何，将影响到学生能否通过幼儿园教师资格的笔试和面试，能否胜任幼儿园的教育教学工作，能否顺利地迈向专业成长或者继续深造，甚至能否在今后成为称职的父母……

如何帮助学前教育专业学生学好这门奠基性的重要课程，如何帮助广大幼儿教师和家长通过儿童的简单行为或者复杂活动，去了解儿童心理的已有发展水平、儿童当下面临的困惑，如何准确地捕捉儿童的最近发展区和新的生长点，如何为儿童提供必要而不多余的支持，针对这些问题，作者十多年来持续进行教改研究和实践，这本书即为十多年教改研究的一个总结。因此，本书可作为高等院校学前教育专业学生、幼儿师范学校学生使用的教材，也可以作为广大幼儿教育工作者、儿童心理研究者、广大学前儿童家长阅读的参考书。

本书内容具有如下三个特点：

一是导向性与新颖性。本书的理念紧扣学前领域的国家文件与政策的有关精神，有助于读者形成科学的儿童观和教育观，主动摒弃学前教育小学化的倾向。书中核心概念的界定，均源于权威的工具书，研究成果均力求有确切的来源，确保内容的科学无误。同时，本书在尊重传统知识体系、确保内容科学权威的同时，也努力吸收新的研究成果，关注社会热点。比如，实践中不时出现对儿童的需要产生误读的现象，为解决这个问题，本书特别增加了学前儿童需要发展与引导的内容——这是之前的教材并未涉及的内容。此外，引用了有关母乳喂养、传递性推理、脑科学等的新近研究，以开阔视野。本书也选择性地关注诸如癔症性黑矇、儿童逗酒事件、女童摔婴等社会热点，以加深读者对儿童科学养育内容的理解与重视。

二是合理性与支持性。本书由四编构成，第一编为绪论，阐述学前儿童发展心理学的研究对象、内容、方法和主要的理论流派，以及学前各年龄段儿童心理发展的基本特征。第二编、第三编和第四编分别阐述学前儿童心理过程、心理状态、个性心理与社会性的发展。如此点面结合的编排，有助于读者先了解这门学科和儿童心理的整体面貌，再深入了解学前儿童各种心理现象的发生、发展和相应的培养措施。本书为读者特意搭设了多层支架：每一章均设有学习目标，每一节均设有生动有趣的引导案例，正文的相应内容中适当地回应引导案例，每一章之后有重要知识点的小结和本章检测，这不仅有助于课堂学习，更有助于课后的预习、复习或自学。特别是，国内不少学前教育专业在本课程之前并未开设《普通心理学》类的课程，因而，本书第二、三、四编的内容，在阐述发展心理学的知识之前，均设有最基本的心理学背景知识。若课时有限，这部分的知识，可以在多层支架和教师任务驱动的引导下自学。如此环环相扣的编排设计，充分地体现了对教师教学便利的关照，以及对学习者的贴心支持和鼓励。

三是实用性与拓展性。本书充分考虑不同层次读者的需求，在追求实用性的同时，也力求凸显拓展性。首先，本书的实用性和拓展性，不仅体现在多层支架便于教与学方面，还体现在理论与实践的有机融合和深度对接方面。本书中大量的案例均源于一线教育教学或者育儿实践，这些案例帮助读者理解相对抽象的理论知识，这些理论知识又能够反过来解释、解决案例中提及的问题。其次，书中还专门设计拓展阅读和操作性的复习思考题，鼓励乐于探究的学习者深化阅读、深入实践，去发现和解决更多一线实践中的教育教学问题。此外，书中的核心概念，均附有英文，也是旨在方便课后拓展，鼓励有志于跟进新研究或者继续深造的教师和学习者。最后，本书在学前儿童心理过程、心理状态、个性心理与社会性的发展特点之后，均安排有特定的培养措施，以鼓励学习者学以致用、深度拓展，迈向专业成长。

本书由莫秀锋、郭敏编著。具体人员分工为：莫秀锋策划、列出了本书的四级提纲，撰写第一编的第一章、第二章，以及第二编的第一章、第二章、第三章、第四章、第五章、第六章，并且负责对全书进行深度修改、统稿、定稿；郭敏撰写第三编的第一章、第二章，以及第四编的第一章和第二章；曾志飞参与第二编中第七章的撰写。

本书获得了广西高等教育本科教学改革工程项目《聚焦案例 行动研究 立体跟进——高师学前教育专业心理学课程的教学改革实践》(2015JGA146)的资助，特以致谢！本书即为该课题的阶段性成果之一。

我要特别感谢我的导师李红教授对全书四级提纲的认真审核和悉心指正！还要特别感谢东南大学出版社的责任编辑张丽萍老师认真负责的工作态度、耐心细致的工作作风和卓有成效的贡献。我的合作者在撰写过程中对所撰写的部分进行了不厌其烦的反复修改，作为主编，我也要特别感谢她们的辛勤劳动。在本书的撰写过程中，我们引用或借鉴了国内外的大量文献，在此谨对这些文献的作者表示衷心的感谢。感谢为本书的校对、出版付出努力的林俊兴高级工程师等同仁，感谢引导案例中的所有教师和儿童，以及为本书提供多幅绘画作品的林语佳小朋友。

尽管在编著过程中付出了很大的努力，但是疏漏之处在所难免，恳请广大读者批评指正，以期完善。

莫秀锋

2016 年 2 月

于广西师范大学教育学部

目　录

第一编　绪　论

第二编　学前儿童心理过程的发展

第一编

绪　论

第一章

学前儿童发展心理学概述

学习目标

1. 了解学前儿童心理的研究原则和研究方法，儿童心理学发展的理论流派
2. 理解学习学前儿童发展心理学的意义，理解学科性质、研究对象与研究内容
3. 掌握学前儿童心理发展的基本规律，初步掌握观察法
4. 应用无害活动的研判标准去判断学前儿童的自发活动

第一节　学前儿童发展心理学的研究对象与研究内容

引导案例 1-1

到底应该用哪个概念呢？

几位幼儿教师正在进行有关幼儿园小、中、大班孩子们的进餐行为的研究，一切都很顺利。不过在形成研究方案时，就概念的采用问题，大家出现了不同的意见。黄老师认为，应该用“儿童进餐行为研究”，张老师认为应该用“学前儿童进餐行为研究”，李老师则认为应该用“幼儿进餐行为研究”。

思考：若您在场，您认为用哪个题目更准确呢？为什么？

引导案例 1-2

蓓蓓的“顽皮”①

家长们陆续接走孩子，活动室里的孩子越来越少。实习教师照例放音乐给孩子们

---

① 莫秀锋．告别“双刃剑”——论儿童规则教育的立足点．山东教育（幼教园地）（中国人民大学复印报刊资料《幼儿教育导读》2010 年 2 期全文转载），2009(10)：10-12.

听。这时2岁半的蓓蓓缓缓地跪到了瓷砖上。实习教师立刻提醒道:“蓓蓓,你又顽皮了!快坐到凳子上,你感冒还流着鼻涕呢!”

思考:请问您赞成实习教师的做法吗?为什么?

一、学前儿童发展心理学的研究对象

学前儿童发展心理学是研究从出生到入学前儿童心理发生、发展特点和规律的科学。从这一学科性质可以看出,学前儿童发展心理学的研究对象是学前儿童(preschooler)。那么,何为学前儿童呢?

首先,我们要了解什么是儿童(child)。在你的心目中,儿童应该是多大范围内的孩子呢?或许你很确切地认为正在读幼儿园的孩子是儿童,小学生也是儿童。但是提到初中生,或许你就迟疑了:“他们还是儿童吗?”特别是提到中职生或者高中生,可能就更要迟疑了,心里在想:“那么大了,还是儿童吗?”其实,根据联合国《儿童权利公约》(Convention on the Rights of the Child),“18岁以下的任何人”都是儿童,这个概念指代的范围相当于我们国家的“未成年人”。

我们再来想一想,18岁以前的哪个年龄段属于学前儿童呢?

当前业内使用“学前儿童”这个概念时,通常有两大含义。一是取狭义,特指3～6岁之间的幼儿(kindergartener)(包括3～4岁的小班幼儿、4～5岁的中班幼儿和5～6岁的大班幼儿)。二是取广义,泛指所有学龄前的儿童,即用以指代所有进入小学之前的0～6岁之间的儿童。学前儿童发展心理学的学科中提到的“学前儿童”,显然是取广义的。

那么,在广义的学前儿童期,除了3～6岁的幼儿,早于3岁的儿童又该如何称呼呢?其中,出生后未满月的儿童称为新生儿(neonate, 0～28天),出生后未满周岁的儿童都可以称为婴儿(infant, 0～1岁),1岁之后3岁以前可以称为学步儿(toddler, 1～3岁)①。

至此,我们可以给案例1-1中的幼儿教师提供参考意见了。几位教师的研究对象是幼儿园小、中、大班的幼儿。不看内容仅看题目的时候,若用“儿童”一词,给读者的信息是老师们可能研究了0～18岁之间的孩子,若用“学前儿童”一词,给读者的信息是他们可能研究了0～6岁之间的孩子。因此虽然他们的题目都没有错,但是“幼儿”这个词在题目中,则刚好与他们要研究的对象年龄段密切对应,显然是更准确的。

二、学前儿童发展心理学的研究内容

要了解学前儿童发展心理学的研究内容,就要先将其和研究对象区别开来。

---

① 在不同的书里,具体的称谓常有出入,请特别注意每个称谓的年龄起止范围,只有限制了起止范围的时间段才是确切无疑的。之后我们自己在使用这些概念的时候,也务必注意界定其年龄起止范围。

研究对象和研究内容是有区别的。通俗来说,"研究对象"是指要研究谁,"研究内容"是指要研究谁的哪些方面。我们已经知道学前儿童发展心理学,就是以 0～7 岁的儿童为研究对象的。那么,学前儿童发展心理学要研究学前儿童的哪些方面呢?显然是要研究学前儿童的心理,以及研究从 0 岁到 7 岁之间这些心理是如何发展的,具有哪些基本规律,其中的具体年龄段又表现出哪些年龄特征,心理发展受哪些因素的影响,这些因素具体又是如何影响的,等等。概括而言,这门学科的研究内容如下。

(一) 学前儿童的心理

学前儿童的心理与成人心理既有联系又有区别,联系在于二者的实质是相同的,区别在于二者的发展程度不同。

1. 学前儿童心理与成人心理的实质是相同的

学前儿童的心理与成人的心理都属于人的心理,实质是相同的,都是人脑的机能,都是人脑对客观现实特别是对人类社会实践的反映,都具有一定的主观能动性。

表 1-1 神经系统与心理发展水平简表

心理水平	感觉	知觉	思维萌芽	意识
动物发展水平	无脊椎	低脊椎	高脊椎	人类
神经系统水平	a. 网状神经系统 b. 索状神经系统 c. 较高级的神经系统	中枢神经系统和脑	大脑皮质高度发展、复杂化、完善化	高度发达的脑,在已知的动物中最复杂、最完善

由表 1-1 可以看出,随着神经系统水平的提高,心理的水平也越来越复杂。这说明脑是心理的器官,心理是神经系统(特别是脑)的机能。学前儿童与成人都拥有人类的脑,所以二者的心理同样是人脑的机能。从表 1-1 还可以看到,即便动物有从感觉到思维萌芽这些水平高低不同的心理,但是由于动物脑的复杂程度始终不及人类的脑,所以动物心理与人类心理之间,在发展水平上具有不可逾越的鸿沟。

动物的心理是动物的脑对其周边生活环境的反映,而人类的心理是人脑对客观现实特别是对人类社会实践的反映,二者的内容是有实质不同的。有关狼孩的多个案例说明,若早年就脱离了人类社会的环境,即便拥有人类的脑,依然难以产生人类的心理。与狼生活在一起的狼孩,他们被解救之后,都体现出狼的生活习性而不具有人的习惯与人的心理,比如有嘴不会说话,而是半夜像狼一样引颈长嚎。即便经过悉心教导,也很难学会使用人类的语言,与同龄人相比智力低下。这说明,人脑本身不会自动产生人类的心理,它的原材料来自客观外界,特别是人类的社会实践环境。学前儿童与成人,几乎每天都沉浸在社会环境当中,包括各种交流、表情和社会活动。因此,大脑每天都在加工来自社会环境的信息,产生相应的心理活动。学前儿童与成人的这一共同点,使得二者在心理层面上与其他动物区别开来。

那么,人们在家庭中饲养的宠物,是否有可能具备人的心理呢?这是不可能的。首先，宠物不具有人类的大脑，无论你如何训练，它始终受制于特定物种动物脑的水平，不可能变得像人脑那么发达和复杂。其次，即便宠物饲养在家庭当中，它接触到社会环境的广度和深度也是有限的，因此它们可能在训练之下学会一些简单的动作甚至技能，但是始终不可能产生人类的心理。

此外，无论是学前儿童的心理，还是成人的心理，都具有一定的主观能动性。人的能动性与其他动物的能动性有别，称为主观能动性。人脑在对客观现实进行反映的时候，并不是消极被动的，而是积极的、主动的、有选择的，并能够反作用于客观现实。若我们对学前儿童熟悉，就会发现几乎所有的学前儿童都有一个本领，他们很清楚家里哪个大人好说话，哪个大人不好说话。当他们有不太合理的需求时，就会去"折腾"那些他们认为好说话的大人。这说明即便是学前儿童，在他们的脑与客观现实进行相互作用的过程中，也通常表现出对客观现实有目的的、有计划的反映。这种主观能动性，还体现为，即便受同一种刺激，不同人产生的心理与行为也可能是不同的。比如，看见糖果，幼儿都想吃，一些幼儿会尝试通过哭闹的方式去获取，另一些幼儿则显得情商更高，更有策略。如，一位 5 岁的幼儿，一次跟随母亲到阿姨家做客，阿姨招呼客人喝水之后，大人们相谈甚欢，而幼儿看到了餐桌底下的糖果。于是，趁着大人说话的间隙，她立刻大声而礼貌地问："阿姨，请问你们家糖果盒里装的是什么糖果呀？不知道味道怎么样呢。"阿姨听了很高兴，立刻拿糖果出来款待她，并且夸道："这孩子真有礼貌，你看笑得多甜呀！"我们可以感受到这位年仅 5 岁的幼儿，目的是很明确的，方式又是很委婉的。

2. 学前儿童心理与成人心理的发展水平存在差距

学前儿童和成人的心理在实质相同的情况下，也存在发展水平的区别。排除神童等少数案例，普遍而言，成人心理的发展水平要高于学前儿童。比如就言语而言，新生儿不会说话，学步儿学步的过程是逐渐习得言语的过程，大约 3 岁言语真正形成。但是整个学前期儿童言语的发展主要体现为口头言语的发展。整体上来看，成人口头言语和书面言语的水平都高于学前儿童。在情绪方面，整体来看，成人情绪调解能力比儿童更高，情绪更稳定。学前儿童与成人心理发展水平的差异，主要是什么原因导致的呢？

一是二者脑发育的程度不同。学前儿童的脑还处于不断快速发育的过程中，远未完善，而成人的脑已经发育成熟。如就脑的重量而言，新生儿只有大约 390 克，3 岁时约达到 1 000克，到 7 岁时大约 1 280 克，成人约 1 400 克。再看脑结构的变化，以"髓鞘化"为例。我们的脑细胞像一个个有很多触角的海星，短的触角叫轴突，长的触角叫树突（图 1-1）。最初，轴突上没有那层脂肪组织构成的髓鞘，随着脑的发育，轴突慢慢裹上这些具有绝缘功能

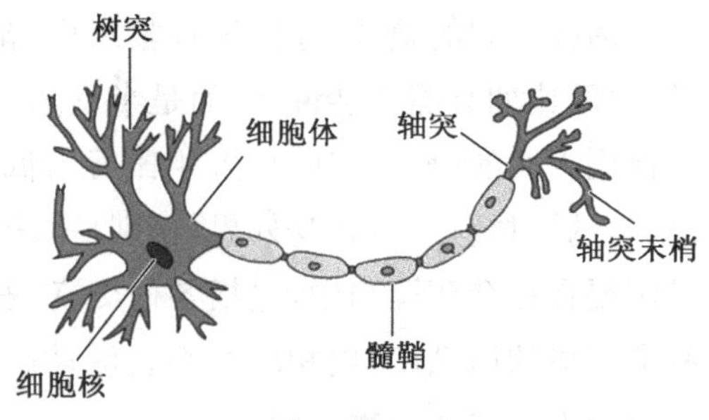

图 1-1　神经细胞简单模式图

的脂肪组织，这个过程称为“髓鞘化”。成人几乎已经完成了“髓鞘化”，因此在步入晚年大脑衰老萎缩之前，健康成人神经冲动传导速度比学前儿童更快，更准确。这意味着成人的思考速度更快，更准确，有意注意维持的时间也更长。

二是学前儿童与成人的经历多寡有别，因此二者知识背景、好奇心、情绪体验等差距较大。有时候，年长者通常会对一些年轻人说：“我走过的桥比你走过的路还多，我吃过的盐比你吃过的米还多。”这话虽有夸张之处，但是也说明，不同年龄段的人，人生阅历多少是不同的。相对于学前儿童而言，成人的阅历更加丰富，因而也就更加见多识广。学前儿童好奇好问，这一心理特点很大程度上也是因为经历有限的缘故。儿童呱呱坠地来到世上，周边世界的一切都是新鲜的，自然就会有“这是什么”“它为什么会动呀”等的疑问和打破沙锅问到底的架势。而成年人都是从学前期走过来的，很多东西都见过了，也知道了，所以就不会再普遍地体现出好奇好问的特点。同样，因为成人的经历更丰富，所以对事物的认识较深刻，认知本身会影响情绪和情感，所以成人的情绪和情感体验也就与学前儿童不同。对学前儿童来说，将唯一的冰淇淋掉到地上了，是一个大事件，产生的负性情绪会比较强烈。成人面对相似情境，可能会有些不悦，但是不会产生那么强烈的负性情绪。

（二）学前儿童心理发展的基本性质

发展，是指从出生到成熟直至衰老的生命全程中，个体生理和心理两方面有规律的量变和质变的过程。心理发展（psychological development），指个体或种系的心理从发生、发展到死亡的持续的规律性变化过程①。学前儿童的心理发展，便是指学前儿童随着年龄的增长，在适当环境的作用下，心理发生、发展的持续性、规律性变化的过程。在这个过程中，学前儿童的心理是量的增长，还是质的变化，或者二者兼而有之？学前儿童在这个变化的过程中，是千篇一律的还是会同中有异？是否有些年龄点需要特别关注？这些问题便涉及发展的特性与本质，曾引发心理学家大量的关注与思考。

1. 发展具有连续性与阶段性

个体一生心理的发展是一个兼具连续性与阶段性的过程，换言之，这是一个不断地由量变累积到质变的过程。

学前儿童的心理发展也不例外。幼儿教师都有这样的体验：每当放了一个寒假或者暑假回来，看到班上的幼儿，觉得不少孩子“忽然”长高了。若你的亲族里也有学前儿童，待你经过一个学期之后回去看到他们，你也会觉得他们“蹭”地长高了一大截。学前儿童身体发育如此，心理方面的发展也是如此。隔较长一段时间再次见到同一群学前儿童的人，往往发现这些以前吐字还不清晰的孩子，好像“忽然”就口齿伶俐起来了。以前不太热衷于“管闲事”的孩子，现在竟然爱“告状”了。其实，若询问孩子父母，他

① 林崇德，杨治良，黄希庭．心理学大辞典．上海：上海教育出版社，2003：1390.

们就没有这样明显和强烈的体验，他们通常会觉得孩子好像每天都差不多。这是为什么呢？

原来，当某一种心理的新质要素还比较微弱，其量的积累还没有达到一定程度时，心理的发展就表现为一种连续变化的过程。由于变化是连续性的，故而尽管学前儿童本身已经蕴含着某些心理的新质要素，每天跟孩子在一起的父母似乎感受不到明显的变化。不过，若要认真地询问其父母："您觉得孩子每天都差不多，那您觉得孩子从刚出生到现在，他们发生变化了吗？"如此一问，就相当于提醒他们跳出"每天"的视角，去看"每年"甚至"几年"的变化。他们可能会这样回答："那肯定有啊，他原来还不会讲话，后来就会叫爸爸妈妈了，你看现在像个小外交官一样能说会道呢。"或者会这样回答："有变化哦，原来你给她买什么就穿什么，现在她要跟着去挑自己喜欢的款式呢。好像现在也不像以前那样动不动就发脾气了，有什么事情可以讲道理了。"

可以说，每一种心理过程、心理状态、心理特征的发展，都以先前的状况为基础，都是对先前心理状况的继承与发展。要想从一个阶段超越其他中间阶段，而转到另一个完全不同质的阶段是根本不可能的。比如，新生儿在哭的时候蕴含有"ei""ou"的简单发音，成长到婴儿期会出现连续音节，之后就出现咿呀学语的现象，再成长到学步儿期结束时言语真正形成。这是几个不同的阶段，又在同一学前儿童身上连续地发展着。但是，若要求一个新生儿，刚剪断脐带就马上会讲话，直接跳过了简单发音、连续音节和咿呀学语阶段，这便是童话或者传说里才有的情节，在现实生活中是不可能的。这启发我们，既要积极地观察心理发展水平，又要耐心地等待合适的教育时机，遵循循序渐进的原则，不能够操之过急，切忌拔苗助长。

2. 发展具有定向性与顺序性

所谓定向性，是指学前儿童心理的发展，基本上遵循"笼统→分化→整合"的定向模式。这意味着，某种新的心理现象刚刚萌芽的时候，它表现得是非常笼统的、模糊的。接着，这一心理现象的各个具体成分就分别变得清晰起来。最后，学前儿童能够将这一心理现象的各个成分有效地统筹、整合起来，形成整体的并且清晰的反映。

以学前儿童感知觉的发展为例。新生儿最初的感觉就是非常笼统的、模糊的。由于前面提到的神经细胞的轴突尚未髓鞘化，新生儿从视觉通道或者听觉通道获得的信息，传到大脑皮质的时候，由于轴突不绝缘，就会发生传导速度慢和不准确的现象。哪怕只是轻轻触摸新生儿的一个特定部位，就很可能引发其全身动来动去。在出生后短短的一年之内，婴儿的各种具体的感觉就已经发展得很好，这便是"分化"的过程。就视觉而言，从刚出生的时候，只能够看清眼睛正前方 20.3 厘米左右的东西，到 6 个月时已经可以注视天上的飞鸟，到 1 岁时就已经接近成人的视力。听觉也逐渐变得更敏锐，不仅可以听到细微的声音，而且可以辨别熟悉与不熟悉的声音，并且通过情绪与行为将自己的这种辨别表现出来。相对于听到陌生人的声音，婴儿在听到重要教养人（如父母或者祖父母）

的声音时，通常就会表现出愉悦的情绪。在触觉方面，也更加准确与发达，轻柔地给孩子“挠痒痒”，他会准确地回缩被挠的部位。到了学步儿期，他们便开始能够将来自不同通道的感觉信息，在大脑中形成整体的反映。比如，他们开始能够统合来自视觉、触觉与动觉的信息，这表现为他们开始出现明显的手眼协调的动作。到幼儿期，手眼协调发展的水平更高，这是因为他们统合来自多种感觉通道信息的能力更强。

发展的顺序性，是指学前儿童心理的发展有一个较为固定的顺序。我们知道，学前儿童动作的发展是具有一定的顺序的，大致按照“抬头→翻身→坐→爬→站→走→跑→跳”的顺序发展，而不会倒过来，一生出来就会跳，然后才会学会抬头和翻身。同样的，学前儿童心理的发展也有大致固定的顺序。比如，就心理过程而言，都是先出现感觉和情绪，然后陆续出现知觉、记忆、言语、想象等心理过程，最后出现思维。即便每一个儿童的心理发展快慢、发展最后能够达到的程度会有所不同，但是所有的儿童，发展的顺序是相似的。比如就心理过程的发展方面而言，绝不可能先出现思维，然后才出现感觉、知觉。学前儿童心理发展大致固定的顺序，便是后文详述的儿童身心发展趋势。

3. 发展具有不平衡性与个体差异性

学前儿童的心理发展虽然具有定向性和顺序性，但是这并非意味所有学前儿童心理现象的发展进程完全相同。实际上，学前儿童的心理发展，具有不平衡性和个体差异性，主要有：一是发展速度上的差异，二是发展优势领域上的差异，三是最终达到的发展水平上的差异。

有些儿童早慧，有些儿童“开窍”得略微迟一些。同时，不同的心理现象的发展速度也是不均衡的：有些心理现象出现得早一些，有些心理现象发展得晚一些；有些心理现象的发展速度是先快后慢，有些心理现象的发展速度却是先慢后快。发展进程表现出不平衡和多样化的风格。

不同的学前儿童多种心理现象的发展速度和最终可以达到的发展水平也是不一样的。因而，多种心理现象达到成熟水平的时期各不相同，最终达到的水平也可能体现出明显个体差异。即便是同一年龄段的学前儿童，其心理发展也有着不容忽视的个体差异。如有的学前儿童比同伴更善于辨音，有的更有节奏感，有的擅长绘画，有的善于搭建积木。在性格方面亦是各有千秋，有的更好动，很善于与人交往，口齿伶俐；有的更喜欢安静独处，默默做自己喜欢的事情，即所谓性格上有外向和内向之别。

正因为学前儿童心理发展具有的不平衡性和个体差异性，因此教育活动的内容、形式等不仅要考虑学前儿童的年龄特征，以游戏为主，而且要“以欣赏的态度对待幼儿。注意发现他们的优点，接纳他们的个体差异”①。用通俗的话来说，就是要注意恰当地因材施教。

① 3—6岁儿童学习与发展指南. 2012-10-09.

4. 发展中存在关键期与危机期

关键期(critical period),是指儿童学习某种知识、技能比较容易或者其心理的某个方面发展最为迅速的时期①。心理发展的关键期是以许多因素为条件的,主要是与个体生理发育加速期、某种心理品质的萌芽期以及当前的心理特点有密切关系。以言语发展为例,学前儿童大脑皮质的神经活动加速发展,正在积极学习语言,发音系统尚未定型,而且具有几乎没有顾虑、羞于开口的心理特点,因此学前期是语言学习的关键期。学前儿童对于自己不会的词语和句子,通常都有学习的热情,不太有"害怕说错""害怕出丑"的心理负担,因而给自己创设的练习机会更多,语言的学习也就更为顺畅。正因为学前儿童心理发展中存在关键期的现象,所以我们要格外重视、珍惜关键期。但是另一方面,也不要夸大甚至泛化。如果过于夸大关键期的效应,就难免会对那些已经错过关键期的儿童干预持悲观心态。因为如此,当代发展心理学家更倾向于用"敏感期""临界期"或"最佳期"来代替"关键期"。与此同时,滥用关键期概念的现象也是需要警惕的。社会上个别不规范的早教中心或者培训机构,人为地制造一些并未得到证实的五花八门的关键期,危言耸听地误导家长"不要让孩子输在起跑线上",仿佛不进他们的班孩子就没有发展机会了。结果一些缺乏研判力又爱子心切的家长,给孩子报了很多"辅导班",几乎剥夺了学前儿童游戏甚至休息的机会,反而影响了儿童的身心健康。

危机期(crisis period,也称为危机年龄),是指心理发展易出现各种否定或抗拒行为及某些不良倾向的前后阶段过渡或转折时期②。危机期通常出现在三岁、七岁和十一二岁。"危机期"一词,实际上并非指这些年龄的儿童危险,而是指这些年龄的儿童与之前相比,心理需要发生了巨大的改变,父母与教师却暂未关注到儿童的这些改变,依然以原有的方式对待他们。如此,必然引发儿童较多的抗拒。若用一个通俗的比喻,可以借助"脚"与"鞋子"来形容儿童心理与教育方式的关系。随着年龄的增长,儿童的脚逐渐变大变长,这是可见的。因此当一双鞋子不合脚的时候,即便是专断的父母,都会想办法给孩子换一双更宽松合适的鞋子,而不会强迫孩子的双脚卡在小鞋子里。儿童的心理其实也像一双脚,随着年龄的增长也会发生变化(如由简单变得复杂等)。只是这双"心理之脚"不像生理之脚那么外显,即便是民主的教师和家长,也未必能够及时关注到它的变化。如果"心理之脚"已经发生变化,但是教师和家长暂未察觉,那么教育方式就会变得"不合脚",这必然会引发儿童的多种否定或者抗拒行为。三岁、七岁和十一二岁通常是"心理之脚"快速发生变化的年龄。若儿童过去非常合作,现在却频频出现否定与抗拒行为,那么我们一定要及时反思——是不是他们的"心理之脚"长大了呀,我是不是应该及时调整教育方式?如此,所谓的危机期,便在良好的环境和教育条件下顺利地过去了。正如不能够对儿童的生理之脚进行"削足适履"一样,我们也不能够以压制、体罚等错误粗暴的

① 林崇德,杨治良,黄希庭. 心理学大辞典. 上海:上海教育出版社,2003:1292.

② 林崇德,杨治良,黄希庭. 心理学大辞典. 上海:上海教育出版社,2003:1798.

管教方式强迫危机期的儿童服从。

(三) 学前儿童心理发展的基本规律

1. 学前儿童心理发展的基本趋势

(1) 从简单到复杂

何谓从简单到复杂呢?体现在三个方面。

① 在学前儿童的心理发展过程中,总是简单的心理现象先发展,再出现复杂的心理现象。比如,无论是哪个儿童,都是先出现感知觉,再出现言语,最后出现思维。

② 即便是同一种心理现象,如果有由简单到复杂的明显层次,那么也是先出现简单的,再出现相对复杂的,最后才到达最复杂的阶段。比如学前儿童言语的发展,最开始出现的时候水平较低,较为简单,之后发展的程度才会更高、更复杂。具体体现为:学前儿童先出现不完整句中的单词句(如"饭饭"),再出现不完整句中的双词句(如"妈妈,饭饭"),再出现简单的完整句(如"妈妈,我想吃饭"),接着再出现复合句(如"妈妈,你做的菜可真香啊,闻到这香味我都饿了,想吃饭了")。思维的发展也是如此,也是先出现相对简单的直观动作思维,然后出现具体形象思维,最后直到大班才出现逻辑思维的萌芽。

③ 从简单到复杂的发展趋势,还体现为学前儿童心理现象由少到多、由不齐全向齐全的方向发展。比如刚出生的时候心理现象是很少的,基本上只有感觉和情绪。随后,在感觉和情绪继续发展的同时,又出现了记忆,这时候就有三种心理现象了。之后,又在感觉、情绪和记忆发展的同时,又出现了言语,就有四种心理现象了。

(2) 从具体到抽象

从具体到抽象,是指学前儿童最初的心理活动都是非常具体的,学前期快结束,逻辑思维萌芽之后,他们的心理活动才略微体现出一些抽象和概括的特征。

比如,年龄越小的学前儿童,对爱的感受越具体。正如彭野《爱我你就抱抱我》这首儿歌所描绘的,"妈妈总是对我说,爸爸妈妈最爱我,我却总是不明白爱是什么""如果真的爱我"就"陪陪我,亲亲我,夸夸我,抱抱我"。这首儿歌广受欢迎,可能不仅因其富有童趣,更是因为人们基于日常生活经验,觉得那些歌词非常贴切地吻合了儿童真实可爱的心声,不由得心生怜爱。教师与家长有时候会基于对孩子深沉的爱而批评孩子,但是若不注意控制好情绪和语调,疾言厉色地批评孩子,孩子就很难理解为这是爱的行为。即便学前期快结束,也只有极少部分的孩子能够理解这是师长"爱之深,责之切"的行为。因此,我们要尽量地少用批评,不得不用的时候,也要注意儿童的理解水平和情感体验。

(3) 从被动到主动

从被动到主动的这一趋势,主要体现为学前儿童心理发展的以下两个倾向。

一是从无意向有意的方向发展。从无意向有意的方向发展是指学前儿童的心理,都是先出现几乎没有意识控制的心理成分，再出现受意识支配的心理成分。比如，先出现无意注意，后出现有意注意；先出现无意记忆，后出现有意记忆。

二是从受生理方面的制约到主动调节自己的心理。学前儿童的心理，最初受生理制约的特点非常明显。比如新生儿的情绪，几乎都由生理需要引发。饿了→哭，尿布湿了→哭，肠胃不适→哭，太冷了→哭，洗澡水太烫了→哭，等等，可以说新生儿大部分的情绪都是受生理制约的。随着年龄的增长，学前儿童已经学会了说话，开始能够用口头言语表达自己的需要。此时，饿了不是哭，而是会告诉大人自己饿了。若大人说现在还没有吃的东西，回到家才有，孩子这个时候虽然还是饿着的，但是较少会因此哭泣，而是逐渐学会转移注意力或者自我安慰——不要紧，等下就有吃的了。

2. 学前儿童心理发展的影响因素

儿童心理的发展到底受哪些因素的影响呢？这个问题曾引发激烈的争论。以高尔顿(Francis Galton)、霍尔(Granville Stanley Hall)等为代表的遗传决定论和以华生(John Broadus Watson)、洛克(John Locke)等人为代表的环境决定论，曾是这个争论中的两个极端。前者片面强调遗传在儿童心理发展中的作用，后者片面强调环境在儿童心理发展中的作用。今天，我们意识到，儿童心理的发展过程，是内因(儿童心理的内部矛盾)和外因(遗传、生理成熟、环境与教育)复杂交互作用的过程。

(1) 遗传和生理成熟是儿童心理发展的生理基础

遗传给儿童提供了与生俱来的生理解剖特征，如机体的结构、感官、神经系统等，为儿童的心理发展提供了最初的生物前提和自然条件。如前文所述，只有具备人类的大脑，才有可能产生人的心理，遗传相当于为儿童的心理发展提供了可能。生理成熟，是由遗传基因引起和控制的身体生长发育的程度或者水平，也称为生理发展。生理成熟为儿童相应心理活动的出现与发展做好准备状态。

比如，新生儿似乎除了哭和吃奶，其他时间都在睡觉，他们不会要求成人给他们讲故事，不会要求成人带他们去哪个公园玩。2 岁之后的儿童觉醒的时间更多了，他们会要求到户外玩，似乎拿到任何东西都喜欢拿来敲，即便是手机。4～5 岁的幼儿，显得活泼好动，会要求大人带到公园去玩，要求大人重复讲同一个童话故事，喜欢重复看一部动画片。儿童随着年龄的增长发生的这些变化，遗传和生理成熟可以说功不可没。新生儿脑发育程度还处于较低的水平，外界的刺激比在子宫里复杂多了，对他们而言总显得过量，因此神经细胞很容易疲劳，睡眠是一种很好的保护性抑制，睡眠自然就多。脑和身体的发育，都按照遗传设定的程序，默默地进行着。脑发育程度越来越高，睡眠需要的时间越来越少。与此同时，抬头、翻身、坐、爬、站、走、跑、跳依序出现。这二者同步进行，就给了儿童更多探索世界、与人交往的觉醒时间和机会，给了儿童越来越多支配自己身体的自由和探索世界的自由。与人交往时间多、机会多了，咿呀学语和习得母语就自然发生了，也就可以要求你讲故事了，也看得懂动画片了。你不会要求反复听一个童话故事、看同一部动画片，因为你的脑发育程度比 4～5 岁的幼儿更高，思维发展水平也相应更高，那些情节简单的东西，你认为一遍就够了。但是对幼儿来说，他们每一次听、每一次看都有新的收获。如他们在多次听相同故事时所提的问题，往往有些差异；同理，反复观看同一部动画片，儿童也日渐体现出更多的“参与、预测”行为①。

我们经常强调“学前教育必须要符合儿童的身心发展特点”，这里的身心发展特点，便是指生理成熟和心理发展水平。

(2) 环境和教育为儿童的心理发展提供了必要条件

周边的世界，便是儿童所处的环境。其中，阳光、空气、水分、养料等自然环境，为人的生存和发展提供了坚实必要的物质基础。这些自然环境缺乏或者不当，人的生命将难以为继，更谈不上心理发展了。比如，即便遗传的大脑是好的，可是营养不良，会导致脑发育不良，最终也会影响智力的发展。或者刚生下来是健康的，但是出生地有各类蚊子肆虐，在预防接种之前，若不幸感染流行性乙型脑炎病毒，加之送医不够及时，虽然最终能存活下来，但是会留下后遗症，也会影响智力的发展。

自然环境固然非常重要，但是社会环境特别是教育对儿童心理发展的影响，也是不可替代的。学前儿童需要食物，但是成人并非只给他们提供食物这么简单，还包括进餐能力的培养、进餐礼仪的引导。一些家庭喂养孩子方法不当，经常让孩子边吃边玩，大人拿着个碗满院子追着孩子喂。更有甚者，在一个罕见的案例里，四个大人喂一个孩子——妈妈抱着，奶奶拿碗勺喂，爸爸唱歌跳舞逗孩子开心，爷爷帮扇凉。如此导致这个孩子从来没有独立进餐的意识和经历，入园之后，迟迟不能够独立进餐。直至中班，每当进餐时间，奶奶都进到班里去喂他吃饭。这无疑影响了孩子在同伴中的地位，每每与小朋友发生矛盾，一些小朋友就是一句：“你说你能干，你还让奶奶喂饭呢！”再比如，有了人类的大脑和眼睛，并不意味着就能够阅读，若没有受教育的机会，即使看得见每一个字，也只不过是不明其意的抽象符号而已。狼孩的案例也更是说明，即便拥有人类的大脑和所有人类的生理基础，但是缺少了环境特别是社会环境和教育，最终也不能够形成正常的人类心理。

因此，遗传和生理成熟提供了心理发展的可能，但是只是可能而已，只有环境和教育才可以将这种可能变为现实。

(3) 儿童心理的内部矛盾是其心理发展的动力

儿童心理的内部矛盾，是指新的需要与现有心理发展水平之间的矛盾。前文提到的遗传和生理成熟、环境和教育，的确是儿童心理发展必不可少的前提条件。但是，在遗传和生理成熟的前提下，在环境和教育的作用下，儿童心理的发展也并不是机械的、被动的。儿童心理的内部矛盾，会为其心理发展提供持续的动力，因此儿童心理的发展过程

① 莫秀锋. 儿童的重复行为：正常与异常的辨析. 中国特殊教育，2014(4)：77-82.

是一个彰显主观能动性的过程。

比如,即便8个多月的婴儿,若成人抱着他们坐着,而他们手里的玩具掉到地上去了,他们竟然也会推成人的手,伴随类似"嗯嗯"的声音,意思是请成人帮捡起来。在此之前,他们曾经尝试过以哭的方式表达,但是最终发现,成人要猜中哭声表达的想法是不容易的,导致自己等待的时间太久。最终,他们就出现了朦胧的新需要——以更快的方式,让他人知道自己的想法,而不是慢慢猜。于是,便在原来只会以哭表达想法的水平上,发展出以动作和声音来表达想法。

又比如,小班牛牛和毛毛两位幼儿因为同一个玩具发生了争执。老师了解缘由之后,如此引导牛牛:"牛牛,打人是不对的。这个玩具是你先拿到的,毛毛抢了你的,你除了打他,还可以用什么办法呀?"在老师的启发下,牛牛产生了新的需要——应对此类情境的新办法。但是现有的发展水平是只知道"别人抢了我的东西,我就打他"。这新的需要和现有的发展水平就出现了矛盾,牛牛为了满足新的需要,就要在脑袋里回想老师和家长提示过的、自己见过同伴的其他做法,然后基于自己的理解,说出来:"我还可以告诉老师。""嗯,这个办法更好!牛牛,下次要是有小朋友抢了你的东西,你就可以告诉老师了。"老师又引导毛毛:"毛毛,抢东西是不对的。别的小朋友先拿到玩具了,你也想玩,除了抢,还有其他办法吗?"基于刚才抢东西被牛牛打的教训,毛毛在老师的启发下,也产生了新的需要——如何用一种不被打的办法,也可以玩别人先拿到的玩具呢?但是现在的发展水平依然是"我想要的玩具,我就抢"。毛毛新的需要和现有的发展水平之间也发生了矛盾。这种矛盾促使他回想、思考,但是可能依然是模糊的,未必能够清晰地说出来,也许他回答是:"我不知道。"此时,老师可以考虑将一些人际交往的策略教给他:"毛毛,你可以跟牛牛说'我也想玩,咱们一起玩好不好'。你试试看!"毛毛:"牛牛,我也想玩,我们一起玩好不好?"牛牛:"不好!你刚才抢了东西,我现在不想跟你玩,下次吧。"老师:"毛毛,你看牛牛同意说下次跟你玩。还有,如果你很想玩这个玩具,下一次你可以早一些过来拿这个玩具,也许别的小朋友还没有看到它呢。"

人总是生活在环境当中,为了适应环境,都会产生各种新的需要,这些新的需要与儿童原有的心理发展水平之间存在差异,这种差异促使儿童发挥主观能动性,努力去积累更多经验、学会更多本领,这便推动了其心理的发展。

(四)学前儿童心理发展的年龄特征

教育要符合儿童的身心发展特点,其中心理发展特点即是心理发展的年龄特征。其中,学前儿童心理的年龄特征,是指学前儿童心理发展的各个年龄阶段中所形成起来的一般特征、典型特征或本质特征[①]。具体而言,就是指新生儿、婴儿、学步儿和幼儿这几个年龄段,在心理发展方面各自的一般特征、典型特征或本质特征,即各年龄段心理发展的

① 朱智贤.儿童心理学(第3版).北京:人民教育出版社,1993:5.

基本特点。这也是学前儿童发展心理学研究的基本内容，第二章内容里会详述这些具体的年龄特征。

三、学习学前儿童发展心理学的意义

学前儿童的心理发展，充分地彰显了内因与外因之间的关系，以及各种矛盾运动的复杂变化，因而能够为辩证唯物主义的基本原理提供科学依据。学习学前儿童发展心理学，也就可以进一步感受到辩证唯物主义对实践活动的指导价值。除此之外，对于幼儿教师，学习学前儿童发展心理学，更有如下重要意义。

（一）有助于了解儿童心理发展及其特点，科学开展保教工作

了解儿童是科学教育儿童的前提。大致而言，要了解儿童的身心，即一要了解儿童的生理，二要了解儿童的心理，二者缺一不可。比如，生理方面，相对于成人而言，学前儿童的肌肉骨骼都是更为柔嫩的，局部用力牵拉或过于受力，就容易伤及肢体。因此，学前儿童使性子的时候，比如违背跟大人出门前的约定，赖在玩具柜前哭闹不肯离开，就必须从后面或者侧面搂住孩子的大部分身体转移，而不能够单独牵拉他们的手，以免伤及肩关节或者腕关节。一位幼儿实习教师因为不够了解学前儿童生理的这一特点，本是出于一片好心，想将孩子从积木区拉到活动室进餐，结果孩子挣扎的时候，就导致孩子肩关节脱臼了。

同样，了解学前儿童的心理，对于幼儿教师和家长而言都意义深远，这些重要意义体现在如下几个方面。

1. 是确保学前儿童生命安全的前提

学前儿童的安全意识还比较薄弱，整体上又体现出活泼好动的年龄特征，了解学前儿童的这一心理特点，我们就会在家庭教育、幼儿园保育和教育中关注到各个环节，排除安全隐患。

比如，但凡学前儿童密集的地方，如大型玩具区、活动室、卧室等，无论是滑梯扶手、门框柱子，还是桌椅卧具，都要避免具有尖锐角等安全隐患，都要进行钝角化处理。特别是容易磨损的大型玩具，更要注意定期检查，以免割伤幼儿。曾听个别农村幼儿教师说："我们农村的孩子哪有那么娇气，孩子家里的桌椅，还不都是方方正正有尖角的。"问题在于，一个家庭里没有多少孩子，但是一个幼儿园的活动室里却有一群孩子，这群孩子都是安全意识有待提高，又都活泼好动的，所以碰到尖锐角的概率就不低了。与此相似，我们跟国外的幼儿园进行比较的时候，也就不会盲目模仿。比如，国外的一些幼儿园，崇尚给儿童创设跟生活情境高度一致、更自然的环境，园内甚至有施工现场的模拟，这样的场景里尖锐角到处都是。这些幼儿园的理念是，当孩子们看到环境具有危险时，自己就会小心翼翼的。听起来很好，似乎可以借鉴。但是，若知道国外不少这样的幼儿园，总共才十多个或二十几个孩子，我们就明白咱们实际情况不同，不能够直接模仿照搬。同样，如果真正地明了学前儿童的心理，知道他们安全意识比较薄弱，整体上又体现出活泼好动的

年龄特征，全托幼儿园里的生活老师，给幼儿准备洗澡水的时候，就务必记得先放冷水再放热水，以免因为幼儿推挤而烫伤。

因此，真正了解学前儿童的心理，在环境创设和保育中，才能够切实防患于未然，也才能够确保儿童的生命安全。不仅在环境创设中排除隐患，而且在保育的各个环节中都积极观察儿童，并且及时进行理性的研判：儿童正在进行的自发活动是否有害？有些有害活动是必须打断制止的，比如看到0～3岁的儿童正向一堆碎玻璃靠近，我们就要迅速将其抱离。学前教育要确保儿童的生命安全，这是底线。

2. 是对学前儿童进行科学教育的基础

在幼儿园中组织集体教学活动或者创设区域活动时，都要充分了解幼儿的心理及其发展特点。

比如幼儿的有意注意时间很有限，因此我们的学前教育不能够像小学一样设置一节课40分钟，这过于挑战儿童注意的持续时间，容易导致幼儿疲劳。同样，学前儿童的思维发展，是直观动作思维先发展，继之是具体形象思维发展，到学前期快结束时，抽象逻辑思维才开始萌芽，因此让儿童背住“10＋1＝11”这样的做法，就是小学化倾向的教育，违背了儿童思维发展的特点。

（二）有助于初步掌握研究儿童的方法，提供适应性的支持

1. 研究幼儿是国家文件对幼儿教师提出的要求

为了确保儿童安全，促进儿童身心健康发展，学前领域的国家文件，无论是《幼儿园教育指导纲要（试行）》，还是《3—6岁儿童学习与发展指南》，都要求学前教育要遵循幼儿的身心发展特点和保教活动的规律。《幼儿园教师专业标准（试行）》更是明确要求教师“研究幼儿，遵循幼儿成长规律，提升保教工作专业化水平……”。因此时至今日，对幼儿教师而言，学会研究幼儿并非是分外工作，而是国家文件规定幼儿教师必备的标准之一。幼儿教师唯有意识到这一点，并且积极对待，学好学前儿童发展心理学，才能更好地促进自身的专业发展。

2. 适应性的支持能够带给幼儿富有个性的发展

学前教育要确保儿童的生命安全，但是不能够仅限于此，否则便与圈养没有实质区别。上文提及学前儿童有很多自发活动，这些活动往往体现了儿童当前的心理需要或者体现了儿童富有个性的最近发展区（zone of proximal development）①。这是前苏联心理学家维果斯基提出的概念，是指儿童现有发展水平（目前已达到的心理机能的发展水平）与在成人帮助下可能达到的发展水平之间的差异。不同的儿童，其最近发展区是有所不同的，这也是儿童心理发展中个体差异性的具体体现之一。

若学前儿童的自发活动既不违背法律公德，也不违背科学作息和安全卫生三大范

① 林崇德，杨治良，黄希庭．心理学大辞典．上海：上海教育出版社，2003：1798.

畴的规则，那么便是无害活动。我们不能够打断儿童的无害活动，以免终止儿童正在进行的多种学习，或被无端打扰，也会使之养成易分心、爱打扰人的坏习惯。为何用无害活动，而不用有价值或者有意义的活动来指代这类活动呢？实际上，只要是无害活动，都潜藏着学习与发展的价值，只可惜这些价值与意义，只有专业人士才看得出来。比如，两岁多的学步儿将一个矿泉水瓶盖子拧开，再拧紧，再拧开，再拧紧，如此反复。这在不少家长看来无聊至极，跟语文、数学等所谓正儿八经的学习毫不沾边。但是，即便就这么一个看似简单的活动，都蕴含了诸多价值，如练习精细动作，促进手眼协调，等等。

若是有害或者可能有害，则要根据情况的轻重缓急继续研判——儿童正在进行的活动是必须制止的，还是可以通过其他办法给予适应性支持？在碎玻璃旁边是必须抱离的，但是更多可能有害的活动，其实还有比打断制止更好的办法，此时我们便要提供适应性支持。所谓适应性支持，是指在尊重儿童个人经历和体验的基础之上，为其提供符合科学教育理念与正确价值观的、必要而不多余的物质、情感、技术的支持①。我们从引导案例 1-2，可以感受到实习教师对蓓蓓的干预是出于关爱之心的。对于学前教育而言，关爱之心是必不可少的，但是仅仅基于关爱之心，又是远远不够的。让我们根据上述提及的三大范畴来分析，蓓蓓缓缓地跪到了瓷砖上是否违法？是否不道德？是否违背科学作息？都没有吧！唯一需要顾虑的是，蓓蓓是否会着凉，这也是实习教师的担心“你感冒还流着鼻涕呢”！那么现在问题就变成：为了避免蓓蓓着凉，是必须制止她的活动呢，还是有其他办法？实习指导教师刚好看到了这一幕，她环顾四周，看到了教室角落里的塑料地板，于是牵拉实习教师的衣角，委婉劝阻，然后将铺好的塑料地板轻轻地移到蓓蓓的旁边。蓓蓓轻轻地挪动膝盖，然后在塑料地板上翩翩起舞了——她边跳边唱：“春天来，花儿朵朵开，红花开，白花开，蝴蝶蜜蜂都飞来……”至此，实习教师大为吃惊，她问指导老师：“老师，您怎么知道她接下来要跳舞呢？”实际上，指导老师并不知道蓓蓓接下来要干什么，只是以一种可以确保她不着凉又不打断她的方式支持她而已。在这个案例中，实习指导教师对蓓蓓提供的适应性支持有物质支持和情感支持。

要任何时候都对学前儿童做到适应性的支持，实属不易。但是，自发活动中蕴含了儿童富有个体差异的最近发展区。而最近发展区，又折射了儿童当前的需要和即将发展的可能。教师若能够洞悉情境，准确研判儿童在自发活动中的最近发展区，然后予以适应性的支持，也就能够带给幼儿富有个性的发展。

（三）有助于形成正确的儿童观和教育观，促进专业成长

1. 意识到学前儿童是具有能动性和发展潜力的独立个体

学习了学前儿童发展心理学有关学前儿童心理发展的影响因素部分，我们即可知

① 莫秀锋. 儿童的重复行为：正常与异常的辨析. 中国特殊教育，2014(4)：77-82.

道，在心理发展过程中，学前儿童并非是机械的、被动的，而是具有主观能动性的。与此同时，通过学前儿童发展心理学的学习即可得知，学前儿童在感知觉、记忆、思维、想象、言语、意志等诸多方面，都是具有发展潜力的。如前所述，即便是 8 个多月的婴儿，都知道可以通过发出特定的声音和推成人的手臂替自己拿东西，他们是能够逐渐察觉自己的需要，并且知道通过哪些办法可以实现自己需要的。特别是当儿童的自我意识发展到更高水平以后，他们不同于他人的个性化想法、个性化行为会表现得更多。这些都说明，即便与我们成人相比，学前儿童年幼、心理发展水平相对更低，但是儿童与我们是平等的，他们是一个个独立的个体。

意识到这一点，有助于我们放下成人的权威，能够多从儿童的视角去理解儿童的行为。比如引导案例 1-2 中，我们就不会将“又顽皮”这样的“帽子”扣在蓓蓓身上。而且，若蓓蓓挪到塑料地板上之后，她接下来不是唱歌跳舞，就是跪在那儿玩，我们也不会觉得有何不对。若担心家长会误会，那么要提高的是我们与家长沟通的能力，而不是因此牺牲儿童的自由。比如，若看到蓓蓓的妈妈来接了，我们就可以说：“蓓蓓，妈妈来接你了哟，先跟妈妈回家吧，明天再玩，好吗?”同时，若幼儿园杜绝体罚，我们幼儿教师自然也会心胸坦荡。甚至在家园共育的会议上，就可以将无害活动的有关观念传递给家长，相信家长也会信任专业的教师，不会无事生非。

2. 意识到学前教育旨在促进儿童的身心健康与可持续发展

学前教育的目的是什么？学前教育的目的，是在学前儿童原有水平的基础上，维护和增进其身心健康，并驾齐驱地促进其在多个领域中认知、情感（态度）与行为（技能）的可持续发展。

这一看似简单的表述，实际上蕴含了重大的使命。首先，学前教育是要维护和增进儿童身心健康的，因此有可能伤害儿童身心健康的行为，都违背了学前教育的初衷。其次，学前教育是要并驾齐驱地促进其在多个领域中认知、情感（态度）与行为（技能）的可持续发展，而不是降低其在某一领域中发展的可能性。

如果基于功利的目的，用各种兴趣班排满学前儿童的时间，表面上看培养了一些所谓的特长，但是实际上学前儿童除去睡眠，剩余的时间是很有限的，若将这有限的时间用于某一或者某几个方面进行所谓特长的训练，那么他们的游戏时间，以及在其他方面的综合发展机会就被压缩了。学前教育小学化倾向，危害更甚。要求儿童死记他们不理解的字、硬背一些加减乘除的运算结果，甚至因为记不住而动辄训斥责罚，这不仅违背儿童身心发展的特点，挤占了儿童游戏的时间，而且枯燥无聊，脱离儿童生活与直接经验的学习过程，也伤害了儿童的学习兴趣，为他们埋下厌学畏学的隐患。

教师与家长若加深对学前儿童发展心理学知识的学习，将有助于成长为更专业的教师和更称职的父母。我们同时也会明白，功利性的学前教育、小学化倾向的学前教育，都背离了学前儿童的身心发展特点，单纯注重知识与技能的填鸭式学习，必然不能够承载维护与增进儿童的身心健康的使命，不能够保护儿童的好奇之心，难以激发儿童积极的情绪体验，难以培养学前儿童对学习的持续兴趣和良好的学习与生活习惯。从长远来看，学前教育小学化倾向，压缩了儿童的发展空间，破坏了儿童发展的潜力。教师与家长的学习，有助于双方都树立健康成长比成功更重要的意识，做到家、园、社会共育，更高效地培养孩子。

此外，学习学前儿童发展心理学，也有助于唤起我们沉睡的童心，增强对学前儿童的爱心和感情，巩固为学前教育事业献身的专业思想。

拓展阅读 1-1

普莱尔与科学儿童心理学的诞生①

德国生理学家和实验心理学家普莱尔（W. T. Preyer，1842—1897 年）于 1882 年出版了《儿童心理》一书，这标志着科学儿童心理学的诞生。

普莱尔从自己的孩子出生之日起直到 3 岁，持续对其进行系统观察，辅以实验，最后整理成《儿童心理》一书出版。在书中，普莱尔肯定了儿童心理研究的可能性，并系统地研究了儿童的心理发展；他比较正确地阐述了遗传、环境与教育在儿童心理发展上的作用，并旗帜鲜明地反对当时盛行的“白板说”；他运用系统观察和传记的方法，开展了比较研究，对比了儿童与动物的异同点，对比了儿童智力与成人特别是有缺陷的成人智力的异同点，为比较心理学乃至发展心理学作出了不可磨灭的贡献。

第二节 学前儿童心理的研究原则与研究方法

引导案例 1-3

东东，你再忍一下好吗？

4 岁的东东正在参与崔老师坚持性行为的研究。半个小时过去了，研究还没有结束，东东满脸通红，用手捂着腹部，一副难受的样子。崔老师关切地问道：“东东，你怎么啦？”东东说：“老师，我想尿尿，很急了！”崔老师一时为难了，她觉得已经研究半个小时了，现在中断太可惜了，就说：“东东，你再忍一下好吗？”

思考：您认为崔老师的做法合适吗，为什么？

---

① 朱智贤，林崇德. 朱智贤全集（第六卷）（第 2 版）. 北京：北京师范大学出版社，2002：26-36.

一、学前儿童心理的研究原则

（一）客观性原则

客观性原则，即实事求是的原则。要遵循客观性原则，就需要在学前儿童的心理研究过程中，做到四个方面。

一是取样应具有代表性，所取的样本能够基本代表特定类别的整体。比如若想了解我国4～5岁幼儿亲社会行为发展的平均水平，那么就需要在全国范围内取样，所取样本就要能够代表我国各类幼儿园中的同龄幼儿。不能够只抽取东部地区省级示范园的幼儿进行研究，也不能够只抽取西部农村幼儿园的幼儿进行研究。若条件有限，不能够使我们的样本具有代表性，那么得出结论的时候，就一定要谨慎，一定是仅限于对自己的样本范围下结论，不能够任意拔高。比如，出于取样方便的考虑，有时候就只研究自己附近幼儿园里的幼儿，那么得出的数据就只能够代表这个幼儿园或者同类别幼儿园同龄幼儿的水平。

二是研究流程保持一致。除了实验法中的自变量条件，其他所有的研究流程，包括指导语、实验材料等，都应该基本保持一致。不同的指导语、不同的实验材料，对儿童产生的影响是有所不同的。比如，让儿童进行某种游戏任务，就不能够对其中一部分儿童用平淡的指导语，对另一组儿童用充满热情的、鼓励性的指导语，除非指导语本身就是你特意要设置的自变量。实验材料也是如此，如果这项研究不是考察材料的吸引力对学前儿童某一心理的影响，那么材料的吸引力在各组儿童当中就应该保持一致。不能够对一组儿童用有吸引力的材料，对另一组儿童用没有吸引力的材料。

三是数据信息全面充分。在进行学前儿童心理的研究时，应尽可能同步采集到所有的信息，除了儿童的言语、行为，还包括明显的面部表情，包括儿童的反应时间等。这些信息越全面，越有助于准确地描述儿童某一心理的发展水平。

四是忠于数据，科学统计。忠于数据是指不按照猜测来登记数据，而要按照事实本身采集数据。在研究过程中，如果儿童自己变换了想法，就要平静地追问儿童的想法，以他们确定的回答作为该项的数据。比如同一个问题，答了"红色的长一点"之后，改成"不对，是绿色的长一点"。那么研究者就要平静地追问："小朋友，你想好了吗？到底是哪个颜色的长一点呢？"以儿童此时确定的回答作为该项的反应。若发生了涂改，数据记录员就要在数据记录表上注明涂改的原因，并且签名确认。忠于数据，还有一个要求，就是按照统计的基本原理进行统计，不胡乱统计。

（二）系统性原则

系统是由若干相互联系、相互作用的部分组成的，是具有一定结构和机能的整体。在学前儿童心理研究中注意系统性原则，即是把学前儿童的心理作为一个开放的、动态的、整体的系统来加以考察。

例如，要考察一所幼儿园中儿童的心理发展水平，就不能够仅仅看心理的某一方面，即不能够只看学前儿童感知觉的发展，还要看记忆、思维、想象、言语、情绪、情感、意志、个性心理与社会性等多种心理现象的发展。同样，如果要研究幼儿某一方面的心理现象，也要看到这一心理现象受哪些因素的影响，不能够完全抽离幼儿的实际情况和生活来进行研究。比如，引导案例 1-3 中的崔老师，要研究幼儿的坚持性行为，也要看到坚持性行为不只受幼儿主观能动性的影响，还受制于幼儿一些生理需要。尿急需要排泄，类似的生理需要是幼儿无法抗拒的。崔老师显然暂未遵循研究的系统性原则。与此同时，研究时需要把儿童的某一心理现象放入各种心理现象的整体中考虑。若进行跨文化的研究，更是要注意结合文化背景来解读儿童的心理现象，这样对该心理现象的理解才会更全面。

（三）发展性原则

在学前儿童心理研究中遵循发展性的原则，体现在三个方面。

一是由于儿童心理的发展，本身是既具有量变又具有质变的过程，所以对学前儿童心理发展的研究，不仅要描述发展中量的变化，还要揭示发展中质的变化。例如，探讨学前儿童心理发展的关键期问题，不仅要有量的指标，同时还要有质的指标。

二是在对学前儿童心理进行研究的过程中，不仅要注重学前儿童身上已经形成的心理成分，更要关注那些正在萌芽的心理成分，以及预测他们心理发展的可能趋势。

三是要通过内因和外因的复杂交互作用来研究学前儿童的心理发展，揭示影响因素及其影响机制，目的在于了解和促进学前儿童的发展。

（四）适宜性原则

学前儿童心理研究中的适宜性原则，是指用于研究的任务要适合学前儿童的年龄特征。

学前儿童心理的研究者，要充分考虑研究的时段和时长，关注可能的多种干扰因素如学前儿童的情绪波动、疲劳、分心、饥饿、憋尿等。如果实验时间过长（如一个任务持续 15 分钟甚至半个小时以上），引发了学前儿童的疲劳或者分心，导致他们在这些任务上表现不佳，这时候采集的数据已经不是学前儿童的真实表现。研究者更不能够以此下结论说儿童某一心理发展水平低，而应反思这是否违背了适宜性原则。从这个角度而言，引导案例 1-3 中崔老师的做法，不仅不符合系统性原则的要求，因其研究已经超过半个小时，而且在幼儿提出已经憋尿的情况下，依然未同意其如厕，就同时违背了适宜性原则。

同时，在学前儿童心理研究中，任务要具有项目的针对性和特异性，不对儿童提出额外的、非目标性的要求。比如要研究学前儿童的传递性推理能力，任务应该只要考察其传递性推理能力本身，而不应该同时要求学前儿童有较强的其他能力，如短时记忆能力。若要完成传递性推理任务，必须以具备较强的短时记忆能力为前提，那么这样的研究任务就是“不干净”的，因为它对学前儿童提出了传递性推理能力之外的其他要求。

（五）伦理性原则

所有以人类作为被试的研究，无论是生理方面的研究还是心理方面的研究，都应该遵循伦理性原则。一个影响恶劣的案例，便是湖南省转基因黄金大米事件①。在这一事件中，研究人员在儿童与家长均不知情的情况下，使用转基因大米对6～8岁的中国儿童进行人体试验。这一事件随后引发国际关注，并随之引发国内民众的高度关注，并遭到谴责，之后中国疾病预防控制中心等机构很快发布通报称，此项转基因试验违反相关规定、科研伦理和科研诚信，中方相关责任人被撤职。

在学前儿童心理研究中，遵循伦理性原则，具体表现为三个方面：一是研究者要获得学前儿童以及学前儿童监护人的知情同意；二是尊重学前儿童的权利，儿童可以随时退出研究，不强迫儿童执行其不愿意从事的任务；三是研究内容和过程要充分关注儿童的感受，不得有任何可能误导儿童价值观，或者伤害儿童身心发展的环节。幼儿教师对儿童进行研究的时候，更需要铭记研究过程本身往往就是教育过程。我们再看引导案例1-3，发现崔老师也没有体现出对幼儿权利的尊重，甚至在幼儿憋尿的情况下，都不容许其退出研究，这是严重违背学前儿童心理研究的伦理性原则的。

对学前儿童心理进行研究，是一件非常必要同时也是需要不断学习的事情。研究者在研究设计、研究过程、研究结果等各个环节都要谨小慎微，不能够想当然地任意行事。如此，才可以避免像引导案例1-3中的崔老师一样，仅在一项研究中就违背了好几项学前儿童心理研究的原则。

二、学前儿童心理的研究方法

（一）观察法

要了解什么是观察法，首先要了解什么是观察。观是“看”，察是“仔细看，调查”，观察则是“仔细查看事物或者现象”②。观察法，就是有目的、有计划地用自己的感官或借助科学装置，对研究对象进行系统观察，从而获取资料的方法。感官是指眼、耳、口、鼻、皮肤，相应地可以获得视觉、听觉、味觉、嗅觉和触觉的信息。科学装置包括照相机、摄像机、智能手机、录音笔、单向玻璃、望远镜、显微镜、人造卫星等。

感官是研究者本身所具有的，不少科学装置如今也很常见，从这个角度而言，观察法是一种比较便捷的研究方法。不仅如此，观察法还有两个突出的优点。一是可以考察难

---

① 中国疾病防控中心官方网站. 美大学就用中国儿童进行转基因大米试验致歉. http://www.chinacdc.cn/mtdx/rdxw/201309/t20130923_88428.htm，2015-01-6.

② 中国社会科学院语言研究所词典编辑室. 现代汉语词典（第5版）. 北京：商务印书馆，2005：144，501.

以或不宜用其他方法考察的生理状况与行为。比如出于研究伦理的考虑，不能够人为引发儿童的负性情绪或者负性行为，但是可以通过观察来了解儿童攻击性行为等负性行为的发生频率和发生情境。二是因为在自然情境中观察，故而资料真实可靠，生态效度较高。

当然，观察法也有其缺点。一是它比较被动，只适合外显特征与行为，且预想内容未必出现。二是它往往比较费时，常需要多次反复观察，才能获得较系统的数据。三是观察的质量以及对观察结果的分析与运用，受制于观察者的因素（专业储备、专业敏感性、偏见、身心素质等）。比如浙江省安吉县教育局幼教科对全县幼儿教师现状的大致评价：100％教师能够管住手和口，不乱干预儿童，约 30％的教师能够看懂儿童，只有 10％的幼儿教师不仅能够看懂儿童，而且能够做出适切回应①。

运用观察法研究学前儿童的心理，通常包括以下四个步骤。

1. 确定观察目的

根据研究的具体问题，确定观察的目的，即想通过观察解决什么问题或者采集哪些方面的具体资料。这个阶段包括两个环节，一是确定观察的内容，二是确定观察的对象。

观察的内容非常广泛。比如，要研究儿童在常规活动中的行为，即可以观察进餐、如厕、午休、过渡时间、户外活动等单个环节或者多个环节的行为。若研究儿童使用材料的情况，则可以观察儿童选择材料的类型、材料的选择过程、儿童所做的事情及方式。若观察儿童的同伴交往特点，则可以观察儿童是发起或接受、合作或争执等多个方面。若观察儿童在游戏中的行为，则可以观察游戏的各阶段，发起、进程、终止，以及伴随其中的符号表征、以物代物、情绪、言语、角色分配与扮演等。若观察师幼互动中幼儿的反应，则可以观察幼儿是否合作参与、抗拒或忽视等。若观察儿童心理的发展，则可以在广阔的感知觉、记忆、思维、想象、言语、情绪、情感、意志、注意、个性心理与社会性行为等当中选取一个方面进行观察。

在确定观察的内容之后，就要确定研究对象，比如针对 0～6 岁的学前儿童，是每一个年龄点都观察还是选取其中一个年龄点进行观察。

2. 制定观察方案

在这一阶段当中，要做好几件事情。一是根据观察研究的目的选择具体的观察方法。根据记录方式的不同，观察法可分为描述性观察法（日记描述法、轶事记录法、连续记录法）、取样观察法（时间取样观察法、事件取样观察法、个人取样观察法）与评价观察法（数字等级法、图表评价法、语义类别法、强迫选择法）。以是否设置情境划分，观察法可分为非结构式观察（隐蔽观察法、适应观察法、参与观察法）与结构式观察。二是制作可

① 引自 2014 年 6 月 17 日上午浙江省安吉县教育局程学琴老师的报告，特以致谢！

操作性的观察记录表。首先，根据观察的内容设定清晰的维度，各维度之下的子项含义明确、不交叉包容。这个过程需要反复斟酌，然后不断改进。三是制定观察的具体程序。这个过程要设计合理，并且详细具体到“身临其境”。四是确定辅助装置。具体可能用到哪些仪器，各自实现何种功能，都要充分预设。

3. 实施观察

这个过程包括进行必要的预观察和正式观察、记录。

预观察的目的是熟悉观察对象、明确观察范围、检验观察记录表是否合理、熟悉观察程序与辅助装置，以及选定最佳观察位置等。

进行正式的观察记录时，需要高度专注，捕捉事件、行为及其背景，抓住儿童的偶然或特殊的反应，并且认真翔实地做好记录。

4. 对观察结果进行整理分析

根据维度及时编码、汇总，必要时做好分类索引。然后形成观察报告。观察报告中要呈现观察研究的目的、选用的具体观察方法、观察研究的具体过程、通过观察获得的主要事实，以及这些主要事实与已有理论或已有研究的必要比较，对这些事实可能原因的谨慎解释和有限推论。

（二）实验法

在学前儿童心理研究中，实验法是指有目的地控制一定的条件或创设一定的情境，以引起学前儿童的某些心理活动或行为反应，并对其加以研究的一种方法。实验法中涉及三个非常重要的变量，即自变量、因变量和干扰变量。在儿童心理与行为研究中，自变量是指研究者主动操作的、以此引发儿童心理或者行为变化的因素或条件，如任务难度、刺激物的吸引程度、活动组织方式等。因自变量的变化而产生的现象变化或结果称为因变量。比如若考察不同难度的游戏任务对儿童完成程度的影响，儿童完成程度就是因变量。若考察三种不同层次吸引力的刺激物对儿童坚持性行为的影响，儿童坚持性行为便是因变量。自变量以外，能影响因变量变化的因素叫做干扰变量。在实验研究中，为了探求自变量对因变量的影响，还要排除或者控制干扰变量。

实验法突出的优点是可以探讨两个或者多个变量之间的因果关系。比如，想了解感恩对儿童的助人行为是否有影响，那么就可以操作自变量“是否受恩”。将儿童分为两组：一组为受恩组，即儿童曾接受他人恩惠（如接受了小雨赠送的有吸引力的物品）；另一组为未受恩组。然后再记录两组儿童在面对小雨需要帮助时候的反应。若受恩组幼儿的助人行为更高，则说明，是否受恩这一条件会影响儿童随后的助人行为。

实验法也有自身的局限性。出于研究伦理原则的考虑，有些内容不能够采用实验法进行研究。比如，想考察学前儿童情绪调解策略的发展，不能够人为地引发儿童的负性情绪如愤怒、悲伤等，然后再看儿童在不同情境中分别采用什么策略调解自己的情绪。

否则，便违背了学前儿童心理研究中应该遵循的伦理性原则。

实验法可分为实验室实验和现场实验两种类型。

实验室实验是在专门的儿童实验室内，利用一定的仪器设备研究儿童心理现象的一种方法。有关儿童的感知、记忆、思维等心理过程都可以在实验室进行。在实验室中进行研究，对无关干扰的控制更加方便，所以实验室实验便有科学性高、结果记录客观准确、便于分析等优点。它通常能够准确地揭示自变量对因变量的影响。不过实验室实验法，也因其是在实验室中进行的，实验环境常经过设计且过于人工化，有时难免脱离现实生活。儿童在实验环境中的表现和自然环境下的表现可能不同，因此生态学效度相对较低一些。

现场实验是一种在现实的生活环境中进行的实验研究。如要研究一种新的引导策略能否提高幼儿的亲社会行为，可在幼儿园选择同一年龄段原来的亲社会行为水平一致的两个班，然后随机将一个班确定为实验班，接受新的引导策略，另一个班为对照班，仍接受原来的教育方式。经过一段时间之后，再将两个班的幼儿分别放在相似的情境中，记录幼儿自发的亲社会行为发生的种类、频率。将两个班后期亲社会行为的水平分别减去它们各自的前期水平，再进行比较和统计检验。若存在显著差异，实验班优于对照班，则可得出这种新的引导策略，其效果优于原有教育方式的结论。因为是现场实验，所以控制不如实验室实验那么方便和严密，但是因为其研究情境接近儿童的日常生活，让儿童感到舒适自然，所以生态学效度反而较高。

（三）测验法

在学前儿童心理研究中，测验法是运用标准化的测验量表，按照规定的程序对学前儿童进行测量，从而研究学前儿童的心理发展特点和规律的研究方法。测验量表是发展心理学的一种重要研究工具，具有评估、诊断和预测的重要功能。

测验法的优点在于编制严谨、科学，有指导语和施测程序，便于实施测验，也便于评分和数据统计，测验评分出来以后，还有现成的常模可直接进行对比，以了解被试在同年龄段人中的大致水平。一些量表比如儿童智力量表，已经修订得较为成熟，可以在必要的时候运用。

测验法的不足是对实施测验者要求高，要非常熟悉测验手册的内容，详细了解指导语和施测程序。尤为值得注意的是，学前儿童的心理现象尚不够稳定，学前儿童的成绩也可能会受练习和受测经验的影响，因此对学前儿童测验结果的解读要特别谨慎，也要对个别儿童的测验结果进行严格保密。与此同时，为保证量表的有效性和权威性，不得随意将测验内容泄露出去。

测验可按不同的标准分类，如按测验材料可分为文字测验和非文字测验。若对学前儿童进行测验，选择非文字类的材料更为合适。按测验形式划分，可分为个别测验和团体测验。对学前儿童的测验形式应适当，应尽可能地个别施测。

（四）调查法

调查法主要包括访谈法和问卷法。

访谈法，是指研究者根据一定的研究目的和计划直接询问儿童的看法、态度的研究方法。比如让儿童按要求进行简单的演示，之后再加以必要的访谈，如询问儿童这么做的原因、想法等。这种结合简单演示的访谈法又称为临床法，是著名儿童心理学家皮亚杰创设和运用得较多的研究方法。访谈法和临床法都简便易行，关键是访谈的问题，要符合研究的适宜性原则，研究者要让儿童能够理解所问之话的含义，问的时候还要注意避免给儿童暗示，以免研究结果失真。

问卷法，是指根据研究目的，以书面形式将要收集的材料列成明确的问题，让研究对象回答的研究方法。让学前儿童填写问卷，显然是不太现实的。因此，这一方法主要是让学前儿童的家长和教师填写问卷，通过他们来了解学前儿童的心理特点。比如，编制幼儿行为习惯问卷，然后分别让教师和家长填写，以便了解幼儿在家与在园的行为习惯是否一致等。

（五）作品分析法

作品分析法，是指研究者通过学前儿童的绘画、折纸、泥塑、沙盘操作、积木作品等分析学前儿童心理特点的研究方法。通过分析儿童的作品，可以深入地了解儿童的内心世界，比如儿童的兴趣、情绪、知识经验等。

例如，一位 2 岁 3 个月的小朋友，她的绘画作品中，所有植物的果实，无论是苹果、葡萄、花生还是西瓜，都是长在树上的，这体现了她此时的知识经验。她见过一些长在树上的果实，并以此类推，认为所有的植物果实都有这一相同的特性。可以说，儿童的作品是了解儿童内心世界的窗口。幼儿教师与家长也可以阅读一些有关儿童绘画心理学、作品分析的书籍，提升自己分析儿童作品的能力。

拓展阅读 1-2

学前儿童心理研究的新趋势

学前儿童的心理研究，具有四大新趋势。

一是研究过程生态化，即强调在现实生活或自然情境中研究儿童的心理与行为。

二是研究手段现代化，主要体现为音、像记录技术和统计技术现代化，如录音、照相、摄像设备、智能手机、计算机技术的广泛运用，以及出现了大量便于儿童研究的设备，如视崖、单向玻璃、眼动记录仪、EGI、fMRI 等。

三是研究方法综合化，即同时运用多种方法，从多角度、多层次、多水平去考察儿童的心理现象，以获得更全面详尽的资料。在研究设计方面，倾向于交叉聚合研究。

四是研究环境跨文化，即就同一问题对不同社会文化背景下的儿童进行研究，以探讨儿童心理发展的共同规律和不同的社会生活条件对儿童心理发展的影响。

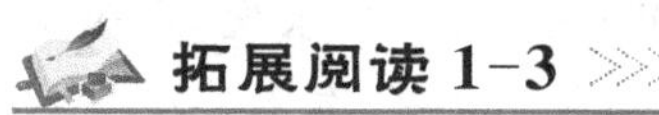

拓展阅读 1-3

眼动技术可助益于自闭症患儿的预判[1]

自闭症患儿呈增多的趋势,据美国疾病控制和预防中心公布的数据显示,美国自闭症患儿从 2002 年的每 150 个儿童中 1 名增加到 2008 年的每 88 个儿童中 1 名。在自闭症研究和婴儿研究中,眼动是被广泛观测的指标。

沃伦·琼斯(Warren Jones)等人采用眼动记录仪,追踪研究了一群自闭症高危儿童[2],在 0～3 个月期间对人眼注视的情况,并得出了惊人的发现:自闭症患儿在刚出生时的眼部注视机制是完好的,只是从 2～6 个月开始,对人眼注视的时间越来越少——减少得越剧烈,之后罹患的自闭症也最为严重。相比之下,正常婴儿在 0～9 个月期间,注视他人眼睛的时间越来越长,直到幼儿期,正常孩子仍可以专注地凝视别人的眼睛。

前人曾认为自闭症患儿对眼部的注视缺陷是与生俱来的。沃伦·琼斯等人驳斥了前人假设,为干预治疗提供了乐观的前景:若能使自闭症婴儿保持先天对人眼的完好注视机制,或许就能对其进行更早更有效的干预治疗。

第三节 学前儿童发展心理学的理论流派

引导案例 1-4

同卵双生子爬梯实验

同卵双生子 A 从 48 周开始训练爬楼梯,6 周后可以独自爬到顶端。B 从 53 周起开始爬楼梯训练,仅仅用 2 周时间,就达到了 A 的水平。

思考:您认为这个案例说明了什么问题?

引导案例 1-5

如何回应更好?

当蹒跚学步的孩子撞到桌子时,成人通常有四种不同的回应类型。类型 1:“桌子不乖,妈妈打它,妈妈打疼它,看它还敢撞宝宝!”类型 2:“谁叫你走路不长眼睛,这下撞疼了

---

① Warren Jones, Ami Klin. Attention to eyes is present but in decline in 2-6-month-old infants later diagnosed with autism. Nature, 2013,doi:10.1038/ nature12715.

② 亲人里有自闭症患者,后来这群儿童大部分在 3 岁时也被诊断出了自闭症。

吧？该长记性了吧！”类型3：“哦，宝宝，妈妈看看，哦，吹一吹，很快就好了！宝宝，桌子不会动，宝宝会走，咱们下次小心一些，绕过它就不会撞到了。”类型4：“宝宝，每个人学走路的时候，都会摔好多跤的，所以你撞到了桌子很正常！”

思考：您认为哪一种回应既能安抚孩子又能培养其责任感呢？

引导案例 1-6

小少爷的把戏①

古代，一富翁老来得子，对这个宝贝儿子甚是溺爱。小少爷也就格外淘气。

一天，小少爷爬上门前的大树上玩，有个书生从树下路过，小少爷就站在树上撒尿，浇了那个书生一身。书生很是气恼，嚷嚷一通也就走了。富翁知道了哈哈大笑。

第二天，小少爷尿到了一个商人。商人一见是富家少爷，马上转怒为喜，连向富翁夸赞小少爷聪明：玩的把戏都跟别人家的小孩不一样。财主高兴，小少爷也高兴。

第三天，玩上瘾的小少爷对着路上急驰的一匹快马撒尿。哪知，马上骑的是一个江湖大盗，他纵身上树，一把将小少爷扔出去老远，小少爷一命呜呼。

思考：为何小少爷敢持续捉弄他人？

引导案例 1-7

康康变得爱打人了！

5岁的康康特别爱看《熊出没》，大人想既然是电视台播放的儿童动画片，也就给他看了。一段时间以后，父母发现康康变得爱打人了，而且嘴里总是念叨着熊大或者熊二的台词，比如：“打死光头强！”

思考：含有较多暴力镜头的影视节目，是否适合学前儿童观看？

一、格塞尔的成熟势力说

（一）格塞尔的生平简介

格塞尔（Arnold Gesell，1880—1961）是著名的儿童心理学家，生于美国威斯康星州的阿尔马镇。他曾深受达尔文进化论和霍尔复演论的影响。复演论认为，儿童发展中的阶段顺序是对物种发展的进化历史的复演，即个体发展复演了种系发展。格塞尔于1906年获克拉克大学哲学博士学位。1911年，他在耶鲁大学创办了儿童发展诊所。在之后的

① http://www.rensheng5.com/xiaogushi/id-1740.html，2015-01-02.

50 年中，他和同事一起从事极为广泛而细致的儿童神经运动发展的研究，并提出了闻名于世的成熟势力说。

（二）成熟势力说

个体的生理和心理发展，都是按基因规定的顺序有规则、有次序地进行的，心理发展是由机体成熟预先决定与表现的①。

影响儿童心理发展的基本因素包括成熟和学习。其中，成熟是推动心理发展的主要动力，没有足够的成熟，就没有真正的发展变化；脱离了成熟的条件，学习本身并不推动发展。比如引导案例 1-4 中，同卵双生子 B 达到成熟之后开始学习，就迅速赶上了 A 的水平，说明儿童机体成熟到一定程度后学习才能使发展有所加快，A 在 53 周之前的学习是没有必要的。

成熟是通过基因来指导发展过程的机制，它是通过从一种发展水平向另一种发展水平突然转变而实现的，因此发展的本质是结构性的。

儿童在成熟之前，处于学习的准备状态。所谓准备，是指由不成熟到成熟的生理机制的变化过程，只要准备好了，学习就会发生。决定学习最终效果的因素，取决于成熟。在发展的进程中，个体还表现出极强的自我调节能力。

基于上述观点，格塞尔提出了一些育儿建议：不要认为你的孩子成为怎样的人完全是你的责任；你不要抓紧每一分钟去“教育”他，学会欣赏孩子的成长，观察并享受每一周、每一月出现的发展新事实；不要老是去想“下一步应发展什么”，而应该让你和孩子一起充分体会每一阶段的乐趣。

（三）简评

首先，强调了生理成熟对儿童心理发展的重要作用。这有助于人们意识到那些脱离儿童生理成熟前提的、揠苗助长式的所谓“超前教育”和小学化倾向的学前教育，是以剥夺儿童游戏时间甚至健康为代价的，是有害的。

其次，为研究儿童的身体发育和心理发展提供了宝贵的资料②。格塞尔收集整理了数以万计儿童的发展行为模式，制订了格塞尔发展量表（Gesell Developmental Schedules）。通过与行为发育的年龄常模相比较，即可判断不同儿童的心智发展水平，该诊断量表在临床实践中运用十分广泛。

最后，提出了一些有启发性的育儿观点。这些观点对于缓解父母的育儿焦虑和指导父母的育儿行为，具有一定的借鉴意义。

若说不足，便是格塞尔对于生理成熟之外的其他影响因素比如环境和教育，重视得不够。前文有关儿童心理发展的影响因素中已经提到，在生命的早年，环境和教育对儿童身心健康发展，具有深远的影响。

---

① 朱智贤，林崇德. 朱智贤全集（第六卷）（第 2 版）. 北京：北京师范大学出版社，2002：170-182.

② 李红. 幼儿心理学. 北京：人民教育出版社，2007：64.

二、精神分析学派的心理发展观

(一) 弗洛伊德的心理发展观

1. 弗洛伊德的生平简介

弗洛伊德(Sigmund Freud, 1856—1939)是奥地利心理学家、精神病医师、精神分析学派创始人,是心理治疗的开山鼻祖。他出生于犹太商人家庭,1881 年获维也纳大学医学博士学位。1919 年成立国际精神分析学会,标志着精神分析学派最终形成。1930 年被授予歌德奖。1936 年成为英国皇家学会会员。1923—1939 年,他身患重疾,接受了很多次非常痛苦的手术,并且拒绝使用止痛药,继续为病人诊疗和著书立说。1938 年,奥地利被纳粹侵占,因亲人受到迫害而被迫赴英国避难,次年于伦敦逝世。

弗洛伊德一生著作等身,促进了动力心理学、人格心理学和变态心理学的发展,奠定了现代医学模式的新基础,为 20 世纪西方人文学科提供了重要理论支柱,是推动人类认识自我的世界级大师。

2. 人格发展的性心理理论

在弗洛伊德看来,存在于潜意识中的性本能是心理发展的基本动力,人格的发展就是心理性欲的发展。弗洛伊德所指的"性",不仅包括两性关系,还泛指一切身体器官的快感,比如包括儿童由吮吸、排泄产生的快感,身体的舒适,快乐的情感等。随着个体年龄的增长,力比多(libido)这一性能量投向身体的不同部位,这些部位成为性感区(erogenous zone)。在儿童的成长过程中,口腔、肛门、生殖器相继成为快乐与兴奋的中心。早期力比多的发展变化决定了人格发展的特征和心理是否正常。以此为依据,弗洛伊德将儿童的心理发展分为以下五个阶段①。

口唇期(oral stage, 0～1 岁)。新生儿的吸吮动作既使他获得了食物和营养,也是他获得快感的来源。因此口唇是这一时期产生快感最集中的区域,婴儿也会把手指或其他能抓到的东西塞到嘴里去吸吮。

肛门期(anal stage, 1～3 岁)。此时儿童的性兴趣集中到肛门区域,排泄时产生的轻松与快感,使儿童体验到了操纵与控制的作用。

性器期(phallic stage, 3～6 岁)。在这个阶段,儿童开始关注身体的性别差异,开始对生殖器感兴趣,性欲的表现主要在于"俄狄浦斯情结"(Oedipus complex),即男孩对自己的母亲有性兴趣(即恋母情结),而女孩则过分迷恋自己的父亲(即恋父情结)。

潜伏期(latent stage, 7 岁至青春期) 。进入潜伏期的儿童,性欲的发展呈现出一种停滞或退化的现象。早年的一些性的欲望由于与道德、文化等不相容而被压抑到潜意识中,并一直延续到青春期。由于排除了性欲的冲动与幻想,儿童将精力集中到游戏、学

① Duane P Schultz, Sydney Ellen Schultz. 现代心理学史. 叶浩生,杨文登,译. 北京:中国轻工业出版社,2014:425-426.

习、交往等社会允许的活动之中。

生殖期(genital stage,青春期到成年)。性的能量大量涌现,容易产生性的冲动。青少年的性需求朝向年龄接近的异性,并希望建立两性关系。

上述每一个阶段都以本能的满足和外部世界限制之间的冲突为特征,若在任一阶段获得太少或者太多的满足,那么儿童就无法轻松地进入下一个发展阶段①。满足太少和过分满足都可能导致固着,使得后来生活中的行为遗留有那个特定阶段冲突的特性。

3. 简评

首先,较为系统地阐述了儿童心理发展的几个阶段,开阔了儿童研究者的视野,使得人们以一个全新的视角去了解儿童心理的发展过程。

其次,第一次强调童年早期经验对个体一生发展的重要影响,有助于人们重视儿童早期的经历,去除儿童成长过程中不必要的压力,避免负性的经历,给儿童一个幸福健康的童年。

当然,弗洛伊德博大精深的精神分析体系,包括人格发展的性心理理论,引起的评论与争议也是最多的。批评者认为弗洛伊德是一个泛性论者,过分强调了力比多这一性能量在儿童心理发展中的作用,而对其他因素的影响作用关注较少。

(二) 埃里克森的心理发展观

1. 埃里克森的生平简介

埃里克森 (Erik H Erikson, 1902—1994 年),是美国著名精神病医师,新精神分析学派的代表人物,自我心理学的创始人。1902 年生于德国法兰克福,父母都是丹麦人。1933 年,为避免纳粹日益加剧的威胁,全家迁居丹麦,后又迁往美国波士顿,开设儿童精神分析诊所。1936 年起,分别在耶鲁大学、加利福尼亚大学研究所、匹兹堡大学、哈佛医学院等高校任教。埃里克森在新精神分析学派中的主要贡献是提出了自我发展理论(theory of ego development)。

2. 自我发展阶段理论

埃里克森把个体自我意识的形成与发展划分为八个相互联系的阶段②。他认为这八个阶段的顺序是由遗传决定的,每一阶段都有一个突出的心理冲突,能否顺利度过以进入下一阶段却是由环境决定的,每一个阶段均不可忽视。所以这个理论也称为心理社会同一性理论(theory of psychology identity)。

阶段 1:婴儿期(infancy,0～1.5 岁)。心理冲突是信任感对不信任感(trust vs mistrust),人际交往的基本对象是母亲。主要发展任务是满足生理需要,发展心理信任感,克服不信任感,获得希望的品质。

---

① 戴维·霍瑟萨尔. 心理学史. 郭本禹,魏红波,朱兴国,等,译. 北京:人民邮电出版社,2011:257.

② 罗伯特·菲尔德曼. 发展心理学——人的毕生发展(第 4 版). 苏彦捷等,译. 北京:世界图书出版公司,2007:19-20.

若母亲能够给予婴儿关爱和合适的照顾，为其提供积极应答性的环境，婴儿就会体验到身体的舒适和环境的温馨，从而感到安全，产生信任感。若母亲照料不周，婴儿就容易产生不安全感。略微的不安全感有利于儿童之后的自我保护，但是此期应该是安全感超过不安全感。因为希望这一品质具有增强自我的力量，具有信任感的儿童善于寄托希望，富于理想，具有强烈的未来定向。反之则不善于寄托希望，时时担忧自己的需要得不到满足。

阶段 2：学步期（toddler，1.5～3 岁）。心理冲突是自主对羞怯怀疑（autonomy vs shame and doubt），人际交往的基本范围是父母。主要发展任务是获得自主感，克服羞怯怀疑，体验意志的实现。

此期儿童正在学步和积极探索世界，溺爱、过分保护、包办代替和过分严厉、专制高控、体罚，都不利于儿童的成长，只有恰当地保持平衡，才有利于在儿童人格内部形成意志品质。比如引导案例 1-5 中，类型 1 的回应方式，便是溺爱的方式，虽然能够安抚儿童，但是却归责错误、误导孩子，持续以此方式进行教导，就容易养出不负责任、怨天尤人的孩子。类型 2 的回应方式，则过于严厉，虽然准确归责了，但是却毫无关爱的情感可言。它使孩子遭受更多的失败体验而产生自我怀疑与羞耻之感，很可能养出自卑冷漠、不关心他人的孩子。类型 3 的回应方式，符合“导以规则、教有智慧、爱无条件”这一理想的教育境界。既安抚了儿童，又准确归责，有助于养出善解人意、富有同情心又负责任的孩子。类型 4 的回应方式，讲的是一般道理，虽有一定的安抚作用，但是却没有引导归责，不利于孩子学会从生活中总结经验和教训。

阶段 3：学前期（early childhood，3～6 岁）。心理冲突是主动性对内疚（initiative vs guilt），人际交往范围是家庭基本成员。主要发展任务是获得主动感，克服内疚感，体验到价值感的实现。

此期儿童喜欢游戏，充满想象力和好奇心，对周边世界的积极探索行为增多。若成人能够耐心解答儿童提出的各种问题，积极友善地支持儿童的游戏，那么儿童的主动性就会得到进一步发展，认为自己所做的一切是有价值的，从而表现出积极性与进取心。相反，若成人对儿童采取否定与压制的态度，儿童的好奇心以及探索行为遭到阻挠、嘲笑、禁止，甚至指责，那么儿童就会产生内疚感与失败感，认为自己的游戏是不好的，自己提出的问题是笨拙的，自己在父母面前是讨厌的，自己是没有用的。这种内疚感与失败感还会影响下一阶段的发展。

阶段 4：学龄期（school age，6～12 岁）。心理冲突是勤奋对自卑（industry vs inferiority），人际交往的范围拓展到邻居、学校。此期儿童已进入学校开始较为系统地学习知识和技能，因此主要发展任务是努力追求自身的完善，获得能力感和勤奋感，避免害怕失败的自卑感和无能感。

若他们能顺利完成学习课程，他们就会获得勤奋感，这使他们在今后的独立生活和工作中充满信心。反之,就会产生自卑。当儿童的勤奋感大于自卑感时,他们就会获得有“能力”的品质。特别需要强调的是,有时所谓的“失败”并不是真正意义上的失败,只是没有达到自己或者父母、教师、兄弟姐妹等确定的标准。因此,成人对儿童的期望要适当,不能够期望过高,以免使得儿童压力过大甚至产生挫败感。

阶段 5:青春期(adolescence, 12～18 岁)。心理冲突是同一性对角色混乱(identity vs role confusion),人际交往圈是同龄群体和领导榜样。主要发展任务是建立新的自我同一性,避免同一性混乱,体现忠诚自信的实现。

青少年对周围世界有了新观察与新思考,常思索自己到底是怎样的人,从他人的态度、自己担任的各种社会角色中,逐渐认清自己。他们逐渐疏远父母,从对父母的依赖关系中解脱出来,与同伴建立亲密友谊,从而进一步认识自己,对自己的过去、现在、将来产生一种内在的连续感,认识自己与他人在外表与性格上的异同,认识自己的现在与未来在社会生活中的关系,这便是同一性。埃里克森认为,这种同一感可以帮助青少年了解自己以及了解自己与各种人、事、物的关系,以便能顺利地进入成年期。否则就会产生同一性的混乱。同一性混乱的表现,可能是很广泛的方面。比如,怀疑自我与他人观点是否一致;怀疑努力与成就是否一致;对领导和下属之间的共同点与差异看不清,要么持对立情绪,要么盲目顺从;甚至在两性问题上也会发生同一性的混乱,认识不到两性之间的异同等等。

阶段 6:成年早期(young adulhood, 18～25 岁)。心理冲突是亲密对孤独(intimacy vs isolation),人际交往圈是朋友、配偶、竞争合作伙伴。主要发展任务是获得亲密感,避免孤独感,体验爱与友谊的实现。

只有上一阶段顺利度过、自我同一性牢固的青年人,才敢冒风险与他人发生亲密关系。因为发生爱的关系,就是把自己的同一性与他人的同一性融合为一体。这里有自我牺牲或损失。亲密感,是人与人之间的亲密关系,包括友谊与爱情。亲密的社会意义,是个人能与他人同甘共苦、相互关怀。亲密感在危急情况下往往会发展为一种互相承担义务的感情,它是在共同完成任务的过程中建立起来的。

若一个人不能与他人分享快乐与痛苦,不能与他人进行思想情感的交流,不相互关心与帮助,就会陷入孤独寂寞的苦恼情境之中。埃里克森认为,此期个体要主动体验亲密和孤独的感觉,避免杂乱泛爱。

阶段 7:成年中期(adulhood, 25～65 岁)。心理冲突是生育对自我关注(generativity vs self-absorption),人际交往圈是同事和家庭成员。此期个体已经成家,兴趣开始拓展到孕育下一代,也非常关心各自在工作和生活中的状态,因此主要的发展任务是获得繁殖感,避免停滞感,体现关怀与创新的实现。

此阶段有两种发展的可能性。一种可能是向积极方面发展,个人除关怀家庭成员外,还会扩展到关心社会上其他人,关心子孙后代的幸福。这些人在工作上勇于创造,追求事业的成功，而不仅是满足个人的需要。另一种可能性是向消极方面发展，即所谓"自我专注"，就是只顾自己以及自己家庭的幸福，而不顾他人的困难和痛苦，即使有创造，其目的也完全是为了自己的利益，比较自私自利。

阶段 8：成熟期（maturity，65 岁以上）。心理冲突是自我调整对绝望（integrity vs despair），人际交往圈是全体人类。主要发展任务是获得完善感，避免绝望和无意义感，体验智慧的实现。

埃里克森认为完善感是以超然的态度对待生活和死亡。老年人对死亡的态度直接影响下一代儿童时期信任感的形成。因此，阶段 8 和阶段 1 首尾相连，构成一个循环或生命的周期。

3. 简评

埃里克森的自我发展阶段理论，体现了自我的形成与社会文化因素的关系，以及自我与社会生活在个体人格发展中的作用。这八个阶段是临床经验的总结，尚缺乏严格的科学事实作为依据，但比起弗洛伊德强调本能的生物学观点，埃里克森侧重了社会文化因素在自我意识形成与发展中的作用，他的理论有相对的合理性，在西方心理学界有相当大的影响。

三、行为主义学派的心理发展观

（一）华生的心理发展观

1. 华生的生平简介

约翰·华生（John Broadus Watson，1878—1958）是美国心理学家，行为主义心理学的创始人。1915 年当选为美国心理学会主席。主要研究领域包括行为主义心理学理论和实践、情绪条件作用和动物心理学。他认为心理学研究的对象是行为而不是意识，主张研究行为与环境之间的关系，心理学的研究方法必须抛弃内省法，而代之以自然科学常用的实验法和观察法。他还把行为主义研究方法应用到了动物研究、儿童教养和广告方面。他在使心理学客观化方面发挥了巨大的作用，对美国心理学产生了重大影响。

2. 儿童心理发展的基本观点

首先，儿童心理的发展，是儿童行为模式和习惯逐渐建立和复杂化的过程，是从无到有逐渐建立起"刺激—反应"联结的过程，而且这些过程是量变的，并未体现出阶段性。基于此，华生认为，很好地发展儿童的行为，控制儿童的行为，培养儿童的各种习惯，是教育的重要内容之一①。华生反对体罚，他认为无论是家庭还是学校，都不应该有体罚现象。

最后，华生从"刺激—反应"的公式出发，认为遗传对儿童心理发展的影响实在是微

---

① 朱智贤，林崇德. 朱智贤全集（第六卷）（第 2 版）. 北京：北京师范大学出版社，2002：147.

不足道的，环境与教育才是儿童心理与行为发展的重要条件。华生认为，遗传相当于只给予了儿童一些简单的反射。由此可知，华生深受洛克“白板说”的影响，认为儿童与生俱来的心理，就好比一块“白板”，后天的环境对儿童的影响才是决定性的。他甚至公开宣称：“给我一打健全的婴儿，加上足以培育他们的特定环境，那么我担保，随便挑选其中的一个婴儿我可以把他训练成我选定的任何一种专家——医生、律师、艺术家、商人、领导，甚至乞丐和小偷，而不管他的才能、嗜好、倾向、能力、禀性和他祖先的种族(1930 年)” ①。

3. 简评

华生的儿童心理发展观，有两个重要的贡献。一是充分强调了环境和教育在儿童心理发展中的重要作用，二是其“刺激—反应”的有关理论，对儿童积极行为的塑造具有一定的借鉴价值。

但是，需要特别提出的是，华生的儿童心理发展观，特别是其有关教育万能论的宣言，否定了儿童自身在发展中的主动性和能动性，与我国学前领域的国家系列文件和政策所倡导的儿童观和教育观，是背道而驰的。我们应该尊重儿童的天性和身心发展的特点，给予儿童充分的关爱和适应性的支持，而不是任由成人的主观意愿，想当然地将儿童打造成什么作品。

(二) 斯金纳的心理发展观

1. 斯金纳的生平简介

伯尔赫斯·弗雷德里克·斯金纳(Burrhus Frederic Skinner，1904—1990)是美国心理学家，新行为主义学习理论的创始人。生于美国宾夕法尼亚州萨斯奎汉纳。1931 年获心理学博士学位。斯金纳发现并系统地研究了操作条件反射，填补了条件反射研究类型上的一项空白。他设计的“斯金纳箱”被各国心理学家和生物学家广为运用，他设计的“空气婴儿房”成为临床“婴儿培养箱”的前身。他在哈佛大学的鸽子实验室名垂青史。他根据对操作性条件反射和强化作用的研究结果，发明了教学机器并设计了程序教学方案，对美国教育产生过深刻影响，被誉为“教学机器之父”。斯金纳的一生可谓成就卓著，贡献重大。为此，他获得了美国心理学会的“卓越贡献奖”(1958 年)、“心理学毕生贡献奖”(1990 年)，美国心理学基金会的金质奖章(1971 年)，以及美国最高级别的科学奖励“国家科学奖章”(1968 年)。

2. 儿童行为发展观

斯金纳对儿童心理研究的贡献，更多体现在行为习得、管理和程序教学这两个层面。

斯金纳用操作性条件反射及其强化原理，来解释人类行为的习得，并且提出行为管理的建议。他认为，人类的行为有两种：一是应答性行为，二是操作性行为。人的行为大部分是操作性的，行为的习得与及时强化有关②。因此，可以通过强化来塑造儿童的行

① 转引自戴维·霍瑟萨尔. 心理学史. 郭本禹，魏红波，朱兴国，等，译. 北京：人民邮电出版社，2011：425.

② 朱智贤，林崇德. 朱智贤全集(第六卷)(第 2 版). 北京：北京师范大学出版社，2002：288-289.

为。个体的偶发行为若得到了强化，该行为再次出现的概率就会大于其他行为，得不到强化的行为就会逐渐消退。行为是一点一滴地塑造出来的，每一个塑造出来的行为可以组合成统一完整的反应链，从而使个体的发展越来越朝人们预期的方向接近。引导案例1-6中，小少爷最初站在树上撒尿捉弄人的行为就是偶发的，他之所以敢于故伎重演，就是因为不当行为不但没有受到惩罚，反而得到了不当的强化，如其父亲的"哈哈大笑""高兴"，商人的献媚等。因此，若成人对儿童教育不但没有原则，反而强化儿童的不当行为，最终会导致儿童因为不辨是非而付出代价。

同时，斯金纳依据其强化控制理论，发明了教学机器并设计了程序教学方案。程序教学由小步子前进、及时反馈、主动参与、学生自定步调、低的错误率这些基本要素组成。其中，小步子前进、主动参与、及时反馈是三个原则。在今天，这些理念已经被广泛运用于多种教学软件当中。

3. 简评

斯金纳的儿童行为发展观，在儿童行为矫正和教育教学实践中产生了巨大的影响。成人对儿童有意义行为的及时强化、对消极行为的淡然处置或恰当责罚，程序教学过程中的小步子信息呈现、及时反馈与主动参与等，至今仍是个体行为塑造的有效途径。可以说，斯金纳传承了华生行为主义的基本信条，但是与华生不同的是，斯金纳用操作性条件反射的原理来解释和控制行为，这使得人们对行为的认识更接近现实生活，也使得行为主义对生活更有指导价值。

斯金纳的观点也有其局限之处。由于斯金纳主要通过动物实验(如白鼠、鸽子等)来建构理论，并用这些理论来解释人类的行为，因而其理论具有明显的机械主义色彩，低估了人的个体差异，体现出将复杂的人类行为简单化的倾向。在教育实践中，少数教师在使用行为主义的管理手段时，对行为主义的局限认识不足。这些教师不努力积累教育智慧，将简单的奖惩手段作为控制儿童行为的法宝，对儿童行为发生的原因分析不够，对儿童的内心需要关注不足。这种滥用奖惩的行为和高控的落后理念，都是需要警惕和反思的。

(三) 班杜拉的心理发展观

1. 班杜拉的生平

阿尔伯特·班杜拉(Albert Bandura, 1925—)是美国当代著名心理学家，社会学习理论的创始人，是新行为主义的主要代表人物之一。班杜拉出生于加拿大艾伯特省的蒙达，1952年获博士学位，1964年在斯坦福大学晋升教授。他所提出的社会学习理论影响波及实验心理学、社会心理学、临床心理治疗以及教育、管理、大众传播等社会生活领域。

2. 班杜拉的心理发展观

班杜拉认为，人类的学习有两种形式，一种是直接经验的学习，另一种是间接经验的学习。间接经验的学习，也称为观察学习。观察学习(observational learning，又称替代学习、间接学习、无尝试学习)，是学习者通过观察他人(榜样)所表现的行为及其后果而进行的学习①。班杜拉认为，存在一种观察模仿的学习——来源于直接经验的一切学习现象，实际上都可以依赖观察学习而发生，其中替代性强化是影响学习的一个重要因素。班杜拉强调模仿，他认为儿童总是观察和模仿周围人们的那些有意的和无意的反应。观察、模仿带有选择性。通过对他人行为及其强化行为结果的观察，儿童获得某些新的行为。

观察学习在儿童社会化过程中具有四个方面的重要作用。一是获得攻击性行为。儿童通过观察学习，会模仿那些被强化的攻击模式。引导案例 1-7 中，康康就是通过模仿变得爱打人的。二是性别角色得以发展。儿童性别特征大多是通过社会化过程，特别是模仿而获得的。儿童在很小的时候，就开始从成人那里模仿有关性别角色的行为。成人则通常按照儿童的性别对其中某些行为加以赞扬，而对另一些行为加以制止。儿童也观察到异性同伴的行为方式及所接受的强化情况，慢慢地就发展出符合社会标准的性别角色。三是学会自我强化，这通常也是社会学习的结果。四是获得亲社会行为，特别是为儿童提供分享、合作等积极榜样时，会提高儿童的亲社会行为。

3. 简评

首先，明确区分了人类学习的两种基本过程，即直接经验的学习和间接经验的学习，这拓展了我们对人类学习行为的理解。

其次，班杜拉提出的观察学习，是人类间接经验学习的一种重要形式，它普遍存在于不同年龄阶段和不同文化背景的学习者中，这有助于我们重视学前儿童的环境创设和净化。引导案例 1-7 中，不良镜头已经使得康康变得爱打人了。为了避免暴力、黄色影视对学前儿童的不良影响，我们还是要有选择地提供适合儿童观看的优质节目。同时，因为儿童能够观察模仿进行学习，所以，周边成人都要明白身教重于言教的道理。

当然，班杜拉的理论偏重于对儿童行为的研究，注重的是观察模仿对儿童行为的影响，对儿童认知发展方面的关注难免不足。

四、认知主义学派的心理发展观

(一) 皮亚杰的生平简介

皮亚杰(Jean Piaget，1896—1980)是国际发生认识论创始人，日内瓦学派奠基人，被誉为心理学史上除了弗洛伊德之外的一位“巨人”。他生于瑞士纳沙特尔；1918 年获得纳沙特尔大学博士学位；1924 年任日内瓦大学教授，开始系统地研究儿童的心理发展；1954 年任第 14 届国际心理科学联合会主席；1955 年创建“国际发生认识论中心”并担任主任；1968 年获美国心理学会的“卓越贡献奖”；1977 年获桑代克奖，以及荣获与诺贝尔奖齐名的“伊拉斯姆士”奖；长期在联合国教科文组织的下属机构任职，担任多国著名大学的名

① Duane P Schultz，Sydney Ellen Schultz. 现代心理学史. 叶浩生，杨文登，译. 北京：中国轻工业出版社，2014：347.

誉博士或名誉教授。皮亚杰开辟了心理学研究的新途径与新领域，揭示了儿童思维、道德发展的特点和各发展阶段的结构，创建了较完整的理论体系，对当代西方心理学的发展和教育改革具有重要而深远的影响。

(二) 皮亚杰的心理发展观

皮亚杰的认知发展理论(cognitive theory of development)，是以发生学的观点和方法来研究人类认知的发展顺序和阶段，探讨认知形成和发展的动因、过程、内在结构和机制等的系统理论。

1. 儿童心理发展的实质

皮亚杰认为，儿童心理(智力、思维)既不是起源于先天的成熟，也不是起源于后天的经验，而是起源于个体的动作①。这些动作的本质是个体对外部环境的适应(adaptation)，适应的目的是取得个体与环境的平衡。个体通过动作对外部环境的适应，便是儿童心理发展的真正原因②。

皮亚杰认为，人在认识周围世界的过程中形成自己独特的认知结构，即一系列整合的知觉、观念和动作的结构或组织在心理上的表征，也叫做图式(scheme)。适应便是通过同化(assimilation)、顺应(accommdation)和平衡(equilibration)这三个过程，不断更新和改变认知结构的过程。其中，同化和顺应是互补的两个不同过程。同化是指将新信息纳入已有的认知结构中，而顺应指改变已有的认知结构以适应新的环境和信息。

儿童心理发展的实质，就是个体在和环境不断的交互作用中，对环境的适应过程，也就是通过同化和顺应，不断打破旧的平衡，建立新平衡的过程③。

2. 儿童心理发展的影响因素

皮亚杰认为，儿童的认知发展受四个因素——成熟、物理环境、社会环境、平衡的共同影响④。

成熟，主要指生理发育，特别是大脑和神经系统的成熟。皮亚杰认为，生理成熟是心理发展的必要条件但不是充分条件。

物理环境，主要是给儿童提供自然经验。儿童通过与物理环境的互动，可以获得两类经验。一是物理经验，这类经验本质上是源于客体的；二是数理逻辑经验，这类经验本质上是源于主体的。

社会环境，主要给儿童提供社会交往和学校教育方面的经验。皮亚杰认为，即便是在社会交往和学校教育当中，儿童主动的同化作用依然是社会化的前提。

平衡，是心理发展中最重要的决定因素。平衡是一种内部机制，是个体复杂的自我

① 朱智贤，林崇德.朱智贤全集(第六卷)(第2版).北京：北京师范大学出版社，2002：232.

② 朱智贤，林崇德.朱智贤全集(第六卷)(第2版).北京：北京师范大学出版社，2002：232.

③ 李红.幼儿心理学.北京：人民教育出版社，2007：85-86.

④ 朱智贤，林崇德.朱智贤全集(第六卷)(第2版).北京：北京师范大学出版社，2002：233-234.

调节。它主要包括两个方面，一是通过同化和顺应，使得个体适应外部的环境；二是自动整合认知结构的各个组成部分，使之协调优化。所有新认知结构的建构都要通过同化、顺应和平衡这三个不同的心理过程。认知发展便是个体在和环境的交互作用中，认知结构不断形成和更新的结果。

3. 认知发展的阶段

皮亚杰将儿童的认知发展分为四个主要阶段，并描述了每个发展阶段儿童的认知和思维特点[①]。

感知运动阶段(sensorimotor period，0～2 岁)。此期儿童靠身体动作和感官了解周围的世界。新生儿期只有动作反射(motor reflexes)。几个月后，在与外界互动的过程中，婴儿就出现了更复杂的认知过程。开始区分自己和物体，逐渐了解动作与效果之间的关系，获得初步的时空观念。比如，一旦某个行为引发了有趣的结果，该行为就有可能受到持续的重复。

前运算阶段(preoperational period，2～7 岁)。这一阶段最明显的变化是表征或符号活动急剧增加[②]。儿童已经能够初步使用符号，语言的运用日趋成熟，记忆和想象发展迅速，主要通过直观动作和表象进行思维，思维方式具有直觉性和自我中心的特点。值得一提的是，这里的自我中心，是指儿童此期很难站到他人的角度看问题，是自然、正常的心理特点，并不具有道德研判的含义，与“自私”是不同的。

具体运算阶段(concrete operational period，7～11 岁)。这一阶段开始根据具体事例进行初步的逻辑推理，能够克服片面性，思维“自我中心”的程度下降，已具有可逆性和守恒性。此期的儿童已经具有真正运算的性质，他们具有运算的知识(operative knowledge)，这种知识涉及在一定程度上作出推论，但是这种思维运算还不能够完全离开具体事物的支持。

形式运算阶段(formal operational period，11～15 岁)。这一阶段儿童能够借助概念、数字等抽象符号进行逻辑思维。形式运算是皮亚杰认为最高级的思维形式。此期儿童的思维具有更大的弹性和复杂性，已经可以脱离具体的事物，已有能力将形式与内容分开，能对抽象的和表征性的材料进行逻辑运算。

皮亚杰认为，这些阶段出现的时间可因个人或社会变化而有所不同，但是基本顺序是固定的，各阶段都具有独特的认知结构，标志着一定阶段的年龄特征。

(三) 简评

首先，皮亚杰为儿童智力发展提供了权威的阐述，这些阐述经受了成千上万个研究的严格检验。总的来说，虽然细节上有出入，但是皮亚杰有关认知发展序列的主要观点

---

① 罗伯特·西格勒，马萨·阿利巴利. 儿童思维发展. 刘电芝，译. 北京：世界图书出版公司，2006：32-33.

② 劳拉·E. 伯克. 伯克毕生发展心理学：从 0 岁到青少年(第 4 版). 陈会昌，译. 北京：中国人民大学出版社，2014：237.

是正确的[①]。他深刻地影响了我们对认知发展的理解,他也是毕生发展领域中的泰斗人物之一,没有哪一个人对认知发展研究产生的影响可以与皮亚杰相提并论[②]。

其次,皮亚杰有关心理发展的理论对教师培训和课堂教学,尤其是学前教育实践产生了重要的影响。比如,皮亚杰认为心理的发展源于主体的动作,这使得学前教育领域注重环境创设,注重引发儿童的主动探究行为。又如,皮亚杰认为认知发展的几个阶段出现的时间可因个人或社会变化而有所不同,这使得人们更能够接受儿童发展中的个体差异。

当然,皮亚杰过于注重心理发展的阶段性,对于如何从上一个阶段发展到下一个阶段的连续性阐述不够。

五、社会文化历史学派的心理发展观

(一) 维果斯基的生平

维果斯基(Л. С. Выготский,或译维果茨基,1896—1934),前苏联心理学家,文化历史学派的创始人。他出生于奥尔沙,1917 年毕业于莫斯科大学,1924 年到莫斯科心理研究所工作,1934 年因病辞世。维果斯基研究了儿童心理与教育心理、思维与言语、儿童学习与发展等问题,留下 180 多种著作,其心理学思想至今仍有很大影响。

(二) 维果斯基的心理发展观

1. 儿童心理发展及其原因

心理发展,是指个人的心理在环境与教育的影响下,在低级心理机能的基础上,逐渐向高级心理机能转化的过程[③]。低级心理机能,是个体早期以直接的方式与外界相互作用时表现出来的特征,包括基本的感知觉和情绪等,这是进化的结果。高级心理机能,是指以符号系统为中介的心理机能,如抽象思维、有意注意、高级社会情感等,这是历史发展的结果,是人类心理与动物心理的本质区别。

心理发展具体表现为四个方面:一是有意机能的发展,如有意注意、有意记忆、有意想象的发展等;二是抽象概括机能的提高,如获得概念,能够用概念、数字等抽象逻辑符号进行思维等;三是新的心理结构的形成;四是心理活动的个性化。其中,个性的形成是高级心理机能形成的标志。

儿童心理的发展,有三个方面的原因:一是起源于社会文化历史的发展,受社会规律制约;二是在与成人交往过程中,儿童通过掌握高级心理机能的工具——语言、符号这一中介环节,以形成新的心理机能;三是高级心理机能是不断内化的结果。

---

① 罗伯特·菲尔德曼.发展心理学——人的毕生发展(第 4 版).苏彦捷,译.北京:世界图书出版公司,2007:24-25.

② 罗伯特·菲尔德曼.发展心理学——人的毕生发展(第 4 版).苏彦捷,译.北京:世界图书出版公司,2007:24-25.

③ 转引自朱智贤,林崇德.朱智贤全集(第六卷)(第 2 版).北京:北京师范大学出版社,2002:387.

2. 教学与儿童发展的关系

关于教学与儿童发展的关系，维果斯基有三个方面的贡献。

一是提出“最近发展区”的观点。所谓最近发展区，是儿童在成人指导下所达到的水平与儿童独自完成所达到的水平之间的差距。

二是提出教学应该走在发展之前。教学应首先建立在开始形成的心理机能的基础上，走在心理机能形成的前面。通俗而言，应该了解儿童的已有水平，教学应发生在儿童的最近发展区之中。教师要以符合每个儿童最近发展区的干预来指导儿童的学习①。

三是关于学习最佳期限的观点。认为学习进行得过早或过晚都不利于儿童的发展。

(三) 简评

首先，维果斯基注重社会经验对儿童心理发展的根本作用，提出了最近发展区的概念，强调教学特别是恰当教学的重要作用，这对于学前教育实践具有深远的影响。我们今天有关学前领域的国家文件精神，特别强调教师要了解儿童的已有经验，要想方设法拓展儿童的经验，这些思想都源于维果斯基的有关理论。

其次，维果斯基特别强调社会文化对儿童心理发展的重要影响，这也有助于人们认识到儿童心理机能的文化差异。

不过，维果斯基在强调社会环境对儿童心理发展的重要影响时，相对而言忽视了外部物理环境对儿童发展的重要价值。

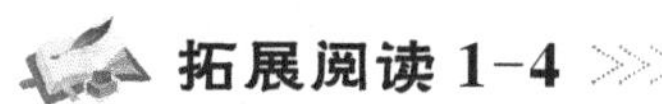

拓展阅读 1-4

《3—6岁儿童学习与发展指南》简介②

为深入贯彻《国家中长期教育改革和发展规划纲要(2010—2020年)》和《国务院关于当前发展学前教育的若干意见》(国发〔2010〕41号)，指导幼儿园和家庭实施科学的保教，促进幼儿身心全面和谐发展，教育部于2012年发布《3—6岁儿童学习与发展指南》。

该国家文件分别从健康、语言、社会、科学、艺术等五大领域描述儿童的学习与发展，分别对3～4岁、4～5岁、5～6岁三个年龄段末期的幼儿应该知道什么、能做什么，大致可以达到何种发展水平，提出了相对合理的期望；针对当前学前教育普遍存在的困惑和误区，予以先进教育理念的引领，并且为广大家长和幼儿教师提供了可操作的具体指导和建议；尤为可贵的是，着重强调了要充分认识生活和游戏对幼儿成长的教育价值，严禁“拔苗助长”式的超前教育和强化训练。

可在教育部官网上查阅下载该文件进行学习。

---

① 劳拉·E.伯克.伯克毕生发展心理学：从0岁到青少年(第4版).陈会昌等，译.北京：中国人民大学出版社，2014：246.

② 中华人民共和国教育部.教育部关于印发《3—6岁儿童学习与发展指南》的通知(教基二〔2012〕4号)，http://www.moe.gov.cn/publicfiles/business/htmlfiles/moe/s3327/201210/xxgk_143254.html，2015-01-6.

拓展阅读 1-5

幼儿园教师资格考试简介[①]

教师资格考试是贯彻落实《国家中长期教育改革和发展规划纲要(2010—2020 年)》的重要举措,是依据《教育部关于开展中小学和幼儿园教师资格考试改革试点的指导意见》(教师函〔2011〕6 号)和《教育部办公厅关于 2012 年扩大中小学教师资格考试改革和定期注册制度试点工作的通知》(教师厅〔2012〕1 号)文件开展实施的考试项目。

可登录中小学和幼儿园教师资格考试网站(www. ntce. cn)了解详情、报名参与考试。

【本章小结】

1. 学前儿童发展心理学的学科性质与研究对象

学前儿童发展心理学是研究从出生到入学前儿童心理发生发展特点和规律的科学。

研究对象是学前儿童。学前儿童取狭义时,特指三至六七岁之间的幼儿。取广义时,泛指所有学龄前的儿童,即零至六七岁之间的儿童。其中,出生后未满月的儿童称为新生儿(0～28 天),出生后未满周岁的儿童都可以称为婴儿(0～1 岁),1 岁之后 3 岁以前可以称为学步儿(1～3 岁)。

2. 学前儿童发展心理学的研究

学前儿童发展心理学研究内容包括学前儿童的心理、学前儿童心理发展的基本性质和学前儿童心理发展的基本规律。

学前儿童的心理与成人心理既有联系又有区别。联系在于二者的实质是相同的,都是人脑的机能,都是人脑对客观现实特别是对人类社会实践的反映,都具有一定的主观能动性。区别在于二者的发展程度不同:一是二者脑发育的程度不同,二是二者的经历具有差异。

学前儿童心理发展的基本性质包括:发展的连续性与阶段性;发展的定向性与顺序性;发展的不平衡性与个体差异性;发展中存在关键期与危机期。其中,关键期是指儿童学习某种知识、技能比较容易或者其心理的某个方面发展最为迅速的时期。危机期,是指心理发展易出现各种否定或抗拒行为及某些不良倾向的前后阶段过渡或转折时期。

心理发展的基本规律,主要体现为学前儿童心理发展的趋势,以及学前儿童心理发展的影响因素。学前儿童的心理发展体现出这些基本趋势:从简单到复杂,从具体到抽象,从被动到主动。儿童心理的发展过程,是内因(儿童心理的内部矛盾)和外因(遗传、

---

① 国家中小学教师资格考试官方网站,http://www. ntce. cn/a/changjianwenti/,2015-01-08.

生理成熟、环境与教育)复杂交互作用的过程。其中,遗传和生理成熟是儿童心理发展的生理基础,环境和教育为儿童的心理发展提供了必要条件。儿童心理的内部矛盾是指新的需要与现有心理发展水平之间的矛盾,是儿童心理发展的动力。

3. 学习学前儿童发展心理学的意义

有助于了解儿童心理发展及其特点,科学开展保教工作;有助于初步掌握研究儿童的方法,提供适应性的支持;有助于形成正确的儿童观和教育观,促进专业成长。

4. 学前儿童心理研究的原则与研究方法

研究原则包括:客观性原则、系统性原则、发展性原则、适宜性原则、伦理性原则。

研究方法包括:观察法、实验法、测验法、调查法、作品分析法等。

本 章 检 测

一、思考题

1. 学前儿童发展心理学的学科性质与研究对象是什么?
2. 何为学前儿童、新生儿、婴儿、学步儿和幼儿?
3. 学前儿童心理发展的基本性质和基本规律有哪些?
4. 学习学前儿童发展心理学有何意义?
5. 研究学前儿童的心理有哪些方法,应遵循哪些研究原则?

二、实践应用题

无害活动的观察研究:第一步,请观察幼儿的自主活动,并且根据"无害活动"的概念和研判标准,尝试研判幼儿正在进行的活动是否有害,并且尝试提供适应性的支持;第二步,将自己的心得、疑惑等与同学和教师分享或讨论;第三步,将自己的观点和做法与他人的观点进行比较,思考其中的异同、各自的优势与不足。

第二章

学前各年龄段儿童心理发展的基本特征

学习目标

1. 了解新生儿、婴儿、学步儿和幼儿的生理发展特点
2. 理解新生儿、婴儿、学步儿和幼儿的心理发展特点
3. 掌握各年龄段学前儿童养育的注意事项并能够应用

第一节　新生儿与婴儿心理的发展

引导案例 1-8

婴儿头大腿短正常吗?①

A网友:“我家宝宝将近6个月了,从刚出生我就担心他腿短,家里老人说小孩都这样,长大了就好了,可是到现在仍没有什么改变,腿占身体的比例不到一半,短了很多,愁死人了。请教各位宝宝妈妈,你们的宝宝有类似问题吗?”

B、C、D、E网友分别回复:“不都这样吗,头比较大”“我家的也是头大,腿短。不过我觉得没什么,长大就好了”“我家的也是腿短”“孩子小时候都是上身长下身短的,要慢慢到一两岁后下肢才会长起来的,不要着急哦”。

思考:您见过婴儿吗? 若见过,您所看到的婴儿体型是否也显得头大腿短呢? 您认为正常吗?

① http://www.babytree.com/community/club201208/topic_5451648.html,2013-02-08.

引导案例 1-9

无条件反射与条件反射

狗在进食的时候会分泌唾液，这是狗与生俱来的本能，这种现象属于无条件反射。其中，食物属于无条件刺激。狗听到铃声是不会分泌唾液的，因为这不是与生俱来的本能。

若每次喂狗之前，都先摇铃铛，久之，狗光听到铃声，还没有看到食物就会分泌唾液。此时，狗已经形成了条件反射，其中铃声是条件刺激。

思考：您能够根据这个案例，尝试区分什么是“无条件反射”和“条件反射”吗？

引导案例 1-10

红红为何感到烦躁？

红红现在 8 个月了，据其父母描述，在户外活动的时候，红红跟其他同龄小朋友没有什么区别，可是一回到家里，她就总是烦躁不安，很容易哭闹。带去就医，也没检查出什么器质性的问题，医生说耐心养育即可。可是，过了一段时间情况仍没有好转，除非睡着，否则红红在家里，依然是烦躁不安、哭闹不止的。

思考：您认为红红的烦躁不安，可能是什么原因引起的呢？

一、新生儿及其心理的产生

(一) 新生儿的身体状况

1. 阿普加量表评分

新生儿生理上的典型特征是软弱、娇嫩。因而充分了解他们身体的健康状况，给予相应的护理就显得至关重要。但凡在医院出生的新生儿，通常都要接受一个便捷的阿普加量表(Apgar scale)的评分。这个量表是由维吉尼亚·阿普加医师(Virginia Apgar)创设的①，因此在国内医院里，阿普加量表的评分，也称为阿氏评分。这一量表关注新生儿五个方面的体征：外貌(appearance，主要是肤色)，脉搏(pulse，心率)，面部反射性激动(grimace)，活动性(activity，主要指肌肉弹性)，以及呼吸状况(respiration)(表 1-2)。这五个体征的首字母组合起来刚好也是 Apgar。

阿普加量表的五项体征，每项满分是 2 分。在出生后的 1～5 分钟，新生儿在各项

① 罗伯特·菲尔德曼. 发展心理学——人的毕生发展(第 4 版). 苏彦捷等，译. 北京：世界图书出版公司，2007：99.

体征上会得到一个分数，加起来总得分为 7～10 分的新生儿被认为是正常的。总得分在 4～7 分的新生儿需要监控，若有问题，医生将会及时提供可能需要的医疗帮助。医生通常会对这些新生儿在 10 分钟内再次评分。得分低于 4 分的新生儿，需要即刻抢救。

表 1-2　阿普加量表

各项体征	分数		
	0	1	2
A 外貌(肤色)	躯体、手脚发青	身体微红，但四肢发青	全身微红
P 脉搏	无	慢，低于 100 次/分	快，100～140 次/分
G 面部反射性激动（打喷嚏、咳嗽、皱眉）	无反应	反射性反应微弱	反射性反应强有力
A 活动性(肌肉弹性)	完全松弛无力	手、脚动作软弱	手、脚动作强有力
R 呼吸状况	60 秒内无呼吸	不规则、缓慢、浅	强，哭

2. 其他参考指标

除了阿普加量表的评分，新生儿的身体健康状况还可以通过是否足月、出生时的体重来衡量。孕周在 37～42 周出生的新生儿，即是足月儿。足月儿刚出生的平均身高为 50 厘米，平均体重为 3～3.5 千克。需要提及的是，新生儿可能会出现生理性体重下降的现象。吃奶是一件很费力的事情，民间“使尽吃奶的力气”意即费尽全力。不少新生儿往往还没有吃饱，就累得满头大汗，甚至直接累得睡着了。特别是刚出生的 1～2 天，摄入通常不足，加之排出胎粪和水分的蒸发，体重就会出现暂时性下降，一般 3～4 天后体重开始增加，产后第 7～10 天达到原水平。生理性体重下降的范围一般在 10%左右。生理性体重下降停止之后，若母乳喂养正常，新生儿每日的体重约增加 50 克，满月时可增长 1～1.5 千克。

早于 37 孕周出生的新生儿，称为早产儿或者未成熟儿。早产儿出生体重大部分在 2.5 千克以下，因此这些新生儿也称为低体重儿。其中，出生体重低于 1.5 千克者称为极低体重儿。有些人见过个别早产儿比较聪明，所以就误以为“早产的孩子更聪明”。实际上，至今没有证据表明早产儿更聪明，同时有充足的证据表明，相对于足月健康新生儿，早产儿器官功能和适应能力较差，更难护理，存在更多发育、发展的风险。因此，应尽可能预防早产，若已经造成早产，务必需要更精心、更专业的护理和养育。

相反的另一个极端是过度成熟儿和巨大儿。其中，过度成熟儿是指孕周超过 42 周尚未出生的胎儿或者是超过预产期两周尚未出生的胎儿。这些过度成熟胎儿，至少面临着两大风险。一是胎盘的血液供给可能不足以为正在快速生长的胎儿提供充足的营养，对胎儿脑部的供血也可能不足，从而潜藏着脑损伤的风险。二是胎儿过大，导致难产的风险增加。巨大儿是指出生体重超过 4 千克的新生儿。巨大儿中发生先天性心脏病、无脑儿等畸形的比例高于正常新生儿，并且在长大后患肥胖症的概率也较大，将成为糖尿病、高血压等多种疾病的易患人群。看来，“生一个大胖宝宝”的“大胖”是要适可而止的，过重并非好事，还是正常体重更好。孕期饮食遵医嘱，避免暴饮暴食，是降低出生巨大儿的措施之一。

此外，有无先天畸形或疾病，也是新生儿健康状况的重要衡量指标。若是有先天畸形或疾病，就需要及时医治或者遵医嘱密切关注，予以必要的特殊护理。

3. 新生儿的体型

新生儿的体型具有“头重脚轻”的明显特征，显得头大、身长、四肢短。新生儿的头大约为身高的1/4(成人为1/8)，腿约占身高的1/3(成人为1/2)。随着新生儿成长为婴儿、学步儿、幼儿、学龄儿童，身体各部分的比例便会日趋协调起来(图1-2)。

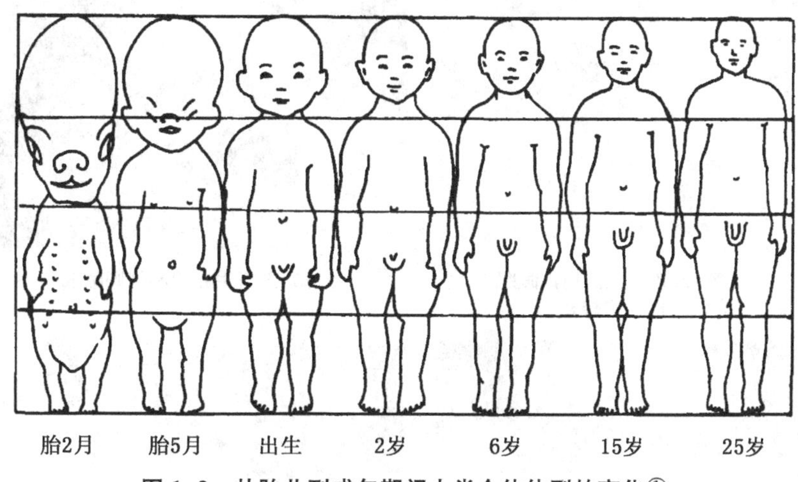

图1-2 从胎儿到成年期间人类个体体型的变化①

引导案例1-8中的A网友，她的宝宝仅仅是将近6个月的婴儿，故大可不必因此而担心自己的孩子不正常。

(二) 新生儿心理产生的条件

新生儿心理产生的条件：一是通过遗传。新生儿具备了人类神经系统的基础，并且在这个基础上日渐向生理成熟靠近。二是新生儿具有很多适应子宫外生活的无条件反射。

1. 神经系统的特点与新生儿的状态

新生儿神经系统的主要特点是脑的基本结构初具雏形，脑功能很不完善，反应尚未分化。

新生儿头围约34厘米(约为成人头围的60%)，刚出生时的脑重量为390～400克，相当于成人脑重的25%，这表明新生儿的脑是远未发育成熟的。不过，再对比一个数据，

① 图片来源 http://www.zsbeike.com/yuer/2710.html,2014-12-28.

即新生儿的体重仅为成人的5%左右，就说明新生儿的脑相对于其他身体部分是处于相对优先发育地位的。

由于新生儿只具备了基本的脑结构，脑功能很不完善，因此他们很容易疲劳，需要的睡眠时间很多，平均一天有20～22个小时处于睡眠状态。睡眠是新生儿的保护性抑制，要注意给他们睡足，如此才有利于脑发育和长身体。新生儿的睡眠状态，包括有规则睡眠（即深睡，特点是不易惊醒）、不规则睡眠（即浅睡，特点是易惊醒）和瞌睡（通常在疲劳时发生，特点是易惊醒）（图1-3中的a，b，c）。除了20～22个小时的睡眠，新生儿还有安静觉醒（图1-3中的d）和清醒时的活动与啼哭两大状态。新生儿安静觉醒的时间，除了喂养，也特别适合户外活动和亲子游戏。

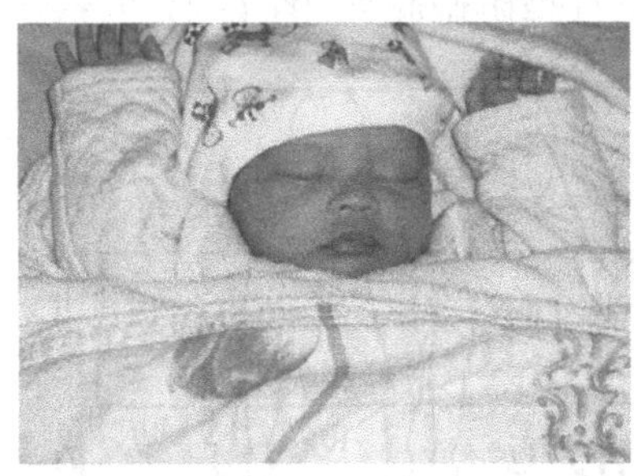

a. 第8天新生儿的规则睡眠
这是一种蛙状睡姿

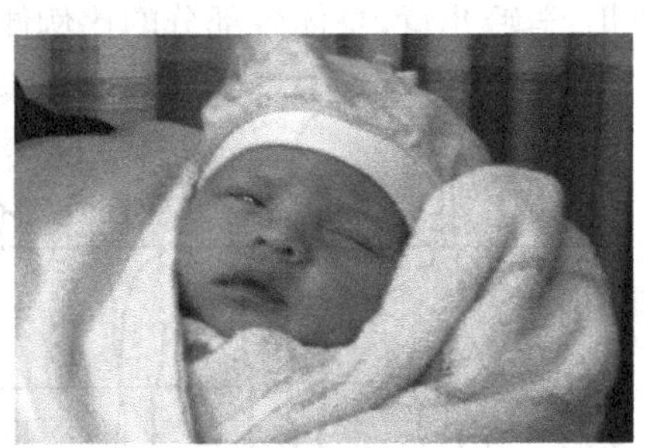

b. 第9天新生儿的不规则睡眠

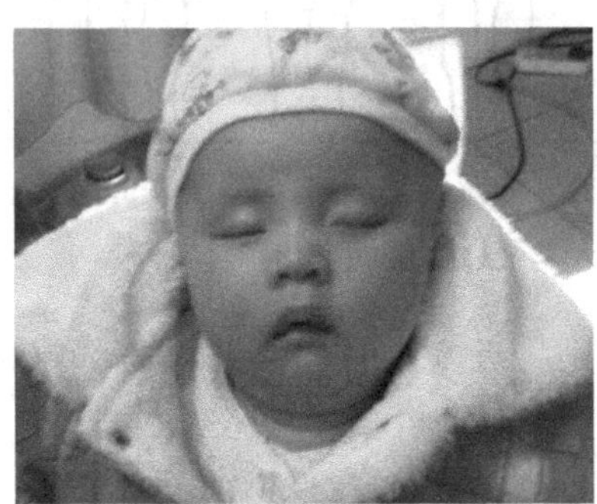

c. 快满月新生儿的瞌睡

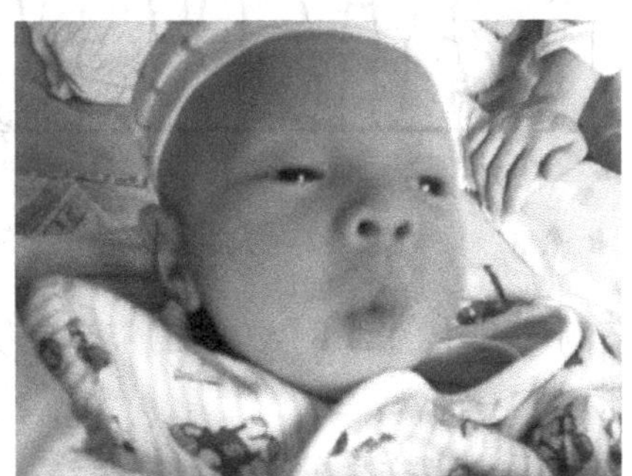

d. 第11天新生儿的觉醒

图1-3 新生儿的几种主要状态

2. 新生儿的无条件反射

反射（reflection）是指在中枢神经系统的参与下，机体对内外环境刺激所发生的规律性反应。有些反射是与生俱来的，在种系发展过程中遗传下来的，不学即会的，这些反射称为无条件反射（unconditional reflex）。比如引导案例1-9中，狗进食的时候会分泌唾液，这是不学就会的。有些反射是通过后天的学习或者训练获得的，这些反射称为条件反射（conditional reflex）。比如引导案例1-9中，狗听到铃声分泌唾液并非本能，而是通过“每次喂狗之前，都先摇铃铛”的反复训练形成的。因此无条件反射与条件反射的实质区别在于，前者是与生俱来的本能，后者是在前者基础上通过训练而形成的。

研究者曾一度关注新生儿由于受限于相对较低的脑发育水平，他们跟年长的儿童相比，做不到哪些事情。而一些儿童心理研究者的儿童观更为积极，他们开始更多地关注新生儿可以做到哪些事情，比如新生儿的无条件反射。新生儿有哪些无条件反射呢？

一是无条件食物反射，包括觅食、吸吮、吞咽反射等，这是新生儿维持生命活动所必需的反射。其中，觅食反射是指，以乳头、奶嘴或其他物体轻轻触碰新生儿的脸颊，新生儿就会转头、张嘴朝向被触碰的那一侧。吸吮反射是指乳头、奶嘴或其他物体碰到其嘴唇，新生儿立即做出吃奶的动作。吞咽反射，则是指嘴里有食物的时候，新生儿就会出现吞咽的动作。如此，觅食、吸吮和吞咽反射一起，便完成了进食的连贯动作。

二是无条件防御反射，包括眨眼、打喷嚏、呕吐等，这是新生儿维持生命活动、保护身体所必需的反射。比如，夏天将觉醒状态的新生儿抱到户外散步，刚从室内走向室外的时候，若太阳光线太强，新生儿就会迅速地闭眼。而当新生儿睡觉时，如在黑暗的卧室里突然开较亮的灯，强光照射到新生儿时，他们就把眼睛闭得更紧。眨眼反射的作用是保护婴儿免受强光刺激。打喷嚏反射，是鼻黏膜受刺激所引起的防御性反射动作，它是机体从鼻道排除刺激物或外来物的一种方式。呕吐反射是胃内容物和部分小肠内容物通过食管返流出口腔的一种复杂的反射动作。它有两种情况，一种是病理现象，一种是保护性的生理过程，即借呕吐将进入胃内的有害物质排出体外。眨眼、打喷嚏、呕吐反射是延续到个体一生的保护性反射。

三是无条件定向反射，这是对新生儿认识世界具有重要意义的反射。无条件定向反射是人与动物共有的反射。所谓无条件定向反射，是指每当环境中出现新异刺激的时候，个体就会将自己的感受器朝向新异刺激，以便更好地感受这一刺激，从而作出适当的反应，以适应环境的新变化。由此可见，无条件定向反射有助于新生儿关注周边的环境，逐渐了解、熟悉周边的世界。

除了上述三种有助于适应子宫外生活的无条件反射，新生儿还有以下多种无条件反射，其中一些具有某方面的价值，另一些的功能则尚不明确。

比如抓握反射，当成人用手指等轻轻触碰新生儿的手心时，新生儿会立即紧紧抓住不放。这可能是进化过程中遗留下来的反射，有利于新生儿抓住母亲等教养人的身体。现今，它也有利于新生儿探索"触"到手心的物件，丰富了新生儿在环境中受到的刺激。这种反射 4～5 个月后消失。

惊跳反射（亦称为搂抱反射），这是一种全身动作，当新生儿感到自己身体失去支持或者受到强声刺激时，就会做出搂抱状。这种反射 3～5 个月后消失。

巴宾斯基反射，即触摸新生儿的脚底，其脚会向里弯曲，脚趾呈扇形张开；6 个月后，再刺激相应的部位，脚趾则向内弯曲。

击剑反射(亦称为强直性颈反射),即当新生儿仰卧时,头常常偏向一边,同时伸出该侧的手臂和腿,屈起对侧的手臂和腿,做出击剑状。经常伸出的那只手可能预示着是新生儿将来的利手。这种现象3~5个月后消失。

行走反射,即双手托住新生儿腋下,使光脚板触地,新生儿就会做出迈步动作。这种现象约2个月后消失。

游泳反射,即把新生儿肚子向下,横着托起,新生儿四肢便做类似游泳的动作。这种现象约6个月后消失。

胎儿呱呱坠地之后成了新生儿,生存条件就发生了很大的改变,不能够再像在子宫里一样,由胎盘供给养料,呼吸和排泄都由母亲代劳。新生儿要自己通过口腔进食,自己吞下食物,维持生存并提供身体发育所需的营养,并且要通过鼻腔独立呼吸,还要逐渐了解、认识这个子宫之外的世界。在这些过程中,无条件食物反射、无条件防御反射、无条件定向反射等可谓帮了大忙。而这些无条件反射的功能还不仅限于此,它们还是形成条件反射的自然前提。

(三) 新生儿的心理

1. 新生儿感觉的特点

正常的新生儿已经具有多种感觉。当新异刺激出现时(如强光或大声),新生儿会把头转向这些新异刺激或者停止正在进行的活动(如暂时停止吸吮动作),这是前文提到的无条件定向反射。尽管这是与生俱来的、无需通过学习而获得的反射,但是新生儿之所以会出现相应的反应,也是因为新生儿感受到了这些刺激。可以说,无论是哪一种无条件反射,它们都表明新生儿感受到了相应的刺激。

具体而言,正常新生儿的触觉具有一定的敏感性,并且已经产生了味觉与嗅觉,能够辨别气味和味道。新生儿也具有视觉,只是他们的眼睛就像定好了焦距的照相机,在其眼睛正前方约20.3厘米的距离,是他们相对容易看到物体的距离。虽然相对于成人的正常视力而言,新生儿看得还是比较模糊的(可见图2-1),但是他们成长到6个月的时候,就能够看到天上飞着的小鸟了,因此视觉发展的速度是非常迅速的。在听觉方面,新生儿不仅能够听见声音,而且还具有初步的辨音能力。新生儿不仅拥有这些感觉,还能够将多种感觉初步统合起来。如一项有关新生儿的观察研究表明,即便是刚出生3天以内的新生儿,都具有初步的表情模仿能力①。

2. 新生儿的条件反射

前文提到,条件反射是后天形成的,通过学习获得的反射。因此,当新生儿出现条件反射时,就表明他们具备了最初步的学习能力,这标志着其心理的发展。新生儿的条件反射具有这些特点:一是形成速度慢;二是形成之后不稳定;三是不易分化。

---

① Meltzoff AN, Moore MK. "Newborn Infants Imitate Adult Facial Gestures", *Child Development*, 1983(54): 702-709.

新生儿的条件反射基本上是在无条件反射的基础上建立的。比如新生儿因为饥饿而哭，母亲哺乳时，新生儿的觅食、吸吮、吞咽等无条件反射使新生儿无暇哭闹了。若每次喂奶之前，母亲还没有走到新生儿身边，就以“哦，来了来了”宽慰，宽慰之后就即刻赶过去哺乳。那么久而久之，一旦听到这句安慰之语，大部分的新生儿都能够停止哭闹，稍微忍耐了。这表明他们似乎已经知道“哦，来了来了”之后就有奶吃了。在这个案例里，食物是无条件刺激，母亲特定的宽慰之语便是条件刺激。无条件刺激与条件刺激多次结合之后，就形成了条件反射。新生儿期最早的条件反射，基本上都与喂奶有关，比如喂奶之前的宽慰之语、母亲的喂奶姿势，若是吃奶粉的婴儿则是听到冲奶的声音等。

可是，新生儿的条件反射形成之后并不稳定，它是容易消退的。若母亲有好几次因为手头的事情，光是嘴里说着“哦，来了来了”却迟迟不去哺乳，那么之后再用这句话来宽慰新生儿，就失效了，即这一条件反射消退了。

新生儿的条件反射不容易分化，对相似的刺激都做出相同的反应。比如，对妈妈说的“哦，来了来了”形成了条件反射之后，即便之后是奶奶或是外婆说这句话，也同样产生相同的反应。

（四）新生儿养育的注意事项

1. 母乳喂养，按需哺乳

提倡母乳喂养。母乳是新生儿最理想的食物，它安全健康、营养丰富、容易消化、温度适中，初乳中富含免疫球蛋白，给新生儿获得宝贵的免疫力。初乳，是女性分娩完之后4～5天之内分泌出的乳汁。特别需要指出，初乳一般颜色偏黄、不够浓稠，民间一些地方把它称为“黄水水”，认为是脏脏的，就直接挤掉，这非常可惜！初乳中各种蛋白质含量高，维生素、微量元素、成长因子等含量高，糖类、脂肪类含量却相对低，这些营养成分及其比例都是最理想的。因此初乳不仅能够满足新生儿正常生理发展的需要，有利于新生儿更好地消化吸收营养物质，对肠道健康发育有益，而且更加能够为新生儿提高免疫力，使其少生病。近年来的研究甚至表明，母乳的各种营养成分及其比例竟然能够因所生孩子的性别而有所不同，母亲的乳汁就是为每一位新生儿“量身定制”的①，真可谓独此一款。因为如此，母乳特别是初乳，是任何配方奶都不可比拟的，理应特别珍惜。一些新生儿由于健康状况不佳，一出生就被送到新生儿科的培养箱中，即便如此，也要想办法让新生儿吃到母亲的初乳，这对于他们恢复健康、正常发育是非常有利的。

母乳喂养不仅有上述优势，而且它还能够确保最亲密的母婴交流，让新生儿获得充分的口腔触觉练习。母乳喂养时，新生儿紧贴着母亲，有较多的直接皮肤接触，母亲温暖的怀抱有助于其形成最初的安全感。亲密的亲子交流和安全感，为良好亲子关系的形成奠定了坚实的基础。

---

① http://news.sciencemag.org/sifter/2014/02/mom-makes-different-milk-for-boys-and-girls，2014-10-03.

母乳喂养对母亲也是有益的，它可以减少母亲罹患一些乳腺疾病的概率。提倡母乳喂养，按需哺乳是指，一是按照新生儿的需要哺乳，即饿了就喂；二是按照母亲的需要哺乳，若母亲乳房因为充满乳汁而胀痛不适时，便可以哺乳。因此，母乳喂养，有利于母婴健康。

2. 精心护理，确保健康

新生儿非常娇弱柔嫩，需要精心护理，特别需要注意以下三个方面。

一是要遵医嘱护理脐部，保持身体清洁，不能够碰破新生儿的皮肤。新生儿分泌旺盛，做好清洁护理，有助于避免皮肤湿疹、红臀等皮肤问题。与此同时，因为他们的抵抗力相对较弱，弄破其皮肤容易导致感染。因此，新生儿期和婴儿期，所谓“剃胎毛”“挑马牙”①，都是错误的，也是极其危险的做法。

二是要正确抱、放，适当抚触。新生儿还不会抬头，因此抱、放新生儿，都要小心翼翼地托着其头颈部位，以免伤及颈椎。新生儿触觉敏感，适当地轻柔抚触，有利于新生儿获得充分的触觉练习，促进其生长发育，增强免疫力和消化吸收能力，减少哭闹，增加睡眠。同时，抚触还可以增强亲子交流，帮助新生儿获得安全感，增强对父母的信任感。

三是善辨信号，排除隐患。家长还要学会辨别新生儿的哭声。哭，是新生儿常见的状态。新生儿通过哭向教养人传递很多信号，家长要尝试努力理解新生儿不同哭声的含义，及时予以帮助。若是因饿了哭，就及时喂养。若是因困了哭，就确保周边相对安静。哄新生儿入睡的时候，还注意不能够用力摇晃，以免导致脑损伤。如果新生儿因尿布湿了哭，就及时为其更换。若新生儿哭闹时间超过一个小时，并且进行了多种排查，如并非饥饿、尿湿襁褓、困倦、需要陪伴等因素导致的，那么这种哭闹多为因包裹导致的肢端问题或消化道疾病等，应尽快向专科医生求助。新生儿、婴儿的襁褓应以宽大舒适为宜，孩子喜欢用手抓也要顺其自然，把孩子的长指甲剪去即可。不能够用橡皮筋等物缠绕新生儿、婴儿的袖口或者腿部，以免导致肢端血液不循环甚至坏死。近年来由于给新生儿肢体缠绕橡皮筋(如将衣袖、裤腿缠紧在手上或腿上)而导致新生儿面临截肢的悲剧时有所闻，实在需要提高警惕。此外，也不宜给新生儿穿橡皮筋的裤子，因为新生儿以腹式呼吸为主，橡皮筋裤子若稍紧，有可能导致其呼吸不畅甚至窒息，或者勒伤其娇嫩的胸腹部。除了新生儿不明原因的哭闹超过一个小时要即刻就医外，还有一种情况，也需要特别注意：若新生儿事先没有缓慢、柔和的哭泣或者呜咽，而是突然高声大哭，哭声很急促，声音较为尖锐、凄厉，这很可能就是身体不适导致的，就要注意即刻检查原因、排除隐患，若还是如此尖锐、痛苦地哭，应立刻送医。

---

① 生后 4～6 周时，一些婴儿口腔上腭中线两侧和齿龈边缘会出现一些黄白色的小点，很像是长出来的牙齿，俗称“马牙”或“板牙”，医学上称为上皮珠。它是由上皮细胞堆积而成的，不影响婴儿吃奶和乳牙的发育，在出生后的数月内会逐渐脱落。上皮珠是正常的生理现象，不是病，不需要医治更不能够挑破，以免引发感染。

3. 丰富环境，积极应答

新生儿偏好彩色、轮廓清晰的较大图片，喜欢悦耳的音乐或者自然界动听的声音。因此，新生儿的家居环境，要适当增添一些暖色图片、衣被等，配置一些可以播放悦耳音乐的设备。丰富的刺激，有助于新生儿各种感觉的发展。当然，凡事过犹不及，环境的丰富，以看着舒服为好，切忌过于花哨，否则容易导致新生儿、婴儿烦躁不安。引导案例1-10中的红红，之所以一回到家就容易哭闹，原因便在于室内环境过于缭乱。红红的妈妈曾看过一些育儿材料，说是丰富的环境有助于新生儿、婴儿的脑发育，因此费尽心思地要将家里环境变得“最丰富”，结果家里像万花筒。家里所有大人都觉得太花了，看着不舒服，但是红红的妈妈坚持认为，新生儿的环境就要花，结果导致红红烦躁不安。其实，即便新生儿的视力跟成人有所不同，但是若成人看着都不舒服的环境，对他们而言也同样是不舒服的。可以说，过于单调及过度刺激都不利于新生儿的心理发展。因此丰富而适当的环境，并且适时渐次更换都很重要。如此，相对的新颖性可吸引新生儿的兴趣，而保持相对的稳定性，有助于心理安全感的培养。

人是兼具自然属性和社会属性的高等动物。刚出生的时候，仅仅具有自然属性，需要通过亲子交往等社会生活逐渐获得和体现出社会属性。这意味着，除了母亲在哺乳时候多跟新生儿交流以外，其他家长也要多跟新生儿温柔、清晰地交流。特别是当新生儿自主发声的时候，更是要及时回应，温柔地逗引新生儿，这不仅有助于及时了解新生儿的需要，还有助于强化他们对人际交往的兴趣，更快地认识周边的世界，更快地习得母语，形成对世界对他人的安全感，促进脑的发育。

教育应该从新生儿期开始的理念，其实强调的并非给新生儿进行语文、数学等学科知识或者艺术技能的训练，而是适当丰富他们周边的环境，给他们的感官获得适时、适当、适量的刺激，积极回应他们的发声，多温柔地逗引他们，多跟他们交流，帮助他们建立良好的作息习惯，这就是最适合他们此时期的教育了。

二、婴儿及其心理的发展

(一) 婴儿的生理发展

1. 身体的发育

婴儿身体的发育体现在身高、体重、骨骼和肌肉方面的积极变化。

婴儿身体发育很快。在满6个月以前，身高平均每个月增长3厘米以上；满6个月之后，平均每个月增长1～1.5厘米；满1岁时，男孩身高可达到约76.5厘米，女孩约75厘米。婴儿体重的增加也很明显，体重平均每个月增长约0.5千克。1岁时，男孩可达10.05千克，女孩可达9.40千克。

婴儿的骨骼肌肉系统发育得也比较快，从2个月开始，脊柱的四个生理性弯曲(颈弯曲、胸弯曲、腰弯曲、骶弯曲)相继形成，肌肉力量不断增强，为动作的发展做好准备。

2. 神经系统的发展

(1) 脑结构的发展

脑结构的发展主要体现在以下两个方面。一是脑重增加迅速。出生的第一年,是个体脑重增长最快的时期。婴儿 6 个月时,脑重从出生时 390～400 克重,增长到 700～800 克重,已经约占成人脑重的 50%。婴儿 12 个月时,脑重已达 800～900 克,比刚出生时已经增加了一倍多。12 个月时,头围也达到了 46～47 厘米。

二是髓鞘化的进程比新生儿期更快。神经纤维髓鞘化,是神经元发展过程中一个较晚、较缓慢的阶段,它始于脊髓,然后是后脑、中脑和前脑①。相应地,儿童各脑区成熟的顺序依次是枕叶→颞叶→顶叶→额叶。一旦某个脑区开始髓鞘化,就会提升这些脑区相应神经冲动传导的速度和准确性。若再细分,较早开始和较早完成髓鞘化的神经纤维是感觉神经纤维,其次开始髓鞘化的部分是运动神经纤维。而与高级心理活动直接关联的顶叶和额叶,其神经纤维髓鞘化开始得比较晚,大约 7 岁才完成一部分。因此在婴儿的心理现象和多种活动能力中,各种感觉发展是较早也较快速的,动作发展稍后,抽象思维能力等高级智力活动相对就更滞后一些。

(2) 脑机能的发展

神经系统的结构,是神经系统机能的基础。婴儿神经系统的快速发育,也提升了其神经系统的机能,体现在两个方面。

其一,大脑皮质的兴奋机能增强,明显表现为睡眠时间逐渐减少,觉醒时间不断增多、延长。2～5 个月的宝宝睡眠时间是 15～18 个小时,6～12 个月的宝宝睡眠时间为 14～16 个小时,这得益于皮质兴奋机能的增强,婴儿期形成条件反射的速度比新生儿略快,也更容易巩固了。

其二,大脑皮质的抑制机能(无条件抑制和条件抑制)也开始发展。无条件抑制是与生俱来的,一生伴随,包括保护性抑制和外抑制。前文提到,新生儿即具有保护性抑制(即超限抑制)。保护性抑制是指当刺激超过一定的程度或是持续时间过久时,神经细胞产生疲劳,导致大脑皮质的兴奋性降低,从而进入抑制状态的一种现象。对新生儿而言,子宫之外的环境,刺激实在是太多,太过嘈杂,因此他们的神经细胞产生了疲劳,大脑皮质的兴奋性降低,进入了抑制状态,这表现为新生儿每天有长达 20～22 小时的睡眠。外抑制,是指内外环境额外刺激(干扰刺激) 制止了正在进行的活动,这与定向反射中"因新异刺激而停止正在进行的活动"是相同的表现。皮质抑制机能的发展,主要还是体现为条件抑制的发展。条件抑制是后天出现的,具有可变性的抑制,它有消退抑制、分化抑制、狭义条件抑制和延缓抑制几种类型。

消退抑制,是指条件反射形成之后,若不以无条件刺激继续强化,条件刺激的信号作

---

① 詹姆斯·卡拉特.生物心理学(苏彦捷 等译).北京:人民邮电出版社.2013:131.

用就会逐渐减弱甚至消失的现象。如引导案例1-9中，当狗已经出现听到铃声就分泌唾液以后，如果每次摇铃铛再也不给予食物进行强化，那么久而久之，狗听到铃声分泌唾液就会越来越少，甚至不再分泌唾液了，此时即出现了消退抑制。消退抑制是具有运用价值的：一方面，要通过适当强化，避免一些有价值的条件反射出现消退。另一方面，也可以借助这一原理，改正儿童的一些不良习惯。比如，教养人A发现孩子喜欢在自己面前无理取闹，仔细反思，觉察到自己倾向于无原则地满足孩子。A觉察之后，开始理性地解读和回应孩子的需要，而不是无原则地满足。一段时间以后，孩子在A面前的无理取闹行为减少。

分化抑制，是指只对条件刺激反应，对相似刺激不反应的现象。以引导案例1-9为例，如果每次喂狗之前，都摇出"叮叮叮，叮叮叮"这样节奏的铃声，然后狗不仅对这一节奏的声音分泌唾液，而且也对其他节奏的铃声分泌唾液。那么为了建立更准确的条件反射，就只在狗听到"叮叮叮，叮叮叮"分泌唾液时，给予食物，在它听到其他节奏铃声分泌唾液时，不给予食物。久而久之，它就能够只在听到"叮叮叮，叮叮叮"的铃声时分泌唾液，在其他情况下不分泌唾液。听到"再见"知道摆手的婴儿，若听到"谢谢"也做出相同的摆手动作，那么，就在婴儿听到"再见"摆手时夸她、亲她，在她听到"谢谢"也摆手时，成人暂不反应，不久，她就能够只在听到"再见"时摆手了。

狭义条件抑制，是指条件反射形成之后，干扰使条件刺激失去信号作用的现象。比如，当引导案例1-9中的狗已经形成条件反射时，某次，铃声刚响，突然雷声大作，狗受到惊吓，此次就没有分泌唾液。狭义条件抑制，对教育也是有借鉴价值的。一方面，可以考虑以对抗性的良性刺激，抵消儿童的负性体验，有助于抑制该条件反射的形成、持续。比如，打了几次预防针以后，11个月的妞妞看见护士就会哭。护士正走过来，妞妞正要哭闹，妈妈柔声地安慰道："来，妞妞乖，我们玩气球。"妞妞玩着气球，此次就不哭闹了。如果每次打预防针，妈妈都能够转移儿童的注意力，那么长此以往，对打预防针形成的恐惧，就会持续被消除。另一方面，也要注意，不要轻易地打断儿童的无害活动，以免中断一些正在形成或者已经形成的条件反射。

延缓抑制，是指条件反射形成之后，有意把条件刺激和无条件刺激先后呈现的间隔时间逐步延长，被试逐渐延迟对条件刺激发生反应的现象。比如，引导案例1-9中，若狗已经形成对听到铃声分泌唾液的反应，那么，每次摇了铃之后，延迟3分钟再给予食物，久之，狗刚听到铃声就不会即刻分泌唾液，而会等待约3分钟才分泌唾液。延缓抑制在教育方面也具有一定的应用价值：可以借此培养儿童学会必要的延迟满足或者延迟反应。

（二）婴儿动作的发展

要探讨婴儿的心理发展，为何要了解其动作的发展呢？这是因为：一方面，动作的发展本身也是生理成熟的一部分，而生理成熟是影响心理发展的重要因素之一。随着动作的发展，婴儿能够支配自己身体的程度越来越高，也就更加自由，这种自由就使得心理发展从受制于原来有限的生理水平，到得益于越来越高的生理水平。另一方面，婴儿动作的发展还是了解其心理发展水平的重要窗口。比如，问一个 9 个月的婴儿："宝宝，冰箱在哪里呀?"他转头看着冰箱，并且用手指着冰箱。这表明什么呢？表明他能够听懂这句话的含义了。

要了解婴儿动作的发展情况，就需要了解动作发展的规律和各种基本动作的发展进程。

1. 动作发展的规律

婴儿动作的发展，是由遗传基因设定程序决定的，体现出一些外显的规律和固定的顺序，具体表现为：首尾原则、近远原则、大小原则和从无到有的原则。

首尾原则，即人出生以后动作的发展遵循从上到下、从头到脚的原则，婴儿也不例外。"抬头→翻身→坐→爬→站→走→跑→跳"是动作发展的基本顺序，从中可以看到明显的首尾原则。

近远原则，是指动作总是从身体中心到外周的方向发展，近身体中轴的肢体动作先发展，远离身体中轴的手、腿动作等后发展。比如，头、躯干、手臂的动作发展，先于手指动作的发展。

大小原则，也称为粗细原则，即儿童总是先发展整体动作再发展分化动作，先发展大肌肉动作再发展小肌肉动作。比如，若仔细观察，可以看到儿童刚开始学习用勺子吃饭的时候，拇指和四指都是往一个方向抓的，这种"一把抓"的动作，是一种粗大动作。之后才出现握勺的精细动作，即拇指和四指配合的握勺动作。

从无到有的原则，有两层含义。一是指从无意的动作发展到有意的动作。婴儿要适应子宫外部的环境，需要依赖大量的无条件反射，而所有的无条件反射都是典型的无意动作。可是很快，其有意动作就开始增多。比如最初是妈妈用乳头触碰其脸颊和嘴唇，引发其吃奶，八九个月的婴儿若饿了，则会自己往妈妈的怀里钻，找奶吃。又比如，最初是什么东西触碰到新生儿的手心，他们就会紧紧抓住，这是无条件抓握反射，待 6 个月之后，他们喜欢周边的什么，会努力地去主动抓握。待 9 个月左右，他们想要玩什么，若那个玩具不在自己身边，还会爬过去自己取。这都体现了婴儿动作从无到有的发展原则。二是随着年龄的增长，一些原来没有的动作，也逐渐出现了。比如，像抬头、翻身、坐、爬、站、走等动作，最初都是没有的，是随着婴儿年龄的增长逐渐"加进来"的。

2. 大动作的发展进程

只要是人类的孩子，即便存在个体差异，动作发展都遵循共同的顺序和大体一致的时间表，这是写在人类遗传基因里的程序。比如，我国民间有"三翻、六坐、七滚、八爬"的提法，尽管不同婴儿具体出现这些动作的时间可能略有不同，但是这个顺序是不变的。那么，上述多次提及的抬头、翻身、坐、爬、站、走等基本的大动作，分别是什么时候出现的呢？1980 年，我国学者李惠桐等人，对工厂托儿所健康的 3 岁前儿童进行了系统的研究，他们的研究结果可详见表 1-3。

表 1-3 三岁前儿童大动作发展进程表①

（年龄单位：月）

	某一月龄出现这一动作的百分比						某一月龄出现这一动作的百分比				
	10%	25%	50%	75%	90%		10%	25%	50%	75%	90%
俯卧抬头稍起				1.4	2.0	独走几步	11.2	11.7	12.7	14.0	15.0
俯卧抬头 45°	2.1	2.5	3.2	3.7	4.0	扶物能蹲	8.2	9.2	9.8	11.3	11.9
俯卧抬头 90°	2.9	3.2	3.5	3.9	4.5	自己能蹲	11.2	11.7	12.6	14.2	14.8
抱直转头自如	2.0	2.3	2.9	3.4	3.7	会跑不稳	14.0	14.6	15.2	17.0	17.7
仰卧翻身	3.1	3.3	3.7	4.3	6.8	跑能控制	15.6	17.2	18.3	20.1	20.7
扶坐竖直	3.1	3.5	4.2	5.0	6.3	自己上下矮床	14.6	15.5	17.1	21.2	22.8
独坐前倾	3.2	3.7	4.5	5.3	5.9	双手扶栏上下楼	15.0	16.2	18.1	19.6	20.5
独坐	4.7	5.4	6.1	6.6	6.9	一手扶栏上下楼	19.4	21.3	22.7	24.8	28.2
自己会爬	5.9	6.9	8.2	9.6	10.2	不扶栏上下楼	21.3	23.1	26.1	29.2	33.7
从卧位坐起	6.9	7.5	8.6	9.9	11.4	双脚跳	21.3	22.3	24.0	27.4	29.5
扶腋下站立	3.3	3.6	4.2	4.8	5.4	独脚站	23.6	26.7	29.5	34.8	
扶双手站	5.1	5.7	8.6	8.0	8.9	踢球	15.0	15.6	16.7	17.9	21.2
扶一手站	7.0	8.4	9.5	10.3	10.9	从楼梯末层跳下	24.3	26.1	29.1	32.4	34.4
独站片刻	9.9	9.9	11.2	12.2	13.3	跳远	24.1	25.6	28.2	31.6	35.4
扶双手走步	7.1	8.0	9.3	9.9	11.0	手臂举起投掷	23.6	25.0	27.4	29.8	33.7
扶一手走步	9.1	9.6	10.7	12.1	12.7	能组织活动	21.6	22.7	25.0	27.7	29.4

从表 1-3 儿童大动作发展的进程表中，不难感受到儿童之间的个体差异较大。在现实生活中，若某个孩子其他动作的出现时间都在“90%”所对应的月龄之内，偶尔有一两项大动作的发展稍迟于“90%”对应的月龄，那也是正常的，不必紧张。但是若某个孩子，几乎所有大动作出现的时间都迟于“90%”对应的月龄，就要及时带孩子就医进行必要的检查和干预。

3. 精细动作的发展进程

在婴儿精细动作的发展方面，我国学者范存仁和周志芳也进行了比较系统的研究，他们根据 70%的儿童能够通过某个项目，将对应月龄确定下来（表 1-4）。举个例子来

---

① 李惠桐，王珊，王之珍，等. 三岁前儿童智能发育调查. 心理科学通讯，1982(1)：27-39. 其中“独坐”与 50%对应的那一个数据，原文是“8.1”，“独脚站”最后一个数据缺失。

说，表1-4中第14项内容对应的“10.5”，是指在10.5个月的时候，70%的婴儿体现出“拇—食指抓握”这个精细动作。与大动作发展的具体时间存在个体差异一样，儿童精细动作—适应性的发展进程，也是具有个体差异的。

需要注意的是，表中的这些项目，都是儿童在研究者的面前体现出来或者完成的，一些项目并不适合儿童单独玩耍，否则有安全隐患。比如，若成人不在场的情况下，葡萄干、小丸等细小物件都是必须收好的，以免发生危险。

表1-4　儿童精细动作—适应性的发展进程表①

顺序	动作项目名称	月龄	顺序	动作项目名称	月龄
1	眼睛跟至中线②	1.0	16	搭两层塔	13.9
2	眼睛跟过中线	1.5	17	自发地乱画	14.6
3	眼睛跟180°	2.2	18	从瓶中倒出小丸(自发地)	17.7
4	抓住拨浪鼓	2.7	19	搭四层塔	17.8
5	两手握在一起	3.2	20	搭八层塔	23.5
6	注意葡萄干	3.8	21	模仿画直线	26.9
7	伸手够东西	5.6	22	模仿搭桥	28.9
8	在手中传递方积木块	5.6	23	会挑出较长的线段	33.9
9	坐着拿两块积木	5.8	24	模仿画“○”形	35.4
10	耙弄小丸拿到了	6.3	25	模仿画“+”形	38.7
11	坐着找绒球	6.4	26	画人画了三处	46.2
12	“拇指+其他手指”抓握	7.9	27	模仿画“□”形	46.4
13	将手中拿过的方积木对敲	8.6	28	会复制“□”形③	49.7
14	拇—食指抓握	10.5	29	画人画了六处	50.4
15	从瓶中倒出小丸(按示范)	13.7			

由表1-4可知，70%以上的婴儿在10.5个月出现了“拇—食指抓握”，这是一种统合了视觉、触觉、运动觉的手眼协调动作。手眼协调的突出特征是动作简单有效，因此这是一个值得关注的进步。

在3～4个月以前，婴儿基本上以无条件的抓握反射为主。没有目标和方向，什么东西触碰到手心，就抓住什么。各手指之间的配合不适当，是所有手指都朝同一方向的“一把抓”。

① 范存仁，周志芳.从出生到六岁儿童智能发展规律的探讨.心理学报，1983(4):429-444.

② 其中，原表中顺序1、2、3的内容分别是“跟至中线”“跟过中线”和“跟180°”，作者注。

③ 会复制“□”形，是指儿童不仅模仿着画了一个“□”，而且比例还画得跟原来的基本一致，作者注。

5～10个月期间的婴儿，就刚好处于“一把抓”向“拇—食指抓握”的过渡期。过渡期婴儿手部动作的特点是开始初步出现有意的抓握。虽然视觉结合、手眼协调能力依然不是很好，但是手大致朝着眼睛看的方向伸了出去。即便动作还是显得很笨拙，不够准确，大方向却对了。更重要的是，这个方向是婴儿自己定的，这比起本能的抓握动作，已经体现了婴儿的主观能动性。

（三）婴儿心理的发展

1. 婴儿的条件反射

相对于新生儿，婴儿条件反射的形成方式和种类都发生了一定的变化。就形成方式而言，新生儿的条件反射，基本上是在无条件食物反射的基础上形成的，婴儿条件反射的形成，多以无条件定向反射和无条件抓握反射等为基础。就种类而言，新生儿条件反射的类型多是经典条件反射，婴儿条件反射的类型则除了经典条件反射，还有较多的操作条件反射。

(1) 婴儿的经典条件反射

经典性条件反射是由条件刺激引起反应的过程。最开始，成人的所有话语和世间万物一样，对刚刚来到这个世界上的孩子而言都是很陌生的。慢慢地，在成人的多次重复之下，孩子逐渐明白有些话语跟特定的事物是有联系的，从而逐渐建立言语和事物、动作之间的联系。最早的这种联系基本上与喂奶有关。比如前面提到的，若新生儿因饥饿而哭，母亲每次在喂奶之前都以“哦，来了来了”进行宽慰，久而久之，新生儿就明白“哦，来了来了”就是有奶吃了，于是就不哭了。

婴儿的经典条件反射，内容就丰富多了。比如，成人抱着婴儿，每次走到灯的前面，都指着灯罩来一句：“宝宝，这是灯灯哟。”这突如其来的声音和动作，引发了婴儿的无条件定向反射，婴儿不由自主看着成人指的方向，就看到了一盏灯。久之，他就明白“灯灯”就是指他看到的那个物体。再过一段时间，若问婴儿：“宝宝，灯灯在哪里呀?”婴儿自己就会转头看着灯灯，甚至还用手给指出来了。慢慢地，婴儿就明白了“灯灯”“狗狗”“冰箱”“花花”“树树”“车车”“水水”分别指代什么了。很多时候，成人并不仅限于自己做出动作，还会握着孩子的手一起动作。比如，在一个分别的场景，成人说：“宝宝，我们跟阿姨再见!”然后就握着孩子的手摇了几下。成人的话语和动作，同样引发了婴儿的无条件定向反射，多次重复，婴儿就慢慢明白“再见”原来是这个意思。之后，成人说“再见”，孩子就会自己做出摆手的动作。与此相似，婴儿也慢慢学会了与“欢迎”“恭喜发财”等话语相联系的动作。

(2) 婴儿的操作条件反射

操作条件反射，是指个体首先做出某种操作反应，然后得到强化的过程。踢腿—风动实验就是一个很好的例证。在婴儿腿上系根带子，首先把带子另一端挂在不可发声的地方，然后再把带子挂在可发声的风动玩具上，结果后一种情景引发了婴儿更多的踢腿反应①。

无条件定向反射是一种适应性的本能行为，儿童在对环境积极探索中形成的操作条件反射，基本上都建立在这种本能行为之上。婴儿在无意中踢腿，若无意中引发了声音，则会引发无条件定向反射，比如暂停动作、注意倾听，然后继续踢腿。久之，婴儿似乎就明白了自己的踢腿动作跟那个声音之间的关系，于是就主动去踢，这就形成了操作条件反射。这是一种自发、有意的积极行动，因此也称为积极的定向探究反射。这种最初偶然获得的结果而受到积极重复的现象，也曾受到皮亚杰的关注。皮亚杰曾观察到，处于感知—运动阶段的儿童，只要是有趣的或者带来有趣结果的动作一旦开始，他们都会设法予以持续或者重复②。这些动作涉及的面很广，包括敲击、抓握、抛物、声音定向、以目光追随运动的物体或者人等。

模仿，也建立在无条件定向反射的基础之上，它是儿童与环境积极互动的方式之一。其中，无条件定向反射的作用是帮助儿童关注到周边环境中的新异刺激。至于最终是否引发模仿行为，还取决于这些刺激的复杂程度和儿童对这些刺激感兴趣的程度。前文提及，出生三天之内的新生儿即具有初步的表情模仿能力。婴儿模仿的情况更多，比如咿呀学语中的模仿，更多的表情和动作模仿，等等。可以说，模仿在儿童言语习得、行为习惯养成和个性塑造方面，都具有重要作用。

2. 亲子交往在婴儿心理发展中的作用

前文提及，社会环境对儿童心理发展的影响，是不可替代的。而在入园之前，家庭就是儿童最重要的社会环境。其中，良好的亲子交往，又是家庭环境中最重要、最能够促进婴儿心理发展的因素。

首先，亲子交往不仅是维持婴儿生存的必要条件，也是将婴儿从自然人变成社会人的必备条件。密切关注婴儿的状况，才能够及时发现婴儿的需要，特别是那些与生存有关的需要，然后及时给予满足。同样，密切关注婴儿的状况，才能够及时发现婴儿的心理需要，及时予以陪伴、关怀，帮助婴儿建立对世界、对他人的信任感。哈佛大学儿童发展中心主任爱德华·卓尼克(Edward Tronick)博士曾经做过一个“一成不变的脸”(still face experiment)的实验③。实验程序是这样的：母婴到了儿童观察室之后，让母亲刚开始就像平常一样跟孩子互动，然后中途将头转到后面，再转回来的时候就给孩子呈现一张一成不变的脸——无论孩子如何发声、做出何种动作，都暂不回应。结果，婴儿最初是疑惑，觉得是哪儿不对劲了，她会通过小手指向某个地方、拍手、微笑、尖叫来引起母亲的注意，结果母亲还是没有回应，她就感到焦急不安了，甚至哭闹。这个实验表明，婴儿有

---

① Rovee-Collier C. The Development of Infant Memory, Current Directions in Psychological Science, 1999, 8 (3): 80-85.

② Piaget J. The psychology of intelligence. M Piercy, DE Berlyne, trans.. New York: Harcourt, Brace, 1950:111,112-115(Originally published, 1947).

③ 实验视频源于优酷视频库。

强烈的交往需要和主动发起交往的行为，父母给婴儿提供积极的应答性环境，对于满足他们的交往需要、维持良好的情绪具有重要的作用。每当婴儿有呼唤，无论是哭，还是自主发声，都能够得到成人的回应，婴儿便慢慢形成积极的观念，即这个世界是安全的、是值得信任的，我是有人关爱的。

其次，亲子交往给婴儿提供了大量的学习机会，帮助他们习得言语、认识周边的世界。前面提到，婴儿大量的经典条件反射和操作条件反射的形成，都是在成人特别是父母的帮助之下形成的。狼孩正是因为缺失了人类社会的环境，特别是家庭教养的环境，因此最终错失了言语习得、良好行为习惯建立的关键期。

3. 婴儿心理的基本特点

儿童的多种心理活动，是互相联系的，婴儿也是如此。在婴儿的心理发展过程中，各种心理现象也是整合在一起的，体现出系统性。比如，伴随着记忆和交往的发展，5～6个月大的婴儿能够认识自己的亲人，然后体现出对重要教养人的依恋，以及对其他人的认生现象。

认知过程包括感知觉、记忆、思维、想象、言语等，婴儿的认知能力已经体现出一些基本的特点。

一是各类感觉基本完善，较为敏锐，知觉进一步发展。年仅6个月的婴儿，已经可以看到天上的飞鸟。快满1岁的婴儿，视力已经接近正常成人的水平。听觉、触觉、嗅觉、皮肤觉都已经较为发达，而且能够初步统合多种感觉，具有知觉能力。

二是婴儿已经出现1分钟以上的长时记忆。婴儿记忆的发展主要表现为客体永久性观念的产生和延迟模仿行为的出现①。

三是言语方面已经出现积极发声、语音辨别和模仿发音现象。所谓积极发声，是指婴儿能够主动地发出大量无意义音节和有意义音节的现象。大部分婴儿在7～8个月时，能够对个别语音形成条件反射，9～10个月时能够模仿发音，10个月以上的婴儿会叫“妈妈”“爸爸”。

除了认知的发展，婴儿的情绪和情感类型也更加丰富，与人交往的需要增强，而且体现出主动交往的倾向。其中，在情绪情感方面，社会性微笑出现并且增多。4个月以后的婴儿经常在教养人的逗引下发出愉悦的笑声。“一成不变的脸”这个实验，则充分表明了婴儿具有交往的需要，并且在一些时候能够主动发出交往行为。满6个月以后，一些婴儿在最经常带他的那个人暂时分别再回来的时候，就会表现出含有欢迎意味的手舞足蹈和愉悦的积极发声现象，这种“天真活泼反应”即是婴儿主动发出交往行为的重要体现。小别重逢的亲人，看到婴儿如此欢迎自己，见到自己会这么开心，也会发自内心地欣喜。因此，婴儿的交往需要和主动发出的多种交往行为，在早期人际交往和人际情感维护中

① “客体永久性和延迟模仿”的有关描述，可详见学前儿童记忆发展的有关章节。

也发挥了积极的重要作用。

(四) 婴儿养育的注意事项

1. 提倡母乳喂养,有序添加辅食

母乳喂养的诸多优势,使得母乳在整个婴儿期都是最理想的食物。只是随着月龄的增长,婴儿所需营养素的种类和分量都更多,单靠母乳已经难以满足全部需要。若是人工喂养的,配方奶就更是难以满足日益增长的营养需要。因此,从婴儿满 4 个月起,需要在医生的指导下,有序地添加米糊、果汁、菜汤等辅食,以满足婴儿快速发育的需要。

2. 作息科学合理,培养良好习惯

好习惯受用终身。满月之后,就要进一步根据婴儿生长发育的需要,合理规划作息时间。既要保证婴儿充分的睡眠,又要保证有适当的户内外活动,养成良好的饮食、作息习惯。

在室内外活动中,多给婴儿提供"趴"和"爬"的机会,不要过早训练坐和走。觉醒时间多趴,有利于扩大婴儿的肺活量。在满五六个月以后,就可以创造一切可能的机会,比如,以有吸引力的玩具在前面逗引,成人以手帮抵住婴儿的脚掌,鼓励他们做出爬行的动作。当婴儿会爬之后,更是要在确保安全的情况下,创设机会让他们多爬。爬行不仅是七八个月以后婴儿移动身体的有效动作,而且也是训练他们感统协调的优质运动。不要提早训练婴儿坐、走,提早训练这两种姿势容易使脊椎过于受力,甚至可能伤及脊椎。

在饮食方面,除了要有序添加辅食之外,也需要逐渐地从按需哺乳过渡到按时哺乳,以养成良好的饮食习惯,以利于消化和日常活动。避免养成婴儿"玩奶"的坏习惯,即闹着吃奶,吃几口又不吃了,含着奶玩,或者嘻嘻笑,如此反复多次。出现这种现象,主要原因在于,重要教养人早期没有准确解读婴儿的需要,把婴儿发出交往的信号等解读成饥饿,或者婴儿一哭就喂奶。若婴儿并非真正的饥饿,可能就把乳房和奶瓶当成周边的事物,探究出玩法来了。

又比如,一些婴儿有"睡倒觉"的特点,即晚上绝大部分时间清醒,白天绝大部分时间处于睡眠状态。这就要好好调整过来,因为教养人白天辛苦了一天,通常都在晚上休息。如果婴儿"睡倒觉",那么就会错失早期人际交往的许多机会。这种缺失,会影响其言语习得等多种认知能力的发展,甚至可能导致其之后人际交往技能的不足。

此外,睡眠时注意熄灯,睡前不要哄拍,培养独立入睡、熄灯睡觉的重要习惯。

3. 鼓励认识世界,确保充分交往

婴儿睡眠时间比新生儿少,觉醒时间更多。因此,在觉醒时间,尽量不要让婴儿一个人躺着、坐着,要适当逗引婴儿发声,带婴儿多走动,并且见到周边的事物时,耐心清晰地向婴儿介绍。即便是喂奶、洗澡、换衣服、换尿布时,也要温柔清晰地多跟婴儿互动。不仅在肢体上有接触,更要有清晰的言语交流、生动的表情交流。特别是当婴儿主动咿咿呀呀地积极发声时，更是要与他不断地对话。或者当婴儿体现出主动交往的行为时，也要积极回应他。

鼓励婴儿认识世界，确保充分交往，不仅是发展婴儿多种认知能力和人际交往的必要途径，也是形成其安全感不可或缺的因素。

拓展阅读 1-6

产道挤压的好处①

若无医学指征，医生通常会鼓励准妈妈们顺产，因为顺产可以使得胎儿接受产道挤压，并因此受益。一是可以有效地预防新生儿发生肺透明膜肺炎。二是使宝宝能迅速地建立起自主呼吸，且呼吸质量较好，从而有助于预防新生儿发生窒息。三是顺产新生儿血液中的多种免疫球蛋白均比剖宫产新生儿的水平高，即顺产新生儿抗感染能力要比剖宫产新生儿高。

第二节　学步儿心理的发展

引导案例 1-11

妮妮这是怎么了？

妮妮快 3 岁了，每天早上起来照顾她穿衣，是一件让妈妈很头疼的事情。给她准备红色的，她要绿色的。下次准备绿色的，她要蓝色的。之后给她准备蓝色的，她又要红色的了。不光是穿衣，吃早餐也会有类似的问题。给她准备面条，她要吃包子，给她准备包子，她要吃饺子。而且，若尝试像以前一样说服她，只会引起她最近的口头禅："不嘛，就不！"妈妈很是困惑不解，妮妮以前很合作的，现在这是怎么了？于是向学前教育专业人士请教。

思考：您认为，妮妮出现这些行为的可能原因是什么呢？

一、学步儿的生理发展

(一) 身体的发育

学步儿的身体发育，主要体现在身高、体重②，以及肌肉和骨骼方面的积极变化。其

---

① http://www.mama.cn/baby/art/20121126/343511.html，有删、减，2015-01-03.

② 学步儿身高、体重的平均标准值，均源于中华人民共和国卫生部公布的《中国 7 岁以下儿童生长发育参照标准》. http://www.nhfpc.gov.cn/zhuzhan/wsbmgz/201304/b64543eaaee1463992e8ce97441c59bb.shtml，2015-01-03.

中，1～2 岁期间，身高每年平均增长 10～12 厘米；2～3 岁期间增长 8～9 厘米。因此，学步儿 2 岁时的平均身高，女孩可达 87.2 厘米，男孩可达 88.5 厘米；3 岁时的平均身高，女孩可达 96.3 厘米，男孩可达 97.5 厘米。

相应地，1～2 岁期间，体重每年平均增长 2.5～3.5 千克；2～3 岁期间平均每年增长 1.5～2.5 千克。因此，学步儿 2 岁时的平均体重，女孩可达 11.92 千克，男孩可达 12.54 千克。3 岁时的平均体重，女孩可达 14.13 千克，男孩可达 14.65 千克。

学步儿的骨骼继续骨化，但是相对于学龄儿童和成人而言，骨头中水分较多，因此依然弹性大、易弯曲，要避免不正确的养育导致骨骼变形。肌肉方面，较多与运动有关的大肌肉已经发展，但是整体而言，学步儿的肌肉耐力差，还是容易疲劳。

（二）神经系统的发展

学步儿的脑重量继续增加，到 2.5～3 岁，脑重约为 900～1 011 克。与此同时，脑结构也发生了积极的变化，主要体现为神经细胞体增大，神经纤维迅速髓鞘化。

学步儿神经系统日趋成熟，也使得大脑皮质机能进一步发展。皮质抑制机能的发展，有助于学步儿的反射活动日趋精确、日趋完善。如此，相对于婴儿而言，学步儿调节和控制自身行为、认识外界事物的能力又有了新的进步。比如，满 2 岁之后，若适当引导，学步儿基本能够在脱离纸尿裤的情况下，在成人的帮助下，学会用自己的小便盆，而不会经常尿湿裤子了。所需睡眠时间也相对减少，清醒时间增多，因而认识世界的机会更多。

另一方面，学步儿神经系统日趋成熟，也使得第二信号系统形成和发展。根据巴甫洛夫的观点，引起条件反射的刺激称为信号刺激。其中，从属于条件刺激的具体事物，称为第一信号；从属于条件刺激的语词和抽象符号，则称为第二信号。对第一信号发生反应的皮质机能系统，即为第一信号系统，这是动物和人共有的。对第二信号发生反应的皮质机能系统，即为第二信号系统，是人类所特有的。比如吃过杨梅的人，看到一盘诱人的杨梅，还没有吃，就感到生津止渴，这便是第一信号系统的作用。而行军途中，焦渴难耐之际，士兵听到“前有大梅林，饶子、甘酸可以解渴”就流口水，这便是第二信号系统的作用。儿童两种信号系统的发展，是循序渐进的，经历了以下由低到高发展水平的四个阶段。

阶段 1：直接刺激→直接反应。阶段 2：词的刺激→直接反应。阶段 3：直接刺激→词的反应。阶段 4：词的刺激→词的反应。

阶段 1 在新生儿阶段即已经出现。最初，通常出现在与食物有关的条件反射当中。比如，因为饥饿而哭闹的新生儿，看见妈妈擦拭乳房，准备哺乳，就停止了哭泣。或者看见成人摇晃着装满奶的奶瓶，就停止了哭泣。

阶段 2 在婴儿期即已经出现。比如，听到“宝宝，灯灯在哪儿呀”，八九个月的婴儿转头去看灯。成人再问“冰箱在哪里呀”，婴儿就转头看着冰箱。

阶段3在快满周岁的婴儿身上可以体现。比如,已经会叫"妈妈"的11个多月的婴儿,看见妈妈过来,就高兴地叫:"妈妈,妈妈。"再大一些,阶段3中"词的反应",也相对更复杂一些。比如看到爸爸下班回来,2岁8个月的学步儿高兴地叫道:"爸爸回来了,爸爸回来了!"

阶段4是更复杂的水平,因为输入和输出都是言语,这就要求儿童具备最基本的言语基础。通俗而言,要听得懂,还要根据听懂的意思,自己再以言语进行回应。比如,听到"宝宝,你叫什么名字呀?"2岁6个月的学步儿回答:"我不告诉你。"

需要强调的是,上述四个阶段,在人的一生中是陆续出现,然后齐头并进地向前发展的。比如,我们现在还不时体现出阶段1、阶段2和阶段3所描述的现象。上课铃响了,我们不由自主就走进教室,这是阶段1的例子。同学提议:"咱们一起做手工吧!"我们可能就微笑赞许地点点头,这是阶段2的例子。安静的寝室里,大家都在看书,突然有同学的杯子掉到地上,发出很大的响声,你拍拍胸口说道:"哎呀,吓我一跳!"这便是阶段3的例子。而我们现在体现出来的阶段4,相比起在学步儿身上刚体现出来的阶段4,通常又更加复杂。比如,同样是"词的刺激→词的反应",我们现在既可以听到词后说出来,听到词后写出来,也可以看到词后说出来,看到词后写出来。因为我们口头言语和书面言语都已经发展得很好,所以在阶段4中,两种言语类型已经可以任意组合了。由此可见,两种信号系统的发展,也可以看出心理发展是一个日趋复杂的奇妙过程。

二、学步儿的动作发展

(一) 新增了较多大动作

学步儿,顾名思义是正在"学步"的儿童。与1岁前相比,学步儿的动作增多了,具体表现为:新增了下肢的大动作(如走、跑、跳、单脚站等)。由前文的表1-3可知,90%的孩子,在15个月的时候能够做到"独走几步"这个动作,17.7个月的时候能够做到"会跑不稳",20.7个月的时候才能够做到"跑能控制"。至于双手扶栏上下楼、一手扶栏上下楼、不扶栏上下楼、双脚跳、独脚站、跳远等与行走有关的动作,也都在1~3岁期间完成。因此,学步期结束,到了幼儿期,正常的孩子已经完成所有与人类独立行走有关动作的发展。

(二) 动作更加熟练复杂

在增加了较多动作的同时,学步儿的动作也更加熟练、复杂化。将近3岁的学步儿,可以将上述所有的动作,在生活中自然地、熟练地自由组合。他们可以走着走着就跑起来;也可能跑着跑着,看到感兴趣的东西就戛然而止,然后看着看着就蹲下去甚至趴下去观察。如果大人说该回家吃饭了,一些孩子就即刻站起,又跑到大人身边。动作的发展,给了学步儿更多支配自己身体的自由。相应地,学步儿的手部动作也比婴儿时候更加灵活,他们的手眼协调动作更多,也更喜欢用手去探究周边的世界。

三、学步儿心理发展的特点

（一）喜欢实物活动

大多数学步儿，特别是接近3岁的学步儿，通常有一个典型的表现——喜欢实物活动。所谓实物活动，是指操作实际物体的活动。这是学前儿童探索周边世界的主要方式之一，在学步儿阶段尤其如此。儿童在实物活动中，对工具的使用方式，展示了他们如下不同的发展水平。

水平1：不按用具特点进行动作。婴儿基本上处于这一水平。比如，这些孩子抓住工具之后的普遍动作就是"敲打"和"啃咬"。不管得到的工具是什么，碗勺也好，手机也罢，都用来"敲打"或者"啃咬"。

水平2：进行同一动作的时间有所延长。刚进入学步阶段的儿童，基本上处于这一水平。他们使用工具的动作更加丰富，除了"敲打"和"啃咬"，还会"拉扯""抛掷""揉捏"等。在探索某一实物过程中，这些动作可能都会出现，但是所占时间并非均等，他们进行某一特定动作的时间有所延长。

水平3：能够重复有效地动作。一般情况下，1岁3个月以上的学步儿，在简单情境中，基本上能够重复一些有效的动作了。比如，将一个香蕉递给这个年龄段的孩子，他们可能进行多种探索，无意中扯开香蕉皮的一个口子，就会继续刚才的动作，直到把香蕉皮扯开，然后自己吃掉。能够重复有效动作的孩子，即进入了皮亚杰所述的感知运动阶段的后期。

水平4：按用具特点进行动作。2岁以上的学步儿，对周边熟悉的实物，基本上都能够按照其特点来使用了。如，不仅把碗勺拿来当玩具敲的现象减少了，而且还能够尝试用碗勺往自己嘴里送饭了。在成人的教育下，也不会拿手机来敲打，而是有模有样地打电话了。

需要说明的是，同一年龄儿童在探索不同的实物过程中，可能会体现出不同的水平。这取决于儿童对实物的熟悉程度、实物本身的复杂程度，以及成人的引领情况。整体上处于水平1的婴儿，是否能够自己用奶瓶喝奶或者喝水，与成人是否给予探索、教导的机会关系很大。若是在喂水的时候，经常有意识地引导婴儿握奶瓶，那么一般6个月以上的婴儿就能够独立握住奶瓶喝奶、喝水了。学会了如何使用奶瓶的婴儿，即便还惯于敲打绝大多数的物品，他们也不会过多地敲打奶瓶了。若是缺乏这一锻炼，一些婴儿快满周岁时，依然不会自己独立握奶瓶喝水。又比如，1岁左右的孩子，拿到书以后是拿来"敲打""啃咬"和"撕扯"的，若成人予以引领，那么到了2岁之后，学步儿或许慢慢明白书是拿来阅读的。但是即便他们已经明白这个道理，他们也未必就能够阅读所有的书，若给他们一本深奥的、无图片的字典，他们依然不知道如何阅读，可能还是当玩具玩的。

(二) 认知过程发展齐全

认知过程是指学习知识与运用知识的过程，具体包括感知觉、记忆、思维、想象和言语这些心理过程。感知觉和记忆这两种认知过程，在新生儿期和婴儿期都已经出现，到了学步儿期，又新增了思维、想象和言语，因此认知过程就齐全了。

值得一提的是，言语在学步儿期真正形成。婴儿期是言语发展的积极准备期，到了学步儿期快结束时，大多数的孩子都已经会说话。即便吐字不是很清晰，他们也能够比较顺畅地用言语跟亲人交流。若孩子满 3 岁，还不会说话，言语发展就滞后了，需要带其去看专业的医生。

(三) 自我意识萌芽

一方面，学步儿由于走、跑、跳等下肢动作的发展及其日趋熟练，他们基本上获得了支配自己身体的自由。这些自由，为他们自我意识的发展提供了必备的生理条件。另一方面，2 岁之后的学步儿，逐渐学会使用物主代词“我的”和人称代词“我”，这些代词的理解与正确使用过程，也进一步促进了他们自我意识的发展。

学步儿自我意识萌芽的典型表现，是开始关注到自己的想法，逐渐有自己的主见，并且越来越多地表达自己的意见。可是，表达自我内心需要的意识并非易事，学步儿的言语发展水平毕竟有限，即便有时知道自己的想法，也未必能够清楚地表达出来。因此，学步儿新的需要与现有心理发展水平之间的矛盾就凸显出来，这需要特别关注。

四、学步儿的教育

(一) 提供材料，支持实物活动

实物活动对学步儿的发展，至少具有两个方面的重要作用。

其一，有助于锻炼其动作，提高动作的灵活性。大量的实物活动，比如搭积木、串珠、玩水玩沙、拾捡树叶、观察蜗牛、栽种植物、投掷小沙包、拍打和踢小皮球，等等，给了学步儿锻炼身体、活动手脚和促进手眼协调的机会。

其二，它有助于学步儿获得对客观事物的深刻认识，促进其认知过程的发展。实物活动，给了学步儿亲身操作体验的机会，这往往比光是讲给他们听，或者只给他们看，对事物的认识更加深刻，对观察力、言语、记忆、思维、想象等各种认知过程的锻炼机会也会更多。正所谓，讲给孩子听，不如带孩子看；带孩子看，不如直接让孩子操作体验。比如，与其通过言语描述什么是西瓜、西瓜是怎么长的，不如拿西瓜各个阶段的图片给孩子看。但是，若有条件能够让孩子亲身体验，将西瓜的种子埋到泥土里，引导孩子观察种子发芽、蔓苗生长、开花结果的整个过程，并让其亲自浇水、施肥、捉虫、摘瓜收获、品尝西瓜，那么他们对西瓜一定认识得更加深刻，伴随其中的多种认知过程也会发展得更好。

因此，应趁着学步儿喜欢实物活动这一大好时机，力所能及地为其提供多种材料，让其能够充分操作。在操作的过程中，若遇到困难，就及时予以适应性的物质、情感或技术方面的支持。

（二）关注需要，改进教育方式

由于自我意识的萌芽，2 岁之后，特别是接近 3 岁的学步儿，他们的心理需要发生了很大的改变。若父母和教师一时没有关注到学步儿的这些改变，依然以原有的方式对待他们，就必然引发其较多的否定行为或者抗拒行为。

引导案例 1-11 中的妮妮，就属于这种情况。妈妈只看到了妮妮的否定和抗拒行为，却不能够分析妮妮出现这些行为的原因，因此困惑不解。专家给妮妮妈妈的建议是：给妮妮提供有限的选择，让她自己决定，然后尊重她的选择。比如晚上临睡前，跟妮妮说："妮妮呀，根据天气预报，明天这几件衣服都可以穿，请问你选择穿哪一套？你想好以后，请拿到床边的衣帽架这里挂着，明天你就不用花时间想这个问题了。袜子也是，这几双都可以穿，你选好一双，一起放在衣帽架那里吧。"又比如，列几种家长可以提供的早餐让她选择，对她说："妮妮，明天早餐，我们可以吃包子、馒头、面条和饺子，请问你选择哪一种？"最好做成一张卡片，引导妮妮简要地勾出选项。妮妮妈妈一尝试，结果惊奇地发现所有这些问题迎刃而解！这是怎么回事呢？专家说："衣服既然都是带着妮妮去买的，她就不会太在意哪一天穿什么。她在意的是，她不想什么都被一板一眼地安排，在一些事情上，她开始想自己安排。可是，她难以将内心这种需要准确表达出来，就只好抗议成人的包办代替。"

妮妮妈妈的表现尚属于理性的，她是通过向学前教育专业人士请教以改进教育方式，而非通过简单粗暴的训斥、责罚来压服妮妮。如此，亲子关系就又进入一个新的佳境。所幸，我们幼儿教师就是成长中的专业人士。我们可以在家长来请教之前，就密切关注孩子们的需要。然后，通过家园共育会议，或者入园和离园的时间，主动跟家长交流，共同适应孩子的成长需要，以帮助孩子顺利度过人生的第一个危机期。

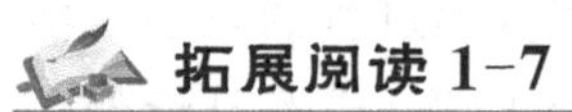

拓展阅读 1-7

《中国 7 岁以下儿童生长发育参照标准》①

为推进儿童保健工作，根据 2005 年九市儿童体格发育调查结果，卫生部妇社司组织相关专家，研究制定了《中国 7 岁以下儿童生长发育参照标准》，并于 2009 年正式公布。该参照标准，分别包括了 7 岁以前男童、女童不同月龄的身高、体重、头围的详细标准值。可在国家卫生和计划生育委员会的官网中查阅、下载这一标准。

---

① 卫生部妇社司关于印发《中国 7 岁以下儿童生长发育参照标准》的通知. http://www.nhfpc.gov.cn/zhuzhan/wsbmgz/201304/b64543eaaee1463992e8ce97441c59bb.shtml,2015-01-03.

第三节 幼儿心理的发展

我们已经开始烧烤了呀!

在自由活动时间,牛牛和丹丹一直在讨论着什么。实习教师小李老师轻轻走近,听到他们讨论等下要玩烧烤游戏呢!小李老师着急了,教室里没有可以玩烧烤的材料,这可怎么办呢?她赶紧到资源库,查看有什么东西可立刻做出烧烤材料。等她满头大汗地翻找了一些材料出来,发现两位小朋友已到草地上了。小李老师关切地问:"牛牛,丹丹,你们不玩烧烤了吗?"两位小朋友诧异地回头看看,答道:"我们已经开始烧烤了呀!您看,我们烤的鸡腿多香呀!"说着,牛牛将一个松果拿到嘴边假装"啃咬",然后做出一副正在享受美味的样子。

思考:游戏具有哪些基本特点?游戏对幼儿的发展具有哪些意义?

一、幼儿的生理发展

(一) 身体的发育

幼儿的身体发育,也主要体现在身高、体重①,以及肌肉和骨骼方面的积极变化。其中,幼儿身高每年平均增长 6~7 厘米。因此,幼儿四、五、六岁时的平均身高,女孩分别可达到约 103.1、110.2 和 116.6 厘米,男孩分别可达到约 104.1、111.3 和 117.7 厘米。

相应地,幼儿体重每年平均增长 2~3 千克。幼儿四、五、六岁时的平均体重,女孩分别可达到约 16.17、18.26 和 20.37 千克,男孩分别可达到约 16.64、18.98 和 21.26 千克。

幼儿的骨骼比 3 岁之前,显得更坚硬,但是弹性依然较大,还是容易弯曲。幼儿的身体比例,头重脚轻的现象已经不明显,而是更加协调,接近成人。在肌肉发育方面,大肌肉已经较发达,小肌肉 5~7 岁逐渐发育。因此,幼儿在走、跑、跳自如的同时,也出现了一些诸如学会使用筷子、儿童安全剪刀等精细动作。但是幼儿的肌肉耐力,跟学龄儿童和成人相比依然较弱,还是容易疲劳,需要合理安排其作息时间,避免疲劳。

(二) 神经系统的发展

幼儿的脑重量继续增加,7 岁时已经将近 1 280 克。与此同时,脑结构也发生了积极

① 学步儿身高、体重的平均标准值,均源于中华人民共和国卫生部公布的《中国 7 岁以下儿童生长发育参照标准》. http://www.nhfpc.gov.cn/zhuzhan/wsbmgz/201304/b64543eaaee1463992e8ce97441c59bb.shtml,2015-01-03.

的变化，主要体现为神经纤维和脑皮质的变化。一是神经纤维的分支继续增多、变长，进一步形成神经元之间的联系。同时，连接一侧的大脑半球不同部位（比如叶与叶、回与回等）皮质的神经纤维，即联络纤维的髓鞘化基本完成。二是脑皮质已经相当成熟，其皱褶、沟回增多，幼儿的三个脑的机能结构，即调节张力与觉醒的结构，接收、加工和保持信息的结构，以及计划制订、调节控制活动的结构，也逐渐发展起来了。可以说，幼儿末期的各脑区已经接近成人脑的水平。

幼儿神经系统日趋成熟，同样带来了其大脑皮质机能的进一步发展，具体表现在以下三个方面。

一是幼儿大脑皮质的兴奋与抑制过程都加强，并且日趋平衡。而大脑皮质的抑制加强，则使得幼儿对自己行为的调节和控制能力增强，对事物的认识也更精确，且日趋完善。如此，相对于婴儿而言，学步儿调节和控制自身行为、认识外界事物的能力又有了新的进步。比如，满 2 岁之后，若适当引导，学步儿基本能够在脱离纸尿裤的情况下，在成人的帮助下，学会用自己的小便盆，而不会经常尿湿裤子了。

二是幼儿大脑皮质的兴奋过程加强，幼儿条件反射更容易建立，也比之前更加巩固。这便使得此期幼儿所需睡眠时间也相对减少，清醒时间更多，因而认识世界的机会增多。同时，认知过程比 3 岁之前速度更快，也更牢固。

三是幼儿第二信号系统作用加强，不过还是不够完善。虽然幼儿可以在一定程度上理解语词，并且通过语词，特别是口头言语进行学习，但是他们的思维依然具有明显的具体形象性，整个认知过程都依赖于自己的直接经验。比如，幼儿听到“苦”这个字，往往想到自己曾经吃过一些苦药的味道。如果他们听到大人聊天：“我知道你心里苦，说出来就会好一些。”幼儿可能就会热情地出主意：“说出来，嘴巴还是苦的，不如吃点糖更好！”

二、幼儿活动的发展

（一）幼儿动作的发展

在幼儿期，关于行走的大动作如跑、跳，技能已经更熟练。在运用物体的动作方面，出现了适应性的大动作与精细动作的灵活分工与灵活组合。

在婴儿和学步儿期，儿童抛掷物体基本上都用大动作，即用手臂抛掷，但是到了幼儿期，他们学会了依据物体的特征，采用适合的动作进行抛掷。比如，小物体就用手腕抛掷，大物体就用手臂抛掷。

在承接动作方面，幼儿也比学步儿有了明显的进步。比如，将一个轻软的小绒布球抛向学步儿，学步儿会过早地伸手探接，动作显得比较笨拙、僵硬。若是抛向幼儿，幼儿基本上能够根据物体的速度和方向进行较为准确的定位，然后根据定位，在物体快落下之前才迅速伸手承接，动作就较为精确、巧妙。这种动作的灵活性，已经具有一些成人承接动作的基本特征。

幼儿动作的发展，还体现在精细动作协调性的发展方面。以绘画为例，2～3 岁以前，基本上属于纯粹无主题的前描述性绘画，即俗称涂鸦；三至四五岁幼儿则开始进入了有主题的前描述性绘画，只是受绘画技能限制，有些绘画作品显得夸张、失真而已。四五岁至六七岁幼儿，就进入了描述性绘画期。不仅有绘画主题，而且能够熟练绘画，所画内容日渐丰富。

（二）幼儿的三大活动

活动（activity），是指个体有明确目的并完成一定社会职能的完整动作系统①。人的心理和意识是在活动中形成和发展起来的。通过活动，个体能够认识世界，形成各种人格特质。当然，人有主观能动性，因而活动本身也是受人的心理和意识调节的。游戏、学习和劳动是活动的三种基本形式。幼儿已经基本完成了支配身体自由的各种动作的发展，并且这些动作已经能够随意组合，形成完整的动作系统，因此他们的游戏、学习和劳动就成为觉醒时段的主要活动形式。

1. *游戏*

（1）游戏的基本特点

游戏（play），是指运用一定的知识和语言，借助各种物器，通过身体运动和心智活动模仿并探索周围世界而获得快乐体验的社会性活动②。我们都有过游戏的经历。回想从小到大玩的那些游戏，可能各式各样，但是它们都有如下一些共同点。

一是主动性，即游戏内容的选择、游戏进程的安排，基本都是儿童自愿按自己的实际情况确定的③。无论是打弹珠、玩纸牌，还是“跳房子”、捉迷藏等，都不是他人强迫的，都是儿童自主参与的。包括引导案例 1-12 中，牛牛和丹丹的烧烤游戏，就是他们自己商量、自己玩起来的。

二是娱乐性，即游戏没有外在的目标，兴趣是引发儿童参与游戏的直接动机。儿童是否参与某一个游戏，取决于他们本人的兴趣。他们觉得兴味索然便停止，若觉得有趣便沉浸其中。比如，引导案例 1-12 中，牛牛在游戏中做出一副享受美味的样子，足以看出他沉浸在游戏情节中的快乐。至今想起，那些让我们流连忘返的游戏，都是无忧无虑童年的重要组成部分，依然让我们回味无穷。

三是社会性，即现实生活通常是儿童游戏内容的基本源泉。游戏通常反映的是社会生活的内容。比如引导案例 1-12 中的烧烤游戏，便是儿童生活经历的体现。又如“过家家”，也是儿童对父母照顾自己的浓缩反映。

四是兼具模仿性和创造性，即游戏的内容大部分来自于对生活的模仿，但是也有儿童本身创造的成分。比如，玩“美食街”游戏的小朋友，涉及的各种美食名称，几乎都是对现实生活的模仿。但是用来代替各种美食的工具，却体现了他们的创造性。比如用自己

---

① 林崇德，杨治良，黄希庭. 心理学大辞典. 上海：上海教育出版社，2003：517.

② 林崇德，杨治良，黄希庭. 心理学大辞典. 上海：上海教育出版社，2003：1583.

③ 林崇德，杨治良，黄希庭. 心理学大辞典. 上海：上海教育出版社，2003：1583.

捏的胶泥代替各种蔬菜，又如引导案例 1-12 中的两位小朋友，就是用户外临时捡到的松果代替烧烤的食材等。

(2) 游戏中的主要心理过程

心理过程包括感知觉、记忆、思维、想象、言语、情绪、情感和意志等。在一个游戏中，这些心理过程必然多少都会涉及，其中想象、言语、情绪和情感，更是占据重要地位。

游戏，尤其是在象征性的游戏当中，通常具有丰富的想象。一方面，在游戏材料中出现大量灵活的“以物代物”现象。一根小竹枝可以当马骑；松果可以当成烧烤食材；积木块可以根据需要变成各种东西，在抽奖游戏中可以当奖券，在开商店游戏中可以当成钱，在过节游戏中可以当成饼干，在看病游戏中可以当成一瓶瓶的药，在过家家游戏中可以当成买给宝宝的礼物……因此，儿童的游戏需要材料辅助，要给他们提供大量的实物。但是，他们未必需要高度逼真的材料才能够展开游戏。恰恰相反，过多太逼真的材料，可能反而限制他们想象的空间。一些教师在环境创设中花费大量精力，力图做出非常逼真的材料，甚至做出非常逼真的“鸡腿”，这不仅耗费本来可以用于师幼互动的时间和精力，而且也限制了儿童以其他相似材料代替鸡腿的想象空间。儿童游戏中丰富的想象，还体现在游戏角色中大量的“以人代人、以人代物”的现象。在游戏中，儿童可以扮演解放军，可以扮演教师，可以扮演小白兔和大灰狼，可以扮演成“木头”……可见，游戏能够让儿童张开想象的翅膀，他们可以在想象的生活中自由翱翔。

游戏中往往使用大量的言语。比如，扮演公交车司机的小朋友，他会有模有样、一本正经地提示所有“乘客”：“车辆进站，请注意安全。乘客您好，欢迎您乘坐 6 路无人售票车，本车开往奇妙美食街。请您从前门上车，上车请投币刷卡……车要启动，请站稳扶好……”而其他“乘客”也会在“车”上叽叽喳喳地说个不停。又比如，扮演护士的小朋友，会对她的“病人”说：“我轻轻打啊，你不要怕，打了针，你的病就好了。”几乎所有的角色游戏，都有预设或者临场发挥的“台词”。

游戏中会伴随着直接兴趣和积极情绪。如前所述，儿童往往因为直接兴趣而参与游戏，并且在整个游戏过程中都伴随着兴奋、快乐等积极情绪。

(3) 游戏在幼儿身心发展中的意义

由游戏的特点，以及游戏中的心理过程可知，游戏对幼儿的身心发展具有不可替代的重要意义。

首先，游戏可以促进幼儿生理的发展。游戏特别是体育类型的游戏，往往伴随着大量的动作，这些动作可以锻炼幼儿的肢体，促进幼儿大动作和精细动作的发展。

其次，游戏可以满足儿童的心理需要。一方面，间接满足了幼儿参与高出自己能力活动的心理需要。与成人相比，幼儿受身心发展水平的制约，有很多成人的活动，幼儿是没有办法直接参加的。比如，成人的工作，无论是售货员、消防员，还是医生、护士的工作内容，幼儿都不可能直接参加。但是，游戏却提供了一个让幼儿可以模仿、“参与”这些职业的机会，满足了幼儿的心理需要。另一方面，满足了幼儿控制环境、体现自主性的心理需要。游戏有助于幼儿解决一些情绪问题，在试验性的、没有恐惧的情境中学习对付焦虑和各种冲突。比如，每次到医院，幼儿几乎都是病人，都是被打针、被迫服药的角色。因而，通常在病后，这些幼儿往往会发起看病的游戏，而且自己一定是医生或者护士——在游戏中，自己终于不再“任人摆布”，而是成为情境中的主人了。

最后，游戏可以全方位地促进幼儿的心理发展。前文提到，游戏必然多少都涉及所有的心理过程，因而游戏便会促进这些心理过程的发展。我们可以看到，引导案例 1-12 中，就涉及丰富的想象和言语，还有大量的探究行为伴随其中，因此游戏有利于幼儿的认知发展。不仅如此，因为游戏具有社会性的特点，因此游戏也可以促进幼儿的社会性发展。比如，角色扮演类的游戏，有助于幼儿体验多种角色，从而提升移情能力。两人以上参与的游戏中，往往需要幼儿彼此之间的合作和协商，因此自然地提升了幼儿与人交往的能力，促进其亲社会行为的发展。

正因为游戏对幼儿的身心发展如此重要，我国分别于 1996 年和 2016 年颁布的新旧《幼儿园工作规程》(国家教委令第 25 号，中华人民共和国教育部令第 39 号)，虽然前后相隔 20 年，但是幼儿园的教育应“以游戏为基本活动，寓教育于各项活动之中”①的理念却始终如一。2001 年颁布的《幼儿园教育指导纲要(试行)》(教基〔2001〕20 号)，也明确规定幼儿园教育应尊重幼儿的人格和权利，尊重幼儿身心发展的规律和学习特点，“以游戏为基本活动，保教并重，关注个别差异，促进每个幼儿富有个性的发展”②。2010 年，《国务院关于当前发展学前教育的若干意见》(国发〔2010〕41 号)中，再次强调幼儿教育要“遵循幼儿身心发展规律，面向全体幼儿，关注个体差异，坚持以游戏为基本活动，保教结合，寓教于乐，促进幼儿健康成长”③。2012 年颁布的《3—6 岁儿童学习与发展指南》(教基二〔2012〕4 号)，也继续强调“要珍视游戏和生活的独特价值”④。

国家历次有关学前的重要文件，都要强调幼儿园教育要以游戏为基本活动，一方面是因为游戏对幼儿的身心发展具有不可替代的重要意义，另一方面也是因为在一线学前教育实践中，尚未充分、彻底地落实游戏的重要地位。幼儿教育任重道远，我们期待新教师能够从一开始就意识到游戏的重要地位，珍视游戏对幼儿身心发展的价值，在自己的教育教学活动中，以游戏为主。

(4) 游戏的发展

游戏的发展，是指游戏伴随年龄增长的变化过程。

若从社会性发展角度来看，游戏经历了儿童最初的无所事事→旁观者行为→个体游

① 幼儿园工作规程. 1996-03-09, 2016-01-05.

② 幼儿园教育指导纲要(试行). 2001-08-01.

③ 国务院关于当前发展学前教育的若干意见. 2010-11-24.

④ 3—6 岁儿童学习与发展指南. 2012-10-09.

戏→平行游戏→联合游戏→合作游戏这六个发展阶段①。

其中，无所事事是指儿童没有任何任务，没有社会参与。大部分时间都在左顾右盼、闲逛，没有参与任何特别的任务。

旁观者行为，即看着别人玩或者与正在玩游戏的儿童交谈，有时表现出很积极地观察一些特殊的活动。2 岁及之前的儿童，将近一半处于这一发展水平。

个体游戏(也称为单人游戏)，即儿童自己一个人玩玩具，没有与其他人互动。独自玩的现象，在 2～3 岁期间较为常见。

平行游戏，即儿童玩相似的游戏，经常是肩并肩的，不过儿童依然是自顾自地玩，彼此之间并无互动。比如，几位儿童将积木盒子放在同一张桌子上，然后各自搭自己的积木。因为玩具材料与其他人相似，看起来好像是在一起玩，其实儿童是在同伴旁边自己玩。平行游戏在 2 岁的儿童中较为常见，到了三四岁之后逐渐减少直至消失。

联合游戏，是指儿童与同伴一起玩，围绕着一个相似但是不完全相同的活动进行互动。比如，红红在用画笔“画一个故事”，芳芳在用手偶玩“演出”，两人不时停下来看看对方的进展，然后也互相提一些建议或者表示赞叹。联合游戏在三四岁的儿童中较为常见。

合作游戏(也称为协作游戏)，在 3～4 岁期间出现。典型特征是儿童在游戏中有分工和协作，有共同的目标和方法，通常还会有一两个孩子组织指挥。比如两人以上共同完成的角色游戏便是合作游戏。

上述六个阶段的发展，可以看出儿童逐渐对游戏，尤其是与他人一起游戏感兴趣的过程。

除了按照社会性发展的角度，还可以从认知发展水平来看儿童游戏的发展。游戏通常经历机能游戏→建筑游戏→象征游戏→规则游戏的发展过程②。

机能游戏，是指儿童反复练习感知觉动作，有效地发展身心机能的游戏。如婴儿反复地丢拣玩具或物品，或者学步儿反复拧开一个矿泉水瓶又拧紧，再拧开再拧紧，循环反复，从身体动作和活动中获得满足和快乐等。

建筑游戏，是指儿童借助游戏材料，搭建各种几何形体或者场所的游戏。儿童以各种积木材料进行搭建的时候，几乎都离不开建筑类的游戏。比如搭建一座高楼、一个游乐场所、一座高山、一把枪、一部汽车等。

象征游戏，是指以模仿和想象扮演角色，反映现实生活的游戏。象征游戏中蕴含大量的替代现象，比如前文提到的以物代物、以人代人、以人代物等现象。此外，象征游戏中，儿童还可能逐渐学会用动作和言语符号进行大量的假想或者“假装”。比如，在玩隐

---

① 转引自马乔里·J.克斯特尔尼克.儿童社会性发展指南理论到实践.邹晓燕等，译.北京：人民教育出版社，2009：244.

② 林崇德，杨治良，黄希庭.心理学大辞典.上海：上海教育出版社，2003：1583.

形人游戏时，儿童会“假装看不见”某位扮演“隐形人”的小朋友。又比如，大班幼儿玩武打游戏时，当某位“大侠”“发功”的时候，他的对手就会“假装受伤”，作疼痛状甚至还伴随痛苦的呻吟。

规则游戏，是指摆脱了具体的情节，用规则来组织的游戏，这是一种在相互交往活动中以规则为目标的社会性游戏。简单的规则游戏出现在四五岁，之后随着年龄的增长，逐渐演化为体育游戏、纸牌游戏等。规则游戏中，通常涉及多种规则，要使游戏顺利开展，它要求参与者必须熟悉规则、运用规则，因而规则游戏，也就体现了儿童更高的认知发展水平。

除了可以从社会性发展和认知发展两个方面衡量儿童游戏的发展水平，还可以从游戏的内容、组织形式来了解儿童游戏的发展水平。

总的来说，随着儿童年龄的增长，其游戏的内容也逐渐丰富、深刻，不断由浅入深、由表及里、由近及远。比如最初是玩“过家家”这种反映周边现实生活的游戏，之后就可能出现相对远离现实生活，涉及政治内容的“首脑会晤”游戏。

随着年龄的增长，儿童游戏的组织形式，也日益复杂，集体性逐步增强，游戏的计划性、独立性和创造性逐步提高。小班幼儿玩的游戏，情节通常比较简单，几乎就是对现实生活的直接模仿。比如，“买卖”的游戏：“售货员”站在一边，“顾客”站在另一边，通常就是询问购买什么商品，然后一手交钱、一手交货，游戏也就结束了。到了中班，就出现了“售货员”吆喝宣传自己商品的情节，也出现了部分追求细节、追求品牌的“顾客”。即便如此，“售货员”通常也都能够急中生智地对付各种“挑剔”的询问和要求。到了大班，单纯的“买卖”游戏就比较少见了，它通常融入了儿童创设的更复杂的情境中。比如，“买卖”可能是儿童创设的“热闹的六·一儿童节”情境中的一个组成部分而已。

游戏受儿童身心发展水平的制约，游戏的发展通常就反映了儿童相应的身心发展水平。

(5) 以游戏促进幼儿的身心发展

如何以游戏促进幼儿的身心发展呢？

首先，要意识到幼儿园的教育要以游戏为主，要关心、组织、指导而不包办代替，也不能够随意打断幼儿的游戏。比如，当幼儿无所事事或者旁观小朋友的游戏时，可以适当引领孩子参与到同伴的游戏中去。当幼儿的游戏进展不下去的时候，适时了解他们正在面临的困难，鼓励、启发他们解决问题。

其次，要以游戏发展的特点组织、指导游戏。比如对小班的幼儿，要适当帮助确定游戏的主题、供给材料、分配角色，鼓励幼儿有始有终。同时小班幼儿的游戏规模宜小，情节不宜太过复杂。对于中、大班幼儿，鼓励自主性，并且要及时关注中班游戏中的纠纷，如有必要，适当协助解决。

最后，教师要有计划地把教育内容融入到游戏中，寓教于乐。比如，适合相应年龄段幼儿的教育目标，尽量在游戏中达成。

2. 学习

幼儿的学习(learning)与学龄儿童的学习既有联系又有区别。联系之处在于，都是人在生活过程中，通过获得经验而产生的行为或行为潜能的相对持久的变化。区别之处在于：一方面，小学至初中阶段学龄儿童的学习是一种法律规定的权利和社会义务，对幼儿来说，学前期的学习是必要的、是他们的权利，但是并非社会义务。另一方面，在学习的方式、方法和特点上也有所差异。学龄儿童、成人可以通过抽象的语词、符号进行学习，学习过程中所采用的方法较多。幼儿的学习是以直接经验为基础，在游戏和日常生活中进行的。

因为如此，《3—6 岁儿童学习与发展指南》尤其强调"要珍视游戏和生活的独特价值，创设丰富的教育环境，合理安排一日生活，最大程度地支持和满足幼儿通过直接感知、实际操作和亲身体验获取经验的需要，严禁'拔苗助长'式的超前教育和强化训练①"。

高质量的学前教育，应该通过家园共育，确保幼儿身心健康，培养良好的生活习惯，珍视幼儿的好奇心，培养幼儿对学习的兴趣、专注精神、坚持性等良好的学习品质。做到这些，也就大致完成了学前教育的基本使命。

3. 劳动

与学习相似，劳动(labour)也是幼儿必要的，但是其并非社会义务的活动。应侧重于通过生活自理的劳动，以及幼儿力所能及的家务、爱心小义工劳动，以发展幼儿相应的大动作和精细动作，并且以此形成一定的技能、技巧，培养良好的劳动习惯和品质。

比如，通过引导幼儿分发碗筷、协助择菜、洗自己的小手帕和贴身小衣裤、折叠小被子、擦桌椅，以及周末去敬老院帮助老爷爷、老奶奶盛饭，或者到哪个农庄、乡下去采摘水果、拔草、喂养家禽、捡拾鸡蛋……培养幼儿勤劳勇敢的好习惯，以及培养他们尊重劳动人民、珍惜劳动果实的良好品质。

三、幼儿的心理发展特点

(一) 幼儿认知的一般特点

在认知过程方面，幼儿的基本特点是好奇好问、依赖经验、想象丰富。

对于幼儿的好奇好问，我们都不陌生。当他们遇到好奇的问题时，就喜欢问"为什么"，而且大有一副打破沙锅问到底的气势。

不过由于他们的思维主要依靠直观动作(3～4 岁)和具体形象(4～7 岁)，因而在学习知识与运用知识方面还需要依赖已有的直接经验。比如，对幼儿而言，"甜"是糖果的味道，他们是难以理解"那个小姑娘长得很甜"这样的话语的。

① 3—6 岁儿童学习与发展指南. 2012-10-09.

此外，丰富的想象力也是幼儿特有的心理特点。他们会从一件事情联想到另一件事情，他们的想象会有天马行空式的奇妙。比如，一位年轻妈妈正抱着一个 3 岁的孩子，她正在吃馒头，无意间往天上看了一眼，然后说："我在吃白云。"

（二）幼儿情绪和情感的一般特点

幼儿的情绪和情感，具有外露、容易激动、心机单纯的基本特点。

与学龄儿童和成人相比，幼儿情绪更加外露。大部分情况下，用"喜怒皆形于色"形容幼儿的情绪，并不为过。在情感方面，幼儿的表达也比较直白，喜欢一个人，他们就更愿意跟这个人在一起。甚至会通过亲脸颊、分享自己喜欢的物品这些非常具体、外显的方式，来表达自己的情感。

幼儿的情绪、情感，整体上来说，还是显得容易激动的。在竞争、"煽情"式话语之下，他们迅速就变得兴奋、激动起来。因此，若需要幼儿保持有序的活泼，不想让他们在室内过于大声地呼应，在集体教育活动环节就要减少没必要的、煽情式的提问环节。类似于"好不好啊""要不要啊"等过渡语，刚好契合幼儿容易激动的特点，他们可能就过于激动而发出较大的回应声。若在户外组织集体教学活动，如此过渡，即便引发较大的声音，也播散出去了，没什么问题。但是在室内，空间相对封闭，这些声音不仅可能淹没了教师的声音，而且可能导致幼儿噪声性耳聋。实际上，很多幼儿教师在使用这样的过渡语时，初衷也不是为了唤起幼儿的情绪，就只是为了简单地过渡。因此，当他们看到这些孩子此起彼伏的呼应时，又嫌孩子太吵，拼命拍铃鼓或者以强调常规的方式要幼儿安静下来，使得教学的几个环节之间过渡反而不流畅，也挫伤了幼儿的积极性。一些幼儿甚至很不解，明明是老师要问我们，我们回答她，她怎么又不高兴了？那她是希望我们回答她，还是不希望我们回答她呢？

幼儿的心机也比较单纯。由于生活经历有限，也受限于思维发展的水平，幼儿思考问题的方式比较简单。特别是小班的幼儿，他们难以进行"反向思维"。所以教育应该以正面为主。幼儿心机单纯，但他们又具有好奇心，因此对他们安全防范的教育，也显得非常重要。幼儿容易轻信陌生人，因此要教导幼儿不要吃陌生人的食品，不要跟陌生人离开熟悉的地方。

（三）幼儿行为的一般特点

幼儿在行为方面，具有活泼好动、喜欢模仿、爱玩游戏的基本特点。

活泼好动，是幼儿典型的一般特点。无论是在室内还是在室外，大部分的幼儿似乎都有用不完的精力。他们对周边世界具有积极的探究精神，玩具、落叶、小草、蚂蚁、蝴蝶……都是他们探索的对象。这种独特的年龄特征，有助于他们锻炼大动作、精细动作，有助于他们增长知识，培养专注精神、坚持性等良好的学习品质。

喜欢模仿，也是幼儿典型的一般特点。无论是教师的言行，还是同伴的言行，或是影视节目塑造的形象、情节，都容易引发幼儿模仿。

绝大部分的幼儿都爱玩游戏，主要是因为游戏吻合了幼儿身体发育和心理发展的特点。著名教育家陈鹤琴先生曾提出："小孩子生来是好动的，是以游戏为生命的。"[①]如前所述，幼儿因为身体发育的水平所限，很多成人可以做的事情，他们没有办法去做，故而只有通过在游戏中扮演这些角色来获得满足。

除了一般特点，各年龄段幼儿还有一些基于本年龄段的特点。如小班的幼儿，情绪更容易激动，思维具有直觉行动性。中班的幼儿比小班的幼儿，又更体现出爱玩会玩的特点。而大班的幼儿，在个性上就初具雏形了。

四、幼儿教育的原则与要领

幼儿教育的基本理念，应该是"家—园—社会"共育，教师与家长应树立儿童生命第一、健康成长比成功更重要的意识，维护与增进幼儿的身心健康，塑造健康体魄、培养健康人格，导以规则、教有智慧、爱无条件。幼儿教育应遵照如下三个具体原则与要领。

（一）建立合理的规则

导以规则，是帮助儿童养成良好的诸多习惯，成长为负责任的社会人所必需的。但是规则一定要合理，如此才能够确保幼儿灵性与社会性的和谐发展。否则不必要的清规戒律太多，就很可能伤害孩子的灵性。

什么样的规则是合理的呢？判断规则是否合理和必要的依据，是建立该项规则的理由是否充分，是从儿童身心健康发展的角度出发，还是仅仅为了方便成人[②]。通常需要特别注意建立三大范畴的规则，即有关法律公德、科学作息、安全卫生的规则。比如，不能打人、按时睡午觉以保证充足睡眠、饭前便后要洗手等。

除了三个范畴的规则，其他规则基本上是蕴含在游戏中的临时规则，教师可以根据实际情况，鼓励幼儿参与规则的修订，让游戏玩出新的花样来。

在建立规则之后，教师与家长需注意言传身教，以培养幼儿良好的习惯。

（二）教育内容和方式符合幼儿身心发展的特点

幼儿教育的内容和方式应符合幼儿身心发展的特点，应生动活泼、以游戏为主，提供适应性的支持，以培养良好的学习品质，特别注意不要以不合适的方式挑逗、误导幼儿。如此，才能够维护和增进幼儿的身心健康。成人在幼儿面前应该谨言慎行。要知道幼儿心机单纯，难辨是非，成人的一言一行若不合适，都可能会导致严重后果。成人自己要有这一意识，切不可因为无知而做出伤害孩子的愚蠢行为。

比如，典型的不当行为之一，便是逗引孩子喝酒。有的长辈会用筷子在盅里蘸白酒，让孩子舔一舔，有人则会逗孩子尝一尝啤酒的味道……这些极易导致儿童酒精中毒，造成肝、肾和脑的严重损伤。2015 年 2 月 22 日，2 岁 5 个月的小思在二伯的哄逗下，喝了一

① 陈鹤琴. 家庭教育. 上海：华东师范大学出版社，2006：2.

② 莫秀锋. 亲子冲突的认知和理性应对. 教育导刊，2008(3)：55.-57.

些自酿米酒后便昏睡不醒，并出现呕吐、抽搐等症状，被紧急送往医院，之后辗转多家医院，诊断结果是小思因酒精中毒导致脑损伤和癫痫，目前智力、运动、言语退化，仅相当于1岁婴儿的发展水平[①]。这两位记者随后对15位已经育有小孩的家长展开调查，结果发现13位家长表示自己的孩子曾被逗引喝酒。逗孩子喝酒的人中，既有孩子的爷爷、外公、伯父等亲戚，也有孩子父母的同事、朋友，有的家长自己也加入到让孩子喝酒的行列。

除了逗酒，一些成人还会故意逗孩子呼叫父母的绰号，或者故意说，“因为你笨，你爸不要你了”，离间亲子关系，动摇孩子的安全感，人为破坏孩子的心情。一些成人甚至会故意逗引男孩：“你的鸡鸡呢？你的鸡鸡被老鹰叼走了！”男孩心急，赶紧捂住自己下体。久之，可能就导致这些孩子出现习惯性阴部摩擦的坏习惯。这些都是不当逗引行为，这些成人在做这些事情的时候，也并非出于对孩子的疼爱，而是因为无聊，拿孩子当开心果，随意取乐。

我们是成长中的专业教师，深深体会到幼儿教育任重道远。若周边亲朋好友中有孩子，我们就可以将这些常识告知他们，防患于未然。寒暑假中，看到成人类似的不当行为，也要勇敢而机智地劝阻，以维护孩子的身心健康。成为教师之后，我们更要通过家园共育的会议，将先进科学的育儿理念传达给他们。

（三）营造舒适的心理环境

舒适的心理环境是幼儿身心健康成长的重要基础。那么，如何营造舒适的心理环境呢？

首先，要关爱和尊重幼儿，对待幼儿应有爱心、责任心和耐心。《幼儿园教师专业标准（试行）》关于“对幼儿的态度与行为”中明确规定教师要“尊重幼儿人格，维护幼儿合法权益，平等对待每一位幼儿。不讽刺、挖苦、歧视幼儿，不体罚或变相体罚幼儿”[②]。家长也是如此，特别是当幼儿行为不当，需要引领他们的时候，也要注意方式方法，以适合其身心发展特点的方式，通俗易懂地进行教育，切不可厉声训斥，更不可以体罚。

其次，要重视生活对幼儿身心健康成长的重要价值，积极创造条件，让幼儿拥有快乐的幼儿园生活和家庭生活。一方面，教师要为幼儿提供合适的多种材料和多种交往的机会，引发他们探究的欲望，以及满足其交往的需要、提升其交往的技能。如此，幼儿在园的生活就会过得充实而快乐。另一方面，家长也要为幼儿创设有利的环境，让其有充足的室内认知游戏和丰富的户外活动，有科学合理的作息习惯，确保其在家庭里同样过得充实而快乐。此外，更要注意，当幼儿面临负性事件、产生负性情绪时，要以合适的方式及时舒缓其压力、疏导其情绪。不要让幼儿积累负性情绪和压力，以免影响其心理健康。

---

① 覃燕燕，袁夏岚.两岁孩被灌酒变痴呆谁之过？http://www.qianhuaweb.com/2015/0521/2766179.shtml，2015-05-21.

② 幼儿园教师专业标准（试行）.2012-10-15.

最后，给予幼儿无条件的爱。现实中，类似话语“老师喜欢听话的小朋友，不喜欢捣乱的小朋友”“你要是不乖，老师就不喜欢你了”“你要是不听话，妈妈就不要你了”似乎已经司空见惯。如果成人以爱作为威胁使儿童服从，儿童为了不失去成人的爱，就只好压抑自己的感受，迎合成人。久之，儿童就习惯以他人的标准来评判自己，慢慢就失去了自我，甚至越来越不喜欢自己，心理问题便顺势而生。因此，人本主义心理学家罗杰斯提倡给予儿童无条件的积极关注①，这是预防心理疾患的本源之一。所以，当幼儿犯错误的时候，既要以合理的规则进行引领，又要讲究教育的方式，给予他们无条件的爱。具体而言，幼儿犯错误了，该承担适当的责任就让其承担，但是成人的态度应该是温和平静的，不应该体现出冷漠、拒绝、嫌弃、厌恶等情绪。要让幼儿明白，犯错误后要改正，但是老师和家长依然是爱他们的。

拓展阅读 1-8

学前教育小学化倾向及其危害

学前教育“小学化”有诸多表现。

在教育内容上，把小学的内容提前到幼儿园学习，把文化知识作为幼儿的主要学习任务。如要求幼儿掌握声母与韵母、能拼读、能书写，要求幼儿进行较大数位的加减运算，进行识字训练，要求幼儿能识字、能写字。

在教育方法上，轻视幼儿自主学习，以知识讲授代替活动与游戏。通常是教师讲、幼儿听；教师做、幼儿看。死记硬背的传统授课与学习方式成为教学常态。教师常布置大量单调、枯燥、重复性的作业。

在教育评价上，重视结果评价，忽视过程评价。主要考核幼儿学会了多少知识和技能，把幼儿获得知识与技能的多少作为评价教育质量的主要标准甚至唯一标准，而不关心幼儿学习的过程和方法，忽视幼儿的个性差异。

在环境布置上，教室桌椅和墙面布置成小学的风格。比如，教室桌椅摆放成小学的“讲台＋四个或者五个纵队”的方式，而不是圆形、环形或者幼儿小组面对面围坐的方式。又比如在墙上贴拼音，而不是幼儿在游戏中创造的作品。

学前教育“小学化”的危害很多，严重干扰了正常的保教工作，损害了幼儿的身心健康。为此，我国教育部于 2011 年 12 月 28 日，专门发布了《教育部关于规范幼儿园保育教育工作防止和纠正“小学化”现象的通知》。其中明确规定，“严禁幼儿园提前教授小学教育内容”，“幼儿园不得以举办兴趣班、特长班和实验班为名进行各种提前学习和强化训练活动，不得给幼儿布置家庭作业”②。

---

① 戴维·迈尔斯. 心理学. 黄希庭，等，译. 北京：人民邮电出版社，2013：521-523.

② http://www.moe.edu.cn/publicfiles/business/htmlfiles/moe/s5972/201201/129266.html，2015-01-03.

【本章小结】

1. 新生儿与婴儿心理发展的基本内容

(1) 新生儿心理发展的基本内容

新生儿身体状况的衡量:阿普加量表总得分为7～10分的新生儿通常被认为是正常的;此外,新生儿的身体健康状况还可以通过是否足月、出生时的体重是否达标来衡量。

新生儿心理产生的条件:具备人类神经系统的基础;具有很多适应子宫外生活的无条件反射。

新生儿心理的特点:触觉具有相当的敏感性,已经产生了听觉、味觉、嗅觉与视觉;在其眼睛正前方约20.3厘米的距离,是其相对容易看到的距离;新生儿的条件反射具有形成速度慢、形成之后不稳定、不易分化等特点。

新生儿养育的注意事项:一是母乳喂养,按需哺乳;二是精心护理,确保健康;三是丰富环境,积极应答。

(2) 婴儿心理发展的基本内容

婴儿的生理发展:身体发育很快,6个月前,身高平均每月增长3厘米以上,满6个月后,平均每月增长1～1.5厘米,体重平均每月增长约0.5千克;骨骼肌肉系统发育较快,从2个月开始,脊柱的四个生理性弯曲(颈弯曲、胸弯曲、腰弯曲、骶弯曲)相继形成,肌肉力量不断增强;神经系统的发展主要体现在脑结构的发展和脑机能的发展。

婴儿的动作发展,是由遗传基因设定程序决定的,体现出一些外显的规律和固定的顺序:首尾原则、近远原则、大小原则和从无到有的原则。

在心理发展方面,婴儿的条件反射的形成方式和种类都发生了一定的变化。就形成方式而言,新生儿的条件反射,基本上是在无条件食物反射的基础上形成的,婴儿条件反射的形成更多地以无条件定向反射和无条件抓握反射等为基础。就种类而言,新生儿条件反射的类型更多的是经典条件反射,婴儿条件反射的类型则除了经典条件反射,还有较多的操作条件反射。

亲子交往在婴儿心理发展中的重要作用:亲子交往不仅是维持婴儿生存的必要条件,也是将婴儿从自然人变成社会人的必备条件;亲子交往给婴儿提供了大量的学习机会,帮助其习得言语、认识世界。

婴儿心理的发展,体现为认知、情感等方面的发展。婴儿的认知:各类感觉基本完善,较为敏锐,知觉进一步发展;出现长时记忆;在言语方面,已出现积极发声、语音辨别和模仿发音现象。婴儿的情绪和情感类型也更加丰富,社会性微笑出现并且增多。婴儿与人交往的需要增强,而且体现出主动交往的倾向,这在其早期人际交往和人际情感维护中发挥了积极的重要作用。5～6个月大婴儿能够认识自己的亲人，然后体现出对重要教养人的依恋，以及对其他人的认生现象。

婴儿养育的注意事项：一是提倡母乳喂养，有序添加辅食；二是作息科学合理，培养良好习惯；三是鼓励认识世界，确保充分交往。

2. 学步儿心理发展的基本内容

学步儿的生理发展：身高方面，1～2岁期间平均每年增长10～12厘米，2～3岁期间平均每年增长8～9厘米；1～2岁期间，体重平均每年增长2.5～3.5千克，2～3岁期间平均每年增长1.5～2.5千克；骨骼继续骨化，但是骨头中水分较多，依然弹性大、易弯曲，要避免不正确的养育导致骨骼变形。肌肉方面，较多与运动有关的大肌肉已经发展，但是肌肉耐力差、易疲劳。

学步儿神经系统的发展：脑重量继续增加，神经细胞体增大，神经纤维迅速髓鞘化，神经系统日趋成熟；皮质抑制机能发展，反射活动日趋精确、日趋完善；第二信号系统形成和发展。儿童两种信号系统的发展，是循序渐进的，经历了以下由低到高发展水平的四个阶段。阶段1：直接刺激→直接反应。阶段2：词的刺激→直接反应。阶段3：直接刺激→词的反应。阶段4：词的刺激→词的反应。

学步儿的动作发展：新增了较多大动作，如走、跑、跳、单脚站等，此期结束，基本上完成所有与人类独立行走有关动作的发展。学步儿的动作也更加熟练、复杂化。将近3岁的学步儿，可以将上述所有的动作，在生活中自然地、熟练地自由组合。

学步儿心理发展的特点：喜欢实物活动；认知过程发展齐全，自我意识开始萌芽。学步儿自我意识萌芽的典型表现，是开始关注到自己的想法、逐渐有主见，可是他们未必能够准确地表达出来。因此，学步儿新的需要与现有心理发展水平之间的矛盾就凸显出来，这需要特别关注。

学步儿的教育要点：其一，提供材料，支持实物活动；其二，关注需要，改进教育方式。

3. 幼儿心理发展的基本内容

(1) 幼儿的生理发展

幼儿身高，每年平均增长6～7厘米，体重每年平均增长2～3千克。

幼儿的骨骼比3岁之前显得更坚硬，但是弹性依然较大，还是容易弯曲。幼儿的身体比例，头重脚轻的现象已经不明显，逐渐协调，接近成人。在肌肉发育方面，大肌肉已经较发达，小肌肉5～7岁逐渐发育。因此，幼儿在走、跑、跳自如的同时，也出现了一些精细动作。

(2) 神经系统的发展

幼儿的脑重量继续增加，7岁时已经将近1 280克。与此同时，脑结构也发生了积极的变化，主要体现为神经纤维和脑皮质的变化。

幼儿神经系统日趋成熟，同样带来了其大脑皮质机能的进一步发展，具体表现在三个方面。一是幼儿大脑皮质的兴奋与抑制过程都加强，并且日趋平衡。二是大脑皮质的兴奋过程加强，幼儿条件反射更容易建立，也比之前更加巩固。三是第二信号系统作用加强，不过还是不够完善。

(3) 幼儿活动的发展

在幼儿期，关于行走的大动作如跑、跳技能已经更加熟练。在运用物体的动作方面，出现了适应性的大动作与精细动作的灵活分工与灵活组合。

活动，是指个体有明确目的并完成一定社会职能的完整动作系统。游戏、学习和劳动是活动的三种基本形式。

① 游戏

游戏，是指运用一定的知识和语言，借助各种物器，通过身体运动和心智活动模仿并探索周围世界而获得快乐体验的社会性活动。游戏具有主动性、娱乐性、社会性、兼具模仿性和创造性的基本特点。

游戏中的主要心理过程，通常包括感知觉、记忆、思维、想象、言语、情绪、情感和意志等，其中想象、言语、情绪和情感，更是占据重要地位。

游戏对幼儿的身心发展具有不可替代的重要意义。首先，游戏可以促进幼儿生理的发展。其次，游戏可以满足儿童的心理需要。最后，游戏可以全方位地促进幼儿的心理发展。

游戏的发展，是指游戏伴随年龄增长的变化过程。若从社会性发展角度来看，游戏经历了儿童最初的无所事事→旁观者行为→个体游戏→平行游戏→联合游戏→合作游戏这六个发展阶段。除了从社会性发展的角度，还可以从认知发展水平来看儿童游戏的发展。游戏通常经历机能游戏→建筑游戏→象征游戏→规则游戏的发展过程。此外，还可以从游戏的内容、组织形式来了解儿童游戏的发展水平。游戏受儿童身心发展水平的制约，游戏的发展，通常就反映了儿童相应的身心发展水平。

以游戏促进幼儿身心发展的建议：首先，幼儿园的教育要以游戏为主，要关心、组织、指导而不包办代替，不随意打断幼儿的游戏；其次，要以游戏发展的特点组织、指导游戏；最后，教师要有计划地把教育内容融入到游戏中，寓教于乐。

② 学习

幼儿的学习与学龄儿童的学习既有联系又有区别。

联系：都是人在生活过程中，通过获得经验而产生的行为或行为潜能的相对持久的变化。

区别：学龄儿童的学习是一种法律规定的权利和社会义务，幼儿的学习是必要的、是其权利，但是并非社会义务；学习的方式、方法和特点也有所差异，幼儿的学习是以直接经验为基础，在游戏和日常生活中进行的。

③ 劳动

与学习相似，劳动也是幼儿必要的，但是并非社会义务的活动。应侧重于通过生活自理的劳动，以及幼儿力所能及的家务、爱心小义工劳动，以发展幼儿相应的大动作和精细动作，并且以此形成一定的技能、技巧，培养良好劳动的习惯、品质。

(4) 幼儿的心理发展特点

幼儿的认知具有好奇好问、依赖经验、想象丰富的特点。幼儿的情绪和情感，具有情绪外露、容易激动、心机单纯的基本特点。幼儿的行为具有活泼好动、喜欢模仿、爱玩游戏的基本特点。

(5) 幼儿教育的原则与要领

应“家—园—社会”共育，教师与家长应树立儿童生命第一、健康成长比成功更重要的意识，维护与增进幼儿的身心健康，培养良好的生活习惯，培养良好的学习品质，导以规则、教有智慧、爱无条件。

具体原则与要领包括：建立合理的规则；教育内容和方式符合幼儿身心发展的特点；营造舒适的心理环境。

本 章 检 测

一、思考题

1. 如何了解新生儿的身体状况？新生儿有哪几种主要的状态？新生儿具有哪些主要的无条件反射，它们对新生儿有什么意义？儿童两种信号系统活动的发展，具有哪些阶段？

2. 新生儿、婴儿、学步儿与幼儿的身高和体重具有哪些具体变化，神经系统、脑结构和脑机能又分别是如何发展的？

3. 新生儿、婴儿、学步儿和幼儿的心理发展分别具有哪些特点？

4. 学前儿童的动作发展有何规律？

5. 幼儿的学习与劳动有何特点？

6. 如何以游戏促进儿童的心理发展？

二、实践应用题

1. 育儿访谈研究：第一步，小组分工合作，分别访谈新生儿、婴儿、学步儿和幼儿的父母，询问他们养育孩子需要注意哪些事项；第二步，整理访谈对象的观点，并且与教材中有关知识进行比较，讨论其中的异同。

2. 游戏观察：一方面，观察幼儿在自主活动游戏中的表现，记录幼儿在游戏中的情绪、言语、行为，以及游戏中所反映出来的想象，分析该游戏是否体现了游戏的基本特点，体会游戏在幼儿心理发展中的重要意义；另一方面，分别观察小班、中班和大班幼儿在游戏中的表现，比较这三个不同年龄段幼儿游戏的特征，以检验游戏发展阶段的有关知识。

3. 观察几个亲子交往的片段，尝试分析亲子交往在儿童早期心理发展中的重要作用。

第二编

学前儿童心理过程的发展

第一章

学前儿童感知觉的发展

学习目标

1. 了解感知觉发展的总趋势和多种感知觉、观察力发展的具体特点
2. 理解感知觉在学前儿童心理发展中的意义
3. 掌握学前儿童多种感觉发展中的注意事项
4. 能够初步应用学前儿童观察力培养的措施

第一节　感知觉概述

引导案例 2-1

感觉剥夺实验[①]

1954年，贝克斯顿(W. H. Bexton)等人在加拿大的麦克吉尔大学，进行了首例感觉剥夺的实验研究。在实验中，给被试戴上半透明的护目镜，使其难以产生视觉；用空气调节器发出单调的声音，限制其听觉；手臂戴上纸筒套袖和手套，腿脚用夹板固定，限制其触觉。总之，来自外界的刺激几乎都被“剥夺”了。

被试单独待在实验室里，几小时后开始感到恐慌，进而产生幻觉……在实验室连续待了三四天后，被试会产生许多病理心理现象：出现错觉幻觉；注意力涣散，思维迟钝；紧张、焦虑、恐惧等。他们在实验后需数日方能恢复正常。

思考：从感觉剥夺实验中，可以看出感觉对人具有哪些意义？

① 转引自彭聃龄. 普通心理学(修订版). 北京：北京师范大学出版社，2001：74-75.

一、感知觉的概念

感觉(sensation)是脑对客观事物个别属性的直接反映。客观事物具有大小、形状、颜色、轻重、软硬、声音、气味等多种属性。感觉就是通过眼睛、耳朵、皮肤、鼻子、口腔等感受器和传入神经元,将客观事物的个别属性输入脑,然后分别对颜色、大小、形状等个别属性进行直接反映。因此,我们通过感觉可以获得对事物的部分或者零碎的认识。

知觉(perception)是脑对客观事物整体属性的直接反映。当感觉获得对事物个别属性的信息之后,知觉就将对于某一事物的所有个别属性整合起来,从而获得对这一事物整体属性的直接认知。比如,通过感觉得知某一客观事物的所有个别属性:颜色是白里透红的;形状是类似球体的;味道是香甜略酸的;在软硬方面是比较硬的;质地是光滑的;重量为 150 克左右。人脑整合这些个别属性之后,根据已有经验,就知道这可能是——苹果。

感觉是知觉的基础,知觉是感觉的综合与运用。不过,在现实生活中,感觉和知觉几乎是同步、密不可分的。一般情况下,对有一定经验的人来说,纯粹的、独立的感觉是很少见到的。新生儿有过独立感觉的存在,之后随着儿童经验的增长,单纯的感觉变得越来越罕见。成人的知识经验丰富,通常只有在严格控制的实验室条件下,才能诱发独立存在的感觉。感觉一旦获得客观事物或周边环境的个别属性,知觉就立刻整合所有的这些个别属性,并获得对这一客观事物或者周边环境全貌的认知。这也是为何把感觉和知觉统称为感知觉的原因。

二、感知觉的分类

(一) 感觉的种类

以刺激物的来源和感受器的不同,可以将感觉分为外部感觉和内部感觉。其中,外部感觉包括视觉、听觉、嗅觉、味觉和皮肤感觉。内部感觉包括运动感觉、平衡感觉和内脏感觉。

(二) 知觉的种类

人类的知觉大致可以分为三大类:一是空间知觉,包括对形状、大小、远近、方位等的知觉;二是时间知觉;三是运动知觉。

三、感知觉在学前儿童心理发展中的意义

从引导案例 2-1 中提及的感觉剥夺实验可以看出,当感觉被剥夺时,个体会产生烦闷、恐慌和不安。这是为什么呢? 原来,我们需要感觉为我们提供内外环境的信息,以保证个体与环境的信息平衡。

比如,内外环境中是否有威胁,是否有机缘,我们要依靠感知觉这个忠于职守的“哨

兵”及时予以报告，以便机体灵活地做出调整。这种调整有可能是人有意识去完成的，也有可能是通过自动化的方式完成的，也有可能是二者兼而有之的。若看到一条蛇，我们就会想办法赶紧避开，这是人有意识去完成的。若是气温升高，皮肤感觉到灼热，这个信号传递到大脑，身体便即刻启动皮肤调节体温的功能，比如排汗，这是自动化完成的。若气温持续升高，身体的自动排汗系统也无济于事，人可能就会想办法去避暑，这便是自动化调节与有意识调节相结合了。

由此可知，感知觉是个体维持生存所必备的心理过程。对学前儿童而言，感知觉除了维持生存，还有更多意义。

首先，感知觉是学前儿童最早的心理过程，为学前儿童其他心理过程的发展奠定了必要的基础。记忆、思维、想象、言语等心理过程，都需要感知觉提供的信息。比如，记忆的内容，就曾经是学前儿童感知过的内容，如果都没有感知过，就不存在相应的记忆内容。又比如想象，即便有创造的成分，那通常也是学前儿童对感知过的形象进行加工改造而产生的。感知觉对言语习得的过程，更是重要。若学前儿童从来没有听到过人说话，从来没有看到过人们发出某个音时相应的手势，他们几乎就不可能习得言语。

其次，感知觉是婴儿认识自己和世界的基本手段。婴儿生来具有视觉和听觉，通过视听两个通道，他们获得了大量周边世界的信息。不仅如此，后文提及的口腔探索和手部探索，是婴儿两大探索形式，而这二者均离不开感知觉。婴儿拿到什么东西都塞往嘴里“啃一啃”，婴儿拿到什么东西都要“敲一敲”，如此就了解了周边物体的软硬、味道、质地等。对于自己的身体，婴儿在多次啃疼自己的手以后，换成啃自己的脚，最后终于明白手和脚都是自己身体的一部分，慢慢就将自己跟周边的世界区别开来。

最后，感知觉为幼儿提供丰富的直接经验，在幼儿的认识活动中依然发挥重要的作用。感知觉是学前儿童最早出现、发展速度迅速、最早完善的心理过程。到了幼儿期，各种心理过程均已发展齐全，即便如此，由于幼儿的思维水平依然相对较低，以直观动作思维和具体形象思维为主，因而同样需要借助大量从感知渠道获得的直接经验来认识事物。感知觉对于幼儿探索周边的世界、增长经验方面，依然具有主导地位。

拓展阅读 2-1

心理联觉

由一种感觉引发另外一种感觉的现象，称为心理联觉。

红、橙、黄被称为暖色，看到这些颜色似乎让人感觉到温暖，这就是由视觉引发的肤觉现象。在幼儿园的环境创设中，可充分利用心理联觉的原理。比如，在寒冷的冬天，可以有意识地增加一些暖色的墙饰。而在炎热的夏天，则可以有意识地添加天蓝色等易于让人感到清凉的色彩。

除了由视觉可引发肤觉，其他感觉之间也可能会互相引发。朱自清在《荷塘月色》中写道:“微风过处送来缕缕清香,仿佛远处高楼上渺茫的歌声似的。”这就是由嗅觉引发听觉的现象。在文学中描绘心理联觉现象,是一种修辞手法,被称为通感。

第二节 学前儿童各种感知觉的发展

引导案例 2-2

小托蒂的悲剧

意大利一位名为托蒂的小男孩,有一只十分奇怪的眼睛。眼科大夫多次会诊得出的结论都相同:从生理上看,这是一只完全正常的眼睛。但是,它却看不见任何东西。

原来,小托蒂刚出生不久,为了治疗轻微的感染,这只眼睛曾被绑扎了两个星期。正是这种对常人来说几乎没有副作用的治疗,对刚刚出生、大脑正处于快速发育关键期的托蒂造成了极大的伤害。由于两个星期无法通过这只眼睛接受任何外界信息,原先该为这只眼工作的视觉神经元萎缩了,这是一个不可逆的后果。

思考:从这个案例中,您得到哪些启示? 为了避免小托蒂式的悲剧,我们在保护儿童的视觉和其他感觉时,应注意哪些问题?

引导案例 2-3

喜欢蚂蚁的阳阳①

阳阳(5 岁,男,中班幼儿)这段时间的户外活动几乎都是看蚂蚁,只要见到蚂蚁,就会停下来观察,并且蹲着蹲着就趴到了地上,常常弄得满身草屑、泥巴、脏水。阳阳奶奶问明原因以后跟黄老师提出:请帮我转移阳阳的注意力,不给他这样玩,免得总是这么脏,衣服难洗。

思考:黄老师一时没了主意,若她向您请教,您打算给黄老师什么建议呢?

一、学前儿童各种感觉的发展

(一) 学前儿童视觉的发展

视觉(vision,或 visual sensation)是个体辨别物体的明暗、颜色等特性的感觉。我们每天与外界接触,其中大约有 80%的信息来自视觉通道。同样,视觉也是学前儿童获取

① 莫秀锋. 有效观察:研究型幼儿教师成长的基点. 教育导刊,2015,560(4):67-69. 需要特别注意的是,若当地有外来入侵物种红火蚁出没,则观察小蚂蚁就不是无害活动而是有害活动了。

信息的重要渠道。

正常的新生儿，在呱呱坠地的那一刻即可以察觉可见的光波。不过，新生儿的视觉调节能力还远未完善，难以像成年人一样根据物体的远近自如地调节双眼视线。他们的眼睛，好像定好了焦距的相机，只能够集中在有限的范围之内。其中，他们看得较清晰的理想位置是距离眼睛正前方 20.3 厘米处。在 20.3 厘米之外，无论远近，新生儿都只能够朦朦胧胧地感受物体的存在。在整个婴幼儿期，可以通过视敏度和颜色视觉这两个指标考察婴幼儿视觉的发展状况。

1. *视敏度的发展*

视敏度是指精确地辨别细致物体或处于具有一定距离的物体的能力，也就是发觉一定对象在体积和形状上最小差异的能力，即通常所说的视力。随着年龄的增长，婴幼儿的视敏度不断提高(图 2-1)。6 个月以内是儿童视力发展的敏感期，这个时期如果出现发育异常，会引起视力丧失。我国现有的研究指出：1～2 岁的儿童视力为 0.5～0.6，3 岁儿童的视力可以达到 1.0，4～5 岁后，视力趋于稳定。

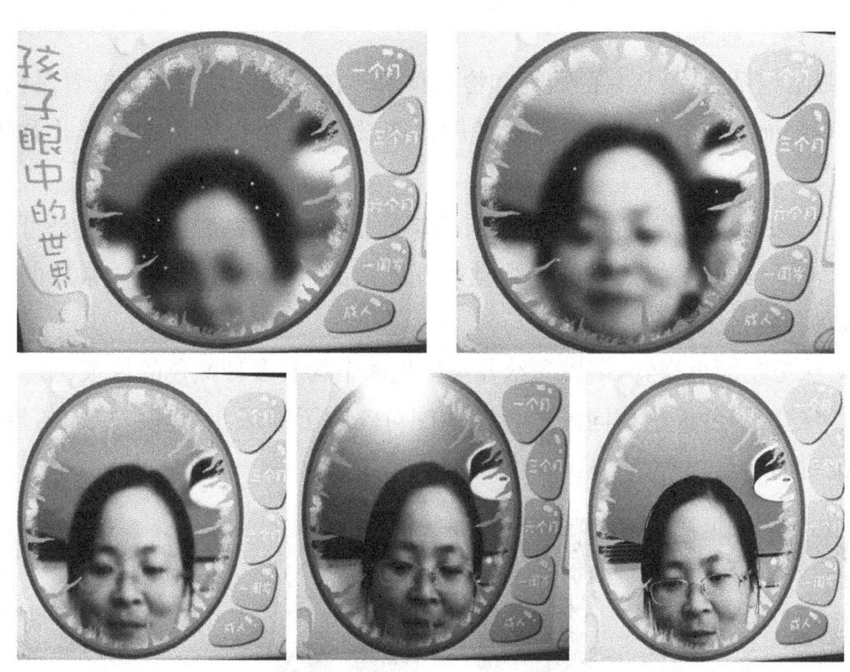

图 2-1　学前儿童与成人眼中的世界对比图①

2. *颜色视觉的发展*

颜色视觉指区别颜色细微差异的能力，也称辨色力。

---

①　莫秀锋在中科院心理研究所参加中国心理学会青年学者培训班期间，考察中科院心理研究所实验室所拍摄的照片，图片中面孔为本人。其中上左、上右分别为 1 个月、3 个月孩子眼中呈现的图像，下左、下中、下右分别是 6 个月、周岁和成人眼中的世界。

3个月的婴儿已经不但能根据明度辨别颜色，而且能够根据色调辨别颜色。到了幼儿期，颜色视觉的发展主要表现在区别颜色细微差别能力的继续发展。与此同时，幼儿期对颜色的辨别往往和掌握颜色名称相结合。3岁幼儿能认清基本颜色，但不能很好地区别各种颜色的色调，如白和乳白、绿和墨绿、红和粉红等。从4岁开始，区别各种色调细微差别的能力才逐渐发展起来，并且幼儿此后逐渐能够认识一些混合色。幼儿辨别颜色能力的发展，主要体现在掌握颜色的名称。如果掌握了颜色的名称，即使是混合色，幼儿同样可以掌握。幼儿期对颜色辨别力的发展，主要依靠生活经验和教育。有充足时间接触大自然的幼儿，他们的颜色视觉往往发展得更好。

如何了解儿童颜色视觉的发展情况呢？对于1岁半以前的儿童，可以采用视觉偏好法和脑电、眼电记录法进行考察(图2-2)。

视觉偏好法非常简单，就是在儿童清醒的时候，同时在其眼睛正前方并列呈现不同颜色的纸板，或者形状相同颜色不同的物体，然后观察儿童的视线。如果他们更多地将眼睛朝向其中的一个纸板或者物体，那么就表明儿童能够区分这两种不同的颜色，而且更偏好其中的某一种颜色。

脑电、眼电记录法，是新兴的研究和检查技术。在一些医院的儿科或者高校、研究机构的实验室，都配有脑电和眼电设备。借助这些设备，就可以无创地了解儿童颜色视觉的发展情况。

1岁半以后的儿童已经能够听懂成人简单的指令，2岁以后的儿童更是可以进行日常的简单交流了，此时了解他们颜色视觉的发展情况，就更加便捷了。常用的方法有配对法、指认法和命名法。

以配对法考察颜色视觉，可以先给儿童呈现两个含有多种颜色的色板(图2-3)，然后告知儿童，将这两个色板中相同的颜色连线配对。为了确保儿童理解成人的规则，可以先做一次配对的示范。

图2-2　婴儿的脑电研究①

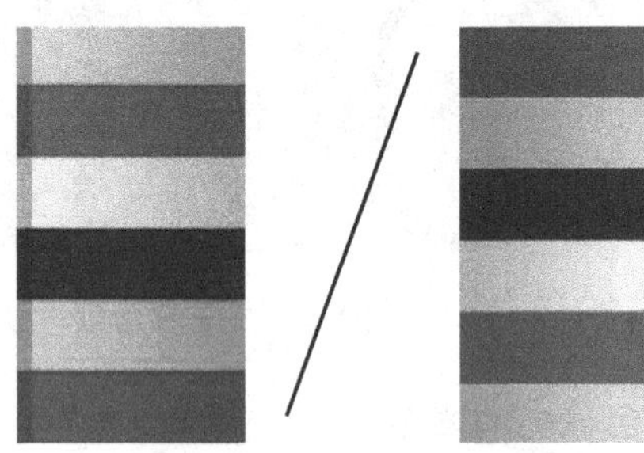

图2-3　配对法中的色块②

① http://health.xinmin.cn/jkzx/2013/04/22/19862884.html,2015-12-30.

② 左边色块从上到下依次是湖蓝色、紫色、黄色、宝石蓝、绿色、大红色，右边色块从上到下依次是大红色、绿色、宝石蓝、黄色、紫色、湖蓝色。

指认法，是指给儿童呈现一些含有多种颜色的物体，然后成人说出某一特定的颜色，让儿童从这些物体中指出这一颜色的物体。比如，在一堆海洋球面前，成人说出“蓝色”，让儿童找出“蓝色”的海洋球来。

命名法，则是由成人选出某一物体，让儿童说出这一物体的颜色。比如，成人从一堆积木块或者海洋球中，拿出了一块红积木或者红海洋球，让儿童说出这一积木块或者海洋球是什么颜色的。

上述这些方法，不仅可以用于了解儿童颜色视觉的发展情况，而且也可以发展成与学前儿童互动的、由简单到复杂的多层次趣味游戏。比如，配对法中色板的颜色可以由少到多；指认法可以指认室内和户外的绝大多数物体；命名法更是可以由考察变成颜色学习的游戏。成人与儿童可以互换角色，既可以是成人抓取，儿童命名，也可以借助不透明的布袋子，将物品放到布袋子中让儿童抓取物品，再让成人命名颜色。这种跟触觉练习融合在一起的颜色视觉游戏，很受2～3岁的儿童欢迎。

3. 儿童视觉发展中的注意事项

首先，要预防视力障碍。儿童的视力障碍如弱视、斜视、近视等，通常具有异常的用眼行为。无器质性病变的视力障碍，经过及时治疗后，绝大多数可以获得正常视力，治疗视力障碍的最佳期是3～5岁。光线照明不足或者经常在强光之下用眼、坐姿不良、近距离视力活动时间过长、缺乏户外活动和身体锻炼等，都会导致视力下降。幼儿园和家庭注重儿童视力保护是很有必要的。预防视力障碍的主要预防策略为，及时关注儿童的异常用眼行为，培养其良好的用眼习惯，适当进行眼睛保健。

其次，要预防后天性色盲。后天性色盲通常由视网膜疾病、视神经障碍、维生素缺乏等因素导致。预防的主要措施为：注意日常观察，经常用颜色视觉考察方式进行检查，注意饮食搭配。若有色盲症状，则及时治疗。

最后，要预防心理失明。心理失明，是指在眼球正常的情况下，个体无法产生视觉的病理现象，通常由视觉神经元萎缩或者病变所导致。引导案例2-2中“小托蒂的悲剧”，就是典型的心理失明。教师和家长理应知道，学前期是人脑快速发育的重要时期，各脑区的神经组织严格执行着“用进废退”的原则。为了预防心理失明，一方面要给予婴幼儿正常、合适的用眼机会，不持续绑扎婴幼儿的眼睛，也不要让清醒状态中的婴幼儿长时间待在黑暗的环境中。我们要在确保儿童安全的情况下，多为儿童提供丰富的户外活动和室内游戏，确保他们的各种感官对应的脑区都能够获得适当的刺激，促进相应感知觉的发展。另一方面，则要进行智慧教育，避免苛责儿童而导致“癔症性黑矇”的心理失明。

（二）学前儿童听觉的发展

听觉(hearing)是个体对声音的高低、强弱、品质等特性的感觉。听觉也是儿童获取信息的重要渠道。我们与外界接触时，听觉通道大约为我们获取了10%的信息。虽然与视觉通道获取约80%的信息相比，似乎少了一点，但是这10%却同样至关重要，对我们的生存和发展都极具价值。比如，在使用交通工具出行时，红绿灯、斑马线等交通视觉信号非常重要，但是耳朵采集到的喇叭、警笛等声音，也同样对安全出行具有不可轻视的作用。

1. 听觉的发展

听声反应是考察新生儿是否具有听觉的常用指标。正常的新生儿不仅能听见声音，还能区分声音的高低、强弱、品质和持续时间。考察婴幼儿听觉发展状况的常用指标是其听觉敏感性，即听力。

2. 学前儿童听觉发展中的注意事项

首先，要预防听力障碍。主要措施是注意日常观察，及早发现。若儿童经常侧耳，经常表示听不到声音，则要注意给予医学检查。

其次，要预防噪声性耳聋。提倡“轻声教育”和充足的户外活动，特别是估计儿童会非常兴奋、喧闹的活动，尽量安排在户外等空旷的场合进行。我们知道，学前儿童容易激动，所以在室内进行教育活动时，为了避免儿童过于兴奋和喧闹，就要减少甚至不用一些不必要的提问，比如“好不好啊”“你们要不要啊”，等等。类似这样的提问，没有启发儿童思考的价值，只是教师习惯性的承接话语。经验丰富的教师，通常会以自己的眼神、肢体或者教具，自然地做好承接，既调动幼儿的兴趣，又避免喧闹。

最后，要预防心理性耳聋。心理失聪，是指在耳朵正常的情况下，个体无法产生听觉的病理现象，通常由听觉神经元萎缩或者病变所导致。预防措施包括给予婴幼儿正常、合适的听音机会，并且不持续绑扎或堵塞婴幼儿的耳朵。

（三）学前儿童触觉的发展

触觉（touch sensation）是个体皮肤受到机械刺激时产生的感觉。适宜的触觉练习有助于儿童统合各种感知觉，有助于儿童形成安全感以及顺利成长。可以通过新生儿先天的各种无条件反射来考察其触觉发生的状况。婴幼儿触觉的发展，体现为口腔探索和手部探索两种主要形式。

1. 触觉的发展

口腔探索是婴儿充分利用触觉认识外部世界的重要手段。婴幼儿手部触觉发展的趋势为：由“本能性触觉反应”阶段向“视触结合”阶段过渡，再向“目的性探索”阶段发展。

2. 学前儿童触觉发展中的注意事项

首先，给予学前儿童充分的触觉练习，如温和的爱抚，鼓励其在适宜的环境中爬行、赤脚行走，或者玩水、玩沙等。正常的婴幼儿不但触觉发达，而且要有与成人亲密的交往，接受父母的触摸。温和的爱抚能使脑垂体分泌足量的生长激素，确保儿童身心健康发展。不仅人类如此，大部分动物的幼崽，也都需要温和的爱抚。1958年，美国威斯康星大学著名动物心理学家哈洛设计了别具一格的布母猴实验。实验中，哈洛选取健康正常的幼小的恒河猴作为实验对象，他和同事们制造了两种假的母猴来代替真正的母亲。一位“母亲”是由冰冷的金属丝围绕而成的，“金属母猴”的胸前安置了橡皮的奶头，幼猴可以从橡皮奶头上吃到奶。另一位是“布母猴”，周身包有一层柔软的绒布，面部画有比较精致的表情，并且体内安装了一个提供体温的灯泡，不过她胸前没有奶瓶。哈洛把幼猴与两位人工母亲放在一个笼子里，两只“母猴”相隔一段距离，幼猴可以在笼子里自由活动，自由选择接近哪位“母亲”。结果发现，幼猴绝大部分时间是依偎在“布母猴”的身边，只有在饥饿时才跑到“金属母猴”那里。这个研究启发我们：爱是温暖的、软绵绵的感觉。前文提及，正如彭野的儿歌《爱我你就抱抱我》所描绘的，诸如“陪陪我”“亲亲我”“夸夸我”“抱抱我”等充满温情的具象，才是以直观动作思维和具体形象思维为主的学前儿童所能够理解的爱。他们对爱的感受，就是如此的直观和具体。所以，经过儿童身边的时候，多对他们微笑、多摸摸他们的脑袋，他们就会认为老师是爱他们的。相反，如果总是板起面孔训斥他们，哪怕教师的出发点是基于满腔的爱，儿童感受到的依然是老师的冰冷与拒绝，毫无爱意可言。

其次，注意儿童触觉探索中的环境安全问题。如成人不在场时，不给儿童过小的、可以放进口中的小物体或小玩具；不给刚会走路的儿童筷子、长柄汤勺之类的东西玩；不给儿童不卫生的小东西或含有毒素的东西玩。

（四）学前儿童味觉的发展

味觉（taste sensation），是指能够溶于水的物质（如食物、药物等），在个体口腔内刺激味蕾时所产生的感觉。人的基本味觉包括酸、甜、苦、咸。味觉能够与其他感觉如视觉、嗅觉和肤觉相互作用。味觉的适应和对比作用明显，并且当温度为 20～30℃时，人的味觉最敏感。

1. 味觉的发生发展

新生儿即有味觉反应，他们偏爱甜味。3 个月的婴儿即能够对各种含有基本味觉的物质溶液进行精确地区分。

2. 味觉发展的注意事项

为了培养儿童良好的饮食习惯和正常食欲，要科学喂养。给儿童提供适合其年龄特征的、具有适宜感官性状和适宜温度的饮食，引导儿童从小适应和喜爱各种天然食品的味道。

儿童天生味蕾就很发达，对各种味道都很敏感，不需要借助味精、鸡精、酱油等含有谷氨酸钠成分的调味剂刺激味蕾，以免味蕾得不到自然的锻炼，反而形成依赖。同时，谷氨酸钠这种化学物质在代谢的时候，还会带走人体大量的钙，这会影响儿童的正常发育，因为他们现在正需要从饮食中获取充足的钙源。与此同时，也要尽可能避免含有色素等添加剂的加工食品和烧烤、油炸类垃圾食品等，避免偏爱厚重口味饮食和避免形成偏食习惯。

(五) 学前儿童嗅觉的发展

1. 嗅觉的概念

有气味的物体作用于个体的鼻腔所引起的感觉,称为嗅觉(olfaction)。嗅觉是人类的一种自我保护功能,有助于及早觉察一些危险。

2. 嗅觉的发生发展及其注意事项

新生儿已经具有嗅觉,并且在婴幼儿期逐渐发展,体现出对母亲气味和一些芳香类气味的偏爱。要培养和维护儿童敏锐的嗅觉,就要特别注意保护儿童的嗅觉器官,要科学护理鼻腔,预防鼻炎等鼻科疾病。

二、学前儿童各种知觉的发展

(一) 学前儿童的空间知觉

空间知觉(space perception)主要包括对方位、深度(或距离)的知觉。新生儿即具有初步的方位知觉,主要体现为具有听觉定位能力。方位知觉随着儿童年龄的增长而逐渐发展,3 岁幼儿方位知觉的发展主要体现为上下空间方位知觉的发展,4 岁幼儿则主要发展前后方位的知觉,5～7 岁主要发展左右空间方位的知觉。不过,左右概念是比较难以掌握的一对概念。我们成人似乎已经完全掌握了左右概念,其实不然,在类似于军训的情境中,依然有人会把左转右转给弄错了。所以,更需要理解儿童对左右概念的混淆。

在深度(距离)知觉方面,有关"视崖"①的研究表明,2 个月大的婴儿即有深度知觉,此后一直处于逐渐发展过程当中。

(二) 学前儿童的物体知觉

物体知觉(object perception),主要包括对形状的知觉和对大小的知觉。6 个月前的婴儿已经能辨别大小。婴儿已经具有物体形状和大小知觉的恒常性。所谓视觉恒常性是指,客体的映象在视网膜上的大小变化并不导致对客体本身知觉的变化。

儿童形状知觉的发展趋势为:形状辨别能力逐渐增强;开始认识基本的几何图形;将所掌握的几何图形概念运用于知觉过程,使形状知觉概括化。

在大小知觉方面,儿童对大小知觉的正确性和难易程度与知觉对象的形状特征有直接的关系:知觉形状相同或基本相同的物体比较容易,知觉形状差异较大的物体比较困难。

(三) 学前儿童的时间知觉

学前儿童时间知觉(time perception)的精确性与年龄呈正相关,时间知觉的发展水

---

① 即视觉悬崖,是美国心理学家沃克和吉布森(R. D. Walk and E. J. Gibson)创设的一种用来观察婴儿深度知觉的实验装置。装置的中央有一个能容纳会爬的婴儿的平台,平台两边覆盖着厚玻璃。平台与两边厚玻璃上铺着同样黑白相间的格子布料。一边的布料与玻璃紧贴,不造成深度,形成"浅滩";另一边的布料与玻璃相隔数尺距离,造成深度,形成"悬崖"。

平与儿童的生活经验呈正相关，并且体现出“由中间向两端”“由近及远”的发展趋势。此外，儿童理解和利用时间标尺的能力与年龄呈正相关。

三、学前儿童观察力的发展及培养

观察是一种有目的、有计划、比较持久的知觉过程，是知觉的较高级状态。人们在观察的过程中所体现出来的那些稳定的品质（如专注执着等）和能力（如高效观察等），即是观察力（observational ability）。观察力是一个人智力的重要组成部分。常言道，见多识广的人更聪明，就是这个道理。观察力是在儿童丰富多彩的活动中，逐渐综合各种感觉和知觉的基础之上发展起来的。

（一）学前儿童观察力的发展特点

1. 观察的有意性、精确性逐渐提高

最初，由于行动能力十分有限、知识经验特别匮乏，学前儿童的观察，通常是碰巧见到什么、遇到什么就观察什么，具有很强的情境性，缺乏计划性和目的性。待年岁渐增，他们往往就开始有观察的主见了。比如，在自由活动时间，幼儿会说：“我今天要去看南瓜开花了没有，你也去吗？”或者，“昨天那个山坡的小草上，有好多好多的蜗牛宝宝，我今天还要去那里，看蜗牛宝宝是否还有那么多。”当儿童开始具有自我设定的观察目的时，他们对事物的兴趣也就具有了较明显的个体差异，这是儿童个性初具雏形的表现之一。

姚平子等人的研究表明，只有部分 3 岁幼儿能够以成人的要求支配自己的知觉，而且这种支配能力还很差；四五岁幼儿能用出声言语组织自己的感知，观察的有意性已有很大的提高；大部分 6 岁幼儿能够用内部言语来支配调节自己的感知活动，并且能坚持完成任务。幼儿观察精确性的发展和有意性的发展联系紧密，表现出由笼统到精确、由主观到客观地反映事物的过程①。

2. 观察持续时间日益延长

随着年龄的增长，学前儿童观察的持续时间也逐渐延长。研究表明，3 岁左右的幼儿持续观察图片的时间只有 5～6 分钟，随着年龄的增长，时间有所延长，6 岁时大约达到 12 分钟。对于他们不感兴趣的对象，观察时间会更短，有的不到一两分钟。

3. 观察得更加系统概括，观察的方法逐渐增多

采用眼动仪记录儿童眼动轨迹的有关研究发现，学前儿童在观察事物时日趋系统概括。3 岁幼儿在观察事物时，他们眼球运动的轨迹比较杂乱；4～5 岁幼儿的眼动轨迹越来越符合事物的轮廓。同时，随着年龄的增长，幼儿观察事物时从最初受制于表面现象，到逐渐能够发现事物之间的一些内在联系和本质特征，开始体现出概括性。比如，一位 2 岁半的女童在一次户外活动中，看到对面走来的阿姨戴眼镜，然后看了看同样戴着眼镜

① 姚平子，熊易群，王启萃，等. 幼儿观察力发展的实验研究. 心理发展与教育，1985(2)：18-23.

的妈妈，立刻得出结论："妈妈，女的都是戴眼镜的。"而同样这位女童，当她 6 岁的时候，一天她在看动画片的时候突然说道："老师，我发现一个特点，动画片里的人，不用讲，好人常常是长得漂亮的，长得难看的，演着演着他多半就是坏蛋了。"

（二）学前儿童观察力的培养

儿童的活动中伴随有大量的感知觉锻炼，因此儿童的活动是促进其感知觉发展的有益因素。儿童的语词和知识经验，都是通过感知觉而获得的，这二者也会反过来促进儿童感知觉的进一步发展。前已述及，观察力是在儿童丰富多彩的活动中，逐渐综合各种感觉和知觉发展起来的。因此，要培养儿童的观察力，可以多引发儿童活动，引发儿童的言语，增长儿童经验，必要时也予以情感和技术支持。具体而言，可以尝试以下主要措施。

1. 维护和培养儿童观察的兴趣

爱因斯坦说过："兴趣是最好的老师。"培养幼儿良好的观察力，应从维护和培养幼儿观察的兴趣入手。若儿童本身已经产生观察的兴趣，这就是有效培养其观察力的良机。

根据第一章阐述的无害活动及其研判标准，我们尝试陪着引导案例 2-3 中的黄老师，一起研判阳阳观察蚂蚁是否为无害活动。很明显，阳阳喜欢观察蚂蚁，并没有违反法律公德，也没有违反科学作息的规则，唯一的问题集中在安全卫生方面。再深入分析，阳阳奶奶到底是反对把衣服弄脏还是反对观察蚂蚁？如此一来，答案就清晰了，其实阳阳奶奶并不介意阳阳到底是观察蚂蚁还是观察蚯蚓，只要尽量不把衣服弄脏即可。

黄老师是一位比较优秀的幼儿教师，通过邮件和电话的交流，她明白了在这个案例中，阳阳喜欢观察蚂蚁，这是一种很难得的培养阳阳观察力的良机，要充分珍惜和维护。之前也特别强调过，只要是无害活动，基本上都蕴含着学习和成长价值。于是便宽心琢磨适应性支持，比如为阳阳准备了容易清洗的"观察蚂蚁专用服"——罩罩衣。

若学前儿童尚未自发出现观察兴趣，教师就需要想办法唤起他们的观察欲望，以引发他们的观察行为，培养他们的观察力。

2. 帮助儿童确定观察目的

在观察之前，适当布置任务，有助于引导儿童关注到多个方面或者重要的方面，也有助于培养儿童在观察过程中专注精神。

在引导案例 2-3 中，在为阳阳提供"观察蚂蚁专用服"之后，黄老师就经常跟阳阳讨论：今天的户外活动，是观察有多少只蚂蚁经过，观察有多少只蚂蚁搬运粮食，观察蚂蚁是否跟同伴打招呼，观察蚂蚁有几条腿，还是观察蚂蚁的大小……因为目标明确，阳阳每次观察都非常专注，并且认真记录。

3. 教给儿童有效的观察和记录方法

观察的方法很多，如顺序观察法、典型特征观察法、分解观察法、比较观察法、追踪观察法等。

在观察建筑、景物的时候，可以教儿童采用顺序观察法。比如欣赏一幅风景画的时候，可以引导儿童从头到尾，从上到下，从前到后，从左到右，从整体到局部的顺序进行观察。又比如，要观察一棵树，既可以引导幼儿从上到下观察，比如先观察树叶、树枝、树干，再观察树根。也可以引导幼儿，让他们从远到近地观察，感受同一物体因为距离不同，观察到的大小也不同。

在观察具有典型特征的物体时，可以教导儿童采用典型特征观察法。比如在观察长颈鹿时，可以采用系列跟进式提问的方式，逐步询问儿童，如"小朋友们，请问你们认识这个动物吗""它叫什么名字呢""你们知道它为什么叫长颈鹿吗""它除了你们说的脖子很长，还有哪些部位也很长呢"，等等。

而面临对较大物体的观察时，则可以引导儿童采用分解观察法。比如，引导儿童将一头大象分成几个部分进行观察，大象的头部有什么、像什么，大象的身体像什么，大象有几条腿，腿有多粗，等等。

比较观察法就是教儿童将看到的相似物体进行比较，比较二者的相同点和不同点。比如，观察小鸡和小鸭时，我们可以侧重于教给儿童比较观察法。比如小鸡和小鸭的小嘴巴(喙)分别是怎么样的，它们的叫声各是怎样的，它们走路的姿势又是什么样子的，等等。又比如，在看汽车和火车的视频时，问儿童它们有什么相同点，又有什么区别。类似的，也可以问他们老虎与狮子有何区别，西红柿与土豆有何区别。除此之外，还可利用各种图片来观察两种物品的不同，图片观察可以为孩子提供观察对象的各部分细节。如引导儿童回答下列问题：图画上的动物或人缺少什么？画面上不同的人有何特点？两张图片上的画面有何不同之处？

追踪观察法是指让幼儿对某一事物或现象的变化和发展进行间断性地、有系统地观察，它有助于幼儿了解动植物生长变化和发展的全过程，有助于了解活动物体的变化过程，从而帮助他们对某一事物、物体形成完整的认识。比如，当儿童观察小鸟、蚂蚁、蚯蚓等活动物体的时候，教师就可以教他们采用追踪观察法；也可以引导儿童坚持观察某种植物，如观察从种子到发芽、抽条、开花、结果的整个过程。追踪观察法，比较适合中大班幼儿，在锻炼幼儿的耐心、敏锐性、细致性，以及在培养幼儿良好的观察习惯方面，具有独特作用。

除了有效的观察方法，有效的记录方法也非常重要。在引导案例 2-3 发生之后，当阳阳很想知道有多少蚂蚁却因数不清楚而烦恼的时候，黄老师提供了卡纸和油性笔，告诉阳阳看到一只蚂蚁就在纸上戳一个点。当天户外活动结束时，阳阳像举着战利品一样奔向老师。黄老师就在每五个点之下画线段，让阳阳自己分别数每个线段上的点，之后再帮他加起来，原来这一天共看到 36 只蚂蚁。当阳阳很想弄清楚有多少蚂蚁经过，又有多少只蚂蚁搬着粮食的时候，我们讨论可以在戳点计数的基础上，教给他画圈计数——经过一只蚂蚁戳一个点，若它搬着粮食就戳一个点并且圈起来。后来阳阳对蚂蚁之间互相打交道的现象感兴趣了，这时仅师幼二人就商量出“画×计数”的办法。阳阳的“工作”吸引了不少小伙伴，至此每周五，黄老师都给一些时间让阳阳跟感兴趣的小伙伴们专门汇报一周以来观察的情况。

培养儿童的观察力，给儿童带来的发展并不仅限于观察力本身，而是更加全面和深远的。不仅如此，在儿童发展的同时，教师也会获得相应的专业成长。比如案例 2-3 中，经过一学期的观察，喜欢蚂蚁的阳阳在自发活动和集体活动中都更加专注，数学能力、言语表达能力和交往能力都明显进步。阳阳的兴趣得到了家长越来越多的支持，他获得了有关蚂蚁生活习性的书籍、光碟和相应的亲子阅读时光。阳阳成了班里公认的“蚂蚁小专家”。而见证和跟进这个过程的黄老师，也逐渐学会运用情感、物质、技术等多种适应性支持。

拓展阅读 2-2

“癔症性黑矇”

6 岁男孩被老师连批 5 次后，患癔症突然失明①。

6 岁的涛涛突然双目失明，被紧急送医。钱医师仔细检查后发现，涛涛双眼无光感，但是眼睛并无器质性问题，头颅 CT 检查也正常。家长说涛涛较内向，很听话，自我要求极高，平时在园都想表现得好。不过最近两天，因小事被老师一连批评了 5 次，情绪一直低落。

结合患儿生活近况，钱医师判断涛涛可能患上了“癔症性黑矇”——心理原因导致的视觉障碍。他对涛涛进行心理暗示：“小朋友，你的眼球神经损伤了，医生给你吃一个神药，这个药很贵的哦，但是吃了就好，你的眼睛就看见了，看得比原先更清楚！”涛涛服下了一些维生素糖浆，没多久，“神奇”的事情发生了：涛涛说能看见东西了！再次检查，双眼视力均达到了 1.0！

钱医师说，癔症是由个体强烈情绪因素诱发的精神障碍。通常起病很急，主要表现为感觉、意识或运动障碍，症状无器质性基础。癔症包括分离型和转换型两类。分离型癔症呈情感爆发式，患者烦躁、哭闹、冲动、砸物、揪发、撕衣或打滚抽搐。转换型癔症以痉挛发作、瘫痪、失明、失聪、失语等为主。

儿童癔症多发于学龄期，但近年来有低龄化的趋势。该病的主要诱因是成人的训斥、体罚、态度生硬。不幸的意外遭遇、父母冲突、同学纠纷等引起的气愤、委屈、恐惧或其他内心痛苦，也可能致病。可见，儿童犯错时，切忌粗暴打骂，要耐心引领。一旦儿童癔症发作，暗示治疗是最有效的方法之一，除了言语暗示，还可以用药物暗示或行为治疗，同时尽早让其接受心理干预，早日恢复心理健康。

---

① http://finance.chinanews.com/life/2014/11-14/6775139.shtml，2015-01-08，有删减。

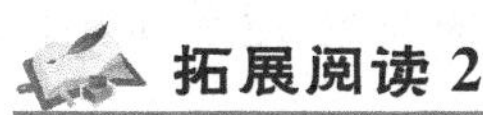

拓展阅读 2-3

感统失调及其干预措施①

1972 年，美国临床心理学专家爱尔丝博士(Ayresa J.)创立了感觉统合理论(Sensory Integrafion Theory)。“感统”是指将人体器官各部分感觉信息输入组合起来，经大脑统合作用，完成对身体外的知觉做出反应。只有经过感觉统合，神经系统的不同部分才能协调整体作用使个体与环境顺利接触，否则大脑和身体就不能协调发展。

感统失调是儿童大脑在发育的过程中出现的轻微障碍，亦称学习能力障碍，常见特征：①前庭平衡功能失常，即平衡能力差、走路易摔倒、常摔伤，不能像其他孩子那样会翻滚、骑车、跳绳和拍球，手工能力差、精细动作差等，好动不安、注意力不集中，调皮任性、爱挑剔，容易与人冲突；②视觉不良，观察物体常会漏掉某些方面；③触觉过分敏感，表现为紧张孤僻不合群，害怕陌生环境，咬指甲、爱哭，爱玩弄生殖器，过分依恋父母，容易产生分离焦虑，或过分紧张、爱惹别人，偏食或暴饮暴食、脾气暴躁；④听觉不良，对别人的话听而不闻，丢三落四；⑤本体感失调，缺乏自信，消极退缩，手脚笨拙，还可能伴随言语发展迟缓、表达困难。

感统失调诱因较多。先天的生理原因，有胎位不正引起的平衡失调、早产或剖腹产导致生产时的压迫感不足而触觉失调，或孕期不正确的打针吃药造成伤害。后天原因则可能是儿童活动范围过小、户外活动和室内游戏过少，以及成人对儿童过度保护、事事包办，导致其感官刺激不足、接受的信息不全面。没让孩子爬就直接学习走路，或使用学步车而可能导致前庭平衡失调及头部支撑力不足。此外，成人要求太高、管教太严，儿童压力太大、自由活动时间太少，也是诱因之一。

感统失调通常需要药物治疗，辅以康复训练才能改善。爬行和适当的触觉练习，如多玩土、玩沙等，是简便易行而且颇有成效的康复训练方式。

【本章小结】

1. 感知觉及其种类

感觉是脑对客观事物个别属性的直接反映。知觉是脑对客观事物整体属性的直接反映。感觉是知觉的基础，知觉是感觉的综合与运用。

以刺激物的来源和感受器的不同，可以将感觉分为外部感觉和内部感觉。其中，外部感觉包括视觉、听觉、嗅觉、味觉、皮肤感觉。内部感觉包括运动感觉、平衡感觉和内脏感觉。

---

① http://blog.renren.com/share/248807806/14367182676，2015-01-06.

知觉主要包括：空间知觉（对形状、大小、远近、方位等的知觉）、时间知觉、运动知觉。

2. 感知觉在学前儿童心理发展中的意义

感觉为个体提供内外环境的信息，以保证个体与环境的信息平衡，是个体维持生存所必备的心理过程。同时，感知觉是学前儿童最早的心理过程，是学前儿童其他心理过程的基础，它不仅是婴儿认识自己和世界的基本手段，而且在幼儿的认识活动中依然占据主导地位。

3. 学前儿童多种感觉发展中的注意事项

视觉是个体辨别物体的明暗、颜色等特性的感觉。学前儿童视觉的发展，主要体现为视敏度和颜色视觉的发展。儿童视觉发展中的注意事项主要有：预防视力障碍；预防后天性色盲；最后，要预防心理失明。

听觉是个体对声音的高低、强弱、品质等特性的感觉。学前儿童听觉发展中的注意事项主要有：预防听力障碍；预防噪声性耳聋；提倡“轻声教育”和充足的户外活动。

触觉是个体皮肤受到机械刺激时产生的感觉。其中，口腔探索是婴儿充分利用触觉认识外部世界的重要手段。婴幼儿手部触觉发展的趋势为：由“本能性触觉反应”阶段向“视触结合”阶段过渡，再向“目的性探索”阶段发展。学前儿童触觉发展中的注意事项有：给予学前儿童充分的触觉练习；注意儿童触觉探索中的环境安全问题。

能够溶于水的物质刺激味蕾，所引起的感觉称为味觉。为了培养儿童良好的饮食习惯和正常食欲，要科学喂养。给儿童提供适合其年龄特征的、具有适宜感官性状和适宜温度的饮食，引导儿童从小适应和喜爱各种天然食品的味道。避免给学前儿童使用味精、鸡精、酱油等含有谷氨酸钠成分的调味品。

有气味的物体作用于个体的鼻腔所引起的感觉，称为嗅觉。要培养和维护儿童敏锐的嗅觉，则要特别注意保护儿童的嗅觉器官，要科学护理鼻腔，预防鼻炎等鼻科疾病。

4. 学前儿童知觉的发展

空间知觉主要包括方位知觉和深度知觉。儿童出生即有听觉定位能力，并且约在3岁能够区分上下，约在4岁能够区分前后，在5～7岁，逐渐学习区分左右方位。2个月的婴儿即有深度知觉。

物体知觉主要包括形状知觉与大小知觉。学前儿童形状知觉的发展趋势为：形状辨别能力逐渐增强；开始认识基本的几何图形；将所掌握的几何图形概念运用于知觉过程，使形状知觉概括化。学前儿童对大小知觉把握的正确性和难易程度与知觉对象的形状特征有直接的关系：知觉形状相同或基本相同的物体比较容易，知觉形状差异较大的物体比较困难。

学前儿童时间知觉的精确性与年龄呈正相关，时间知觉的发展水平与儿童的生活经验呈正相关，并且体现出“由中间向两端”“由近及远”的发展趋势。此外，儿童理解和利用时间标尺的能力与年龄呈正相关。

5. 学前儿童观察力的发展及培养

观察是一种有目的、有计划、比较持久的知觉过程，是知觉的较高级状态。人们在观察的过程中所体现出来的那些稳定的品质（如专注执着等）和能力（如高效观察等），即是观察力。

学前儿童观察力的发展特点：①观察的目的性、有意性逐渐增强；②观察持续时间日益延长；③观察得更加系统概括，观察的方法逐渐增多。

学前儿童观察力的培养：①维护和培养儿童观察的兴趣；②帮助儿童确定观察目的；③教给儿童有效的观察和记录方法。

本章检测

一、思考题

1. 请问何为感觉、知觉、视觉、听觉、触觉、嗅觉、味觉？

2. 感觉和知觉分别有哪些种类？

3. 感知觉在学前儿童心理发展中具有哪些意义？

4. 促进学前儿童感知觉发展的因素有哪些？

5. 如何分别预防视力障碍、后天性色盲、心理失明、听力障碍、噪声性耳聋、心理性耳聋？

二、实践应用题

1. 家长育儿访谈：以"小孩子喜欢塞东西到嘴里，也喜欢敲敲打打，您认为在养育的时候应该注意哪些安全问题？"访谈学前儿童的家长，然后比较家长的观点与口腔探索、手部探索等有关知识的异同，将家长遗漏的事项告知家长。

2. 幼儿观察力的调查研究：小组合作，分别给小班、中班和大班幼儿布置观察任务；分别记录幼儿的观察过程，辅以访谈，了解其所采用的观察方法；比较三个年龄段幼儿的表现，分析讨论学前儿童观察力的发展具有哪些特点。

3. 幼儿观察力的培养研究：请根据培养学前儿童观察力的有关知识，尝试培养一名或多名幼儿的观察力，反思讨论培养中的得失。

第二章

学前儿童记忆的发展

学习目标

1. 了解学前期各年龄段记忆的发展、学前儿童记忆的特点、记忆发展的总趋势
2. 理解记忆及其相关概念、理解记忆在学前儿童心理发展中的意义
3. 初步掌握学前儿童记忆力的评价角度与测查方法
4. 应用记忆效果影响因素与记忆力培养的有关知识

第一节　记 忆 概 述

引导案例 2-4

约翰·福博①

BBC一部有关记忆的纪录片，呈现了记忆的神奇功能。一些我们认为很简单的事情，在没有记忆时，会变得很艰难。纪录片提到约翰·福博的个案。他是早产儿，大脑的其他部位完好，脑损伤的部位发生在海马——记忆回路中最关键的部分。

海马对记忆至关重要，它似乎从不休息地接收我们每一次经历的信息，时刻在记录事情。但是约翰的海马只有健康个体一半的大小，它没有自动记录他的生活，连重要的事情也会忘记。即便只过了很短的时间，他也很难记住人名和地名，也很难记起一些指令，在新环境中认路也很困难。约翰凭借外部提示和笔记，模式化地做每一件事情，因为他不记得该做什么。即便做了几百次相同的旅行，他依然要写下路线，以提醒自己正在做和将要做的事情。

一直以来，记忆的功能曾被认为仅限于记住过去，然而实际上记忆的功能是多方面

---

① 转引自 http://www.iqiyi.com/jilupian/20130125/33dca2d8e3ec4e24.html,2015-01-06.

的。研究者唐娜发现，无论是回忆过去还是想象未来，神经活动模式都非常相似，是大脑的同一部位在工作。她提出，这是因为我们收集记忆的碎片，来构建未来的想象。约翰不能够回忆过去的经历，虽然因为他不记得令人烦恼的事情而总是无忧无虑，但是另一方面，由于他对过去记忆的丧失，也使他无法想象未来。

思考：记忆在学前儿童心理发展中具有哪些重要意义？

一、记忆及其相关概念

(一) 记忆的概念

记忆(memory)是在脑中积累和保持个体经验的心理过程。记忆包括识记、保持、再现或再认这些具体过程。

其中，识记是指识别和记住事物的特点及其相应的联系。保持，是指将识记过的事物特点及联系留存在脑中。再现，是指经历过的事物或信息在头脑中重新出现的过程。再认，是指感知过、思考过或体验过的事物再度呈现时，人们依然能够认识的心理过程。根据信息加工的观点，记忆也是人脑对外界输入的信息进行编码、存储和提取的过程。

若将以上信息结合起来，可以将记忆的概念界定得更为具体和清晰。即记忆，就是人脑对经验的识记、保持和应用过程，是人脑对信息的选择、编码、储存和提取过程。

(二) 遗忘的概念

遗忘(forgetting)是记忆中常见的现象。所谓遗忘，是指识记过的内容不能保持或提取困难的现象。影响遗忘的因素有时间、识记材料的性质与数量、学习的程度、识记材料的序列位置和识记者的态度。识记之后，距离的时间越久，越容易发生遗忘。识记的材料越枯燥无味，一次识记的数量越多，也越容易发生遗忘。学习的程度越深，越不容易发生遗忘，反之则容易发生遗忘。一般而言，一次同时识记的材料，在中间位置的材料，比头尾的材料更容易被忘记。识记者的主观态度也很重要，对识记材料越持抵触情绪，就越容易忘记。

为了保持住识记的材料，减少重要信息的遗忘，可以针对影响遗忘的因素，采取一些必要的措施。一是要有效复习。根据艾宾浩斯的遗忘曲线，遗忘的速度是先快后慢的。因此，在遗忘发生之前就复习，显然是明智之举。除了及时复习，还要注意正确分配复习的时间。一般而言，在总时长不变的情况下，分成几个时段进行复习，比集中复习效果更好。因为前者可以避免信息的干扰，获得了多次间隔复习的机会，因而保持得也就更牢固。二是利用外部记忆手段辅助记忆。俗话说，“好记性不如烂笔头”，道理大致如此。比如，采用智能手机中的任务表，就有助于我们对重要事件和重要学习内容的记忆。三是注意脑的健康和用脑卫生。多选择健康食品，避免过多食用含铅和含铝高的伤脑的食品或药品，比如爆米花、皮蛋、油条等。尽量少用对神经系统有副作用的药物。此外，要注意尽量安排科学的作息，避免熬夜伤脑。

二、记忆的分类

（一）感觉记忆、短时记忆和长时记忆

根据识记和保持时间的长短，可以将记忆分为感觉记忆、短时记忆和长时记忆。

其中，感觉记忆是保持时间为 0.25～2 秒、容量很大的记忆。短时记忆是保持时间为 5～20 秒、容量有限的记忆。成人短时记忆的容量为(7±2)单位，儿童的就更小。长时记忆是指保持时间在 1 分钟以上、容量无限的记忆。

（二）有意记忆和无意记忆

根据识记时是否有预定目的、是否需要意志努力，可以将记忆分为有意记忆和无意记忆。

其中，有意记忆是有预定目的、需要意志努力的记忆，其识记效果受动机水平和记忆策略的影响。无意记忆是没有预定目的，也不需要意志努力的记忆。无意记忆的内容比较零散，受个人兴趣和环境的影响。

（三）机械记忆和理解记忆

根据是否理解所识记的材料，可以将记忆分为机械记忆和理解记忆。

其中，机械记忆也称为死记硬背，识记的过程对个体往往没有意义。理解记忆也称为意义识记，其识记过程对个体往往富有心理意义。

（四）形象记忆和语词记忆

根据记忆的内容，可以将记忆分为形象记忆和语词记忆。

其中，关于声音、图像等形象的记忆即为形象记忆。而有关语词和数字、字母等抽象符号的记忆则为语词记忆。

三、记忆在学前儿童心理发展中的意义

从记忆的概念和引导案例 2-4 可以看出，记忆具有保持个体信息、积累个人经验的作用。个人的知识经验对所有的心理过程、心理状态、个性心理与社会性都有影响，因此，可以说记忆在学前儿童心理发展中的意义是全方位的。

（一）记忆帮助学前儿童积累个人经验

当记忆出现以后，学前儿童即可以在脑中积累和保持个人的经验。有关自我保护知识的增长，离不开记忆。

从新生儿成长到幼儿，周围的世界对儿童的吸引力一直持续着。相应地，学前儿童从口腔探索到手的探索，始终保持着探索世界的热情。大部分的探索，给他们带来愉悦，而一些探索，可能导致轻微的伤害。比如，在户外玩耍的学步儿，看到怒放娇艳的玫瑰花，不由自主伸手去触碰，结果被这种植物的刺扎伤了。十指连心，这种疼痛和导致疼痛

的经过会被记住。下次看到这种植物，他就会在观赏的同时，不再莽撞地伸手去触碰了。

又比如，有关人际交往技能的形成，也离不开记忆。一些交往方式，会导致不愉悦的后果，而有些交往方式则会带来快乐的结果。在记忆的帮助下，学前儿童就会更多地尝试那些带来快乐结果的交往方式，而避免导致不愉悦后果的方式，久之，就形成了有效的交往技能。

可以说，学前儿童一切经验的积累，一切学习，都离不开记忆。

（二）记忆促进儿童多种心理过程的发展

记忆具有促进儿童感知觉和言语发展的重要作用。前文提到，语词、儿童的活动和知识经验是促进儿童感知觉发展的影响因素。而语词的学习和记忆、知识经验的积累、儿童活动的顺利开展，都离不开记忆。

记忆也是思维发展和想象未来的基础。引导案例 2-4 中的约翰之所以在新环境中认路也很困难，凭借外部提示和笔记，模式化地做每一件事情，正是因为记忆能力方面的缺失。更为遗憾的是，对过去记忆的丧失，也使约翰无法想象未来。

（三）记忆影响学前儿童行为的倾向性，有利于塑造其良好习惯与性格

记忆不仅让儿童逐渐积累自我保护的方法，学会自我保护的行为，而且也影响其行为的倾向性。在记忆的作用下，只要环境创设得当，就有利于塑造其良好的习惯与性格。

几乎所有的正常儿童，都有一个令人称奇的本领，即他们能够弄得清楚周边的成人，哪些人无原则，哪些人总是坚持原则。当他们自己觉得某个要求似乎不太合理时，他们就会“磨”那些无原则的成人，而且犯了错误，也会去找这些人当“保护伞”。他们能够形成的这一本领，要归功于他们拥有记忆的能力。他们记住了无数次与成人交往的情况，慢慢就总结出在一些成人面前可以耍赖，而在另一些成人面前就不可以。因此，为儿童建立必要而合理的规则显得至关重要。

只要规则合理，然后坚持执行规则，学前儿童就不会出现“任性”“耍赖”等问题行为，相反他们就会在形成良好的习惯与性格的同时，不失去自己的灵性。因为必要且合理的规则，既培养了他们的社会性，也保证了他们探索世界的自由——他们只要不违背这些规则，他们就是自由的人，就不会受到成人任意的干扰。

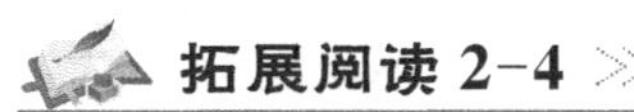

拓展阅读 2-4

儿童自我意识与自我记忆的关系①

引导案例 2-4 中的 BBC 纪录片，同时也介绍了儿童自我意识与记忆的关系。其中，马克博士试图寻找出儿童产生自我记忆的关键点。他设计了一个巧妙的实验。

① 转引自 http://www.iqiyi.com/jilupian/20130125/33dca2d8e3ec4e24.html，2015-01-06.

第一阶段，他首先利用点红测验①，检验儿童是否已经出现自我意识。结果，一些儿童没有通过点红测验，而托比和简则通过了点红测验。

第二阶段，把儿童带到一个他们此前都未曾到过的房间，以给儿童创造一个新的记忆，并了解记忆如何发展。研究者把一个可爱的假狮子，在儿童的参与下，藏到一个抽屉里。两周之后，儿童重新回到这个房间，他们是否形成了自我记忆呢？结果不出所料，两周前通过了点红测验的托比和简，都能找出狮子，而未通过点红测验的孩子则无法记起这件事情。

马克认为，自我意识是儿童形成自我记忆的关键。之后，儿童才能够真正记住发生的事情。在自我意识形成之前，或许儿童也能够记住一些事情，但是这些事情似乎与自己无关——因为这些事情并没有真正发生在我们身上，仅仅是一些事情而已。是什么使这些事情记得更牢，并使这些事成为自我的记忆？那是因为形成了自我意识。之后，这些事情不再无关紧要，它们是发生在我们自己身上的事情。对人类来说，拥有自我记忆的能力，是一个重要的时刻，此后人能记住自己生活中的事情，从而形成了生命历程的线索。这种自我记忆能力，与学习事物的能力相比，有天壤之别。

这个研究或许可以解释"童年经验失忆症"②现象。

第二节　学前儿童记忆的发展

昨天我去海边玩了

芳芳和梅梅正在聊天，聊着聊着两人"咯咯"地笑起来。于老师看到了，欢喜地问："你们在聊什么呀？说出来让老师也开心一下呀。"芳芳立刻回答："我跟梅梅讲昨天我去海边玩的事情呢。"于老师很吃惊，因为昨天芳芳一早就到幼儿园了，也没有提前离园，再说这儿离海边至少十几个小时的车程，也没有飞机，这不可能呀。

思考：请您推测，有可能发生了什么事情？

---

① 点红测验是儿童自我意识发展研究中的经典范式。程序包括：第一步，在儿童毫无察觉的情况下，主试在其鼻子上涂一个没有刺激性的红点；第二步，观察儿童照镜子时的反应。研究者假设，如果婴儿在镜子里能立即发现自己鼻子上的红点，并用手去摸它或试图抹掉，就表明儿童已能区分自己的形象和加在自己形象上的东西，这种行为可作为自我意识出现的标志。即如果儿童用手去摸鼻子上的红点或者试图抹掉，就表明他通过了点红测验，表明他形成了自我意识。

② 是指 3 岁前儿时的记忆，在成年之后通常难以回忆起来的现象。

一、学前儿童各具体年龄段记忆的发展

(一) 新生儿和婴儿记忆的表现

1. 新生儿的记忆

新生儿的记忆主要表现为形成条件反射和习惯化。

条件反射,是后天学习获得的反射。新生儿最初的条件反射基本上是在无条件食物反射的基础上建立的。如前文所述,若每次喂奶之前,母亲还没有走到新生儿身边,就以"哦,来了来了"宽慰,宽慰之后即刻赶过去哺乳。那么久而久之,一旦听到这句安慰之语,大部分的新生儿都能够停止哭闹,稍微忍耐了。这意味着新生儿初步记住了母亲特定的宽慰之语和喂奶之间的关系,这是新生儿最初的一种记忆表现。

在谈及新生儿的"习惯化"之前,不妨先了解"习惯化法"。所谓"习惯化法",是指布置一定的情境,看新生儿或者婴儿是否出现"习惯化"与"去习惯化"这两种现象,以考察其认知能力发展情况的一种研究范式。习惯化,是指随着相同刺激的持续,个体对这一刺激的反应频率降低甚至停止的现象。去习惯化,是指当个体出现习惯化之后,加入新的刺激,个体重新产生反应的现象。这种研究范式,通常跟新生儿吸吮安慰器或者奶嘴的动作结合起来,前文提到新生儿具有初步的辨音能力,便是用"习惯化法"这种研究范式得到的研究结果①。

习惯化的出现,何以表明新生儿具有了初步的记忆呢?是因为,当出现习惯化时,至少表明新生儿记得此时此刻的刺激跟刚才的一样,当出现去习惯化时,则表明新生儿不仅记得这两种简单的刺激,而且能够加以区分。

2. 婴儿的记忆

婴儿记忆的发展主要表现为客体永久性观念的产生和延迟模仿行为的出现。

婴儿记忆的发展主要体现为逐渐形成"客体永久性"(object permanence)和出现延迟模仿行为。客体永久性是皮亚杰提出的概念,是指当一些物体从儿童的视野中消失时,儿童能够觉知其依然存在的能力。客体永久性大约在8～9个月出现。比如当着婴儿的面,将他感兴趣的一个玩具用布盖起来,若他茫然地看着你,就表明他还没有形成客体永久性。若他直接去扯掉这块布,去拿玩具,则说明婴儿已经形成了客体永久性。若出现客体永久性,则说明婴儿"记住"了成人藏玩具的情节,婴儿就借由初步的回忆,找出了被藏的玩具。因为记忆发展了,八九个月的婴儿通常逐渐喜欢玩"藏猫猫"游戏。

延迟模仿行为,是指婴儿看过成人的言行或者某个事物之后,当时没有模仿,但之后

---

① 比如,在安静的室内,让新生儿含着一个可以记录吸吮频率的安慰器,记录此时每分钟的吸吮频率,作为基线水平。然后播放"滴滴,滴滴,滴滴……"的声音,此时新生儿的吸吮频率加快,随着这个声音的持续,两分钟之后,新生儿的吸吮频率降低到了原来的基线水平,这便是出现了习惯化的现象。之后,播放另一个片段"滴滴答,滴滴答,滴滴答……"的声音,新生儿的吸吮频率又上升了,这便出现了去习惯化的现象。这说明新生儿不仅能够听见声音,而且能够区分这是两种不同的声音。

模仿的一种现象,它表明婴儿记住了自己见过的东西。

(二) 1～3 岁学步儿记忆发展的特点

1～3 岁学步儿记忆的发展主要表现为回忆的发展。

美国明尼苏达大学的心理学家鲍尔及其同事,用道具演示某一事件,然后让儿童去模仿,即让儿童用非语言的形式再现同一事件,结果发现 13 个月的学步儿可以在长时延迟后准确地回忆特定事件①。有关 2～3 岁学步儿的事件记忆(event memory)的研究也发现,2 岁的儿童可以回忆起 6 个月以前的情景,3 岁儿童可以产生自发的或引发的结构良好(well-structured)的先前事件的描述,3 岁儿童的这种事件记忆不仅可以是日常事件如去公园、商场,也可以是一次独特的事件②。

值得一提的是,言语真正发生之后(1 岁半到 2 岁),学步儿再认的内容和性质也迅速发生变化。即学步儿再认的内容和性质,开始涉及言语。学步儿记忆的发展,在日常生活中表现为:1～2 岁的儿童喜欢玩藏找东西的游戏,并且常常能够替成人找到东西,有时甚至找到只看过一次的东西。1 岁左右的儿童能够回忆几天或几十天的事情,2 岁左右的儿童在特定情况下,能够保持几个星期的记忆。

(三) 3～6 岁幼儿记忆发展的特点

1. 有意记忆开始发展

幼儿的无意记忆占优势,有意记忆开始发展。有意记忆的发展,是幼儿记忆发展中很重要的因素。幼儿有意识记通常是在成人的教育下逐渐产生的,其有意识记的效果依赖于对记忆任务的意识和活动的动机。若幼儿感兴趣,在成人的引导下意识到记忆任务的重要性,他们通常记得比较准确。比如,教师让幼儿带话给家长,亲子活动需要家长做哪些方面的具体准备,幼儿通常就记得比较牢。

2. 机械记忆先发展,理解记忆逐渐增长

在 3 岁以前,受制于有限的知识经验,儿童通常难以理解所识记的材料,特别是抽象的材料。因此,3 岁前的儿童机械记忆用得多。前文提到,机械记忆的识记过程对个体往往没有意义。因此,教师与家长应避免采用填鸭式的教育,要尽量给予儿童充足的户内外游戏的时间,避免要求孩子死记硬背他们不能够理解的内容。

3 岁之后,由于知识经验逐渐丰富,思维水平也逐渐提高,幼儿的理解记忆逐渐发展,并且大有后来居上之势头,理解记忆的效果逐渐优于机械记忆。沈德立等人曾在天津市和大连市的各类幼儿园中,选取 1 320 名 3～6 岁的幼儿进行研究。结果表明,从幼儿对有意义材料和无意义材料的记忆情况来看,各年龄组幼儿对有意义材料的记忆成绩均高于无意义材料的成绩③。

---

① 刘振前,阎国利. 研究婴幼儿对特殊事件记忆的方法. 心理学动态,1996,4(4):45-48.

② 张志杰,黄希庭. 自传记忆的出现及早期发展. 心理学动态,1999,7(2):64-69.

③ 沈德立,阴国恩,朱萍,等. 关于幼儿视、听感觉道记忆的研究. 心理科学通讯,1985(2):14-19.

3. 幼儿的形象记忆占优势，语词记忆逐渐发展

学前儿童形象记忆的效果优于语词记忆。沈德立等人对幼儿记忆的有关研究表明，识记材料的性质对幼儿记忆效果有显著影响，幼儿对那些有情节或有意义图形的保持量明显高于抽象的或无意义图形的保持量①。

整体而言，幼儿的形象记忆和语词记忆都随着年龄的增长而发展，二者的差别逐渐缩小。不过，在整个学前期，幼儿的形象记忆依然是占主导地位的。

二、学前儿童记忆发展的总趋势

学前儿童记忆发展的趋势，是指其记忆发展的动向。主要体现在记忆的量逐渐增加，以及记忆的质逐渐优化这两个方面。

（一）学前儿童记忆的量逐渐增加

随着年龄的增长，儿童记忆量也随之增加，主要体现为保持时间延长和记忆容量扩大。即对信息记得更久，也记得更多了。

（二）学前儿童记忆的质逐渐优化

在记忆的质方面的变化，主要体现为学前儿童提取方式更灵活、记忆内容更准确，以及记忆的目的与策略体现出从无到有的趋势。即记得更活、记得更准，更有目的性和主动性，识记时动脑筋的情况越来越多。

在3岁以前，可能是成人提醒儿童去记住什么东西，或者儿童无意中记住了什么东西。满3岁以后，一些幼儿自己就想记住一些信息，而且会想办法去记住。比如成人向幼儿许下什么承诺之后，随后自己就忘了，但是幼儿没有忘记。若成人不兑现，幼儿就会认为大人说话不算数，这会影响幼儿对他人和对世界的信任，会影响幼儿诚信品质的发展。因此，成人不能够轻易向儿童许诺，一旦许诺，就要尽量兑现。若不能够兑现，则向儿童认真说明原因，并且进行认真补救。

三、学前儿童记忆的特点

学前儿童记忆的特点，是指就学前儿童来说，他们的记忆表现出哪些独有的年龄特征，是一种现状的描述。

首先，可以结合记忆的四个品质：记忆的敏捷性、记忆的持久性、记忆的准确性和记忆的灵活性（快、牢、准、活）来描述学前儿童记忆的特点。从记得是否快、是否牢的角度而言，学前儿童的记忆体现出记得快，忘得也快的特点。从记得是否准、是否活的角度而言，学前儿童的记忆体现出记忆不够精确、完整性较差、容易混淆的特点。引导案例2-5中，芳芳所说的“昨天我去海边玩了”，正表明芳芳的记忆是不够精确的。原来，她的确去

① 沈德立，阴国恩，朱萍，等. 关于幼儿视、听感觉道记忆的研究. 心理科学通讯，1985(2)：14-19.

过海边玩，但是并非“昨天”。那为何梅梅也没有察觉时间上不对呢？因为她们现在都处于同一个发展水平。只要是曾经发生的事情，那么在她们看来都是“昨天”发生的。就她们现有的发展水平而言，要她们记住是某年某月某日发生的，实在是太难了。

其次，从记忆的几种分类方式综合来看，学前儿童的无意记忆效果较好，形象记忆占优势，较多运用机械记忆。即就有意记忆和无意记忆而言，学前儿童的无意记忆效果更好。就语词记忆和形象记忆而言，学前儿童的形象记忆更占优势。就机械记忆和理解记忆而言，学前儿童更多地使用了机械记忆。

拓展阅读 2-5

你还记得 3 岁以前的事情吗?

新近的研究，确定了人类 3 岁以前的经验成年后不能记忆的事实①。即使有些人声称他能记忆，那也是 3 岁以后别人告诉他的。这是令心理学家费解的现象，除了马克博士认为这是受自我意识的影响外，众说纷纭。

童年经验失忆症概念的提出者弗洛伊德在心理治疗中发现，病人回忆生活经验时，都无法说出 3 岁(甚至 5 岁)以前的往事。他认为，此期正是恋父或者恋母情结形成的阶段，儿童因心理冲突而产生了对记忆的压抑。

也有研究者认为，时间太久冲淡了记忆。可我们只是记不起 3 岁以前发生的事情而已，并不一定是时间导致的，因为有些事情隔了 30 年依然记得。

信息加工理论认为，人在 3 岁以前并非没有长时记忆，只是尚不能以语词作为心理表征的工具，即未将语词的声码、形码、意码输入到长时记忆之内，长时记忆中自然就贮存不下语词信息，因而不能用语词去检索记忆。

新近研究发现，大多数人童年记忆消退和永久遗忘的准确年龄是 7 岁②。即我们在 4～6 岁期间，还能想起不少 3 岁前的事情，可是一旦过了 7 岁，就会迅速地失去 3 岁前的大部分记忆。

第三节　学前儿童记忆力的测查与培养

引导案例 2-6

怎么“正当的东西”就是记不住呢?

从小菲 4 岁起，妈妈每天都要她背一首唐诗。小菲不乐意，也记不住，有时费了很长

① 转引自 http://www.pep.com.cn/xgjy/xlyj/xskj/fzyjy/201008/t20100827_798040.htm，2015-01-03.

② http://www.xinli001.com/info/11087/，2015-01-03.

时间记住了，没多久又忘了。妈妈最初觉得小菲是记性不好，但是小菲看动画片，却能够很快地记住角色和情节。回乡下奶奶家捞鱼、捉螃蟹等事情，也记得很牢，还会饶有趣味地到处跟人分享。妈妈找到老师，询问："为什么小菲记其他东西没问题，反而记不住'正当的东西'呢？"

思考：学前儿童的记忆受哪些因素的影响？若家长问到您类似的问题，您打算如何回应呢？

一、学前儿童记忆力的测查

（一）学前儿童记忆力的评价角度

要测查记忆力，就涉及要从哪些方面来评价一个人记忆力的水平。一般而言，就是结合上一节里提到的记忆的四个品质，即记忆的敏捷性、记忆的持久性、记忆的准确性和记忆的灵活性（快、牢、准、活），来评价学前儿童的记忆力。

（二）学前儿童记忆力测查的主要方法

1. 数字跟读法

包括顺背法和倒背法，由测查者念一串数字，要求学前儿童跟读，主要测查数字记忆方面的短时记忆能力。适合测查 2 岁以上的儿童。

2. 复述法

由测查者说一句话、几个词或一个小故事，让学前儿童听了以后重述出来。主要用于测查儿童对语言材料的短时记忆、长时记忆和机械记忆的能力。适合测查已经会说话的儿童。

3. 再认法

首先，由测查者向儿童呈现一些实物或图片形象，提示学前儿童观看。然后，隔适当时间将这些实物或图片形象与其他的实物或图片放在一起，让儿童分辨出哪些是自己刚才看过的。主要用于测查形象方面的记忆能力。小、中、大班的幼儿皆适用。

4. 再现法

再现法与再认法相似。第一步，由测查者向儿童呈现一些实物或图片形象，提示儿童观看；第二步，让儿童回忆说出来刚才看到了什么。主要测查形象记忆。适合中、大班的儿童。

5. 重新建构法

重新建构自己建构过的东西，或模仿他人建构时考查速度是否快、正确率是否高。主要测查儿童的操作记忆能力。适合小、中、大班的儿童。

二、学前儿童记忆效果的影响因素与记忆力培养

（一）影响学前儿童记忆效果的因素

影响学前儿童记忆效果的主要因素，有以下几个方面。

1. 识记材料的性质

识记的材料越具体形象、越有趣，学前儿童记忆的效果就越好。案例 2-6 中，小菲记不住唐诗，却能够很快地记住动画片的角色与情节，能够记住玩耍的经历。一些幼儿甚至能够模仿这些角色和动画片的情节。这是因为，学前儿童的抽象逻辑思维要到将近 6 岁才开始萌芽，所以他们难以理解古代诗歌。优质动画片的具体形象，却刚好符合儿童的心理发展特点，因而容易被记住。

识记的材料越贴近学前儿童的生活经验，与儿童关系越密切，识记效果越好。一件事涉及儿童本人的时候，他们通常都能够记住。比如，打预防针的疼痛，会让他们很快记住医院是看病、打针、吃药的地方。

2. 儿童识记的动机

适宜的动机，往往增强学前儿童识记的效果。如走简单迷宫的时候，为了走出迷宫，学前儿童往往能够记住之前走过的一些“死胡同”。又如，成人答应带儿童去哪里玩，大人说过之后自己忘了，儿童却都还会记住。一名 5 岁 3 个月的幼儿，在“美丽的春天”主题活动中，想扮演蚯蚓，为了成功竞选这个角色，他不仅迅速地记住了蚯蚓的“台词”，而且在户外活动观察蚯蚓的样态时，迅速地记住了蚯蚓蠕动的动作。最终，在角色竞选中，他准确地呈现台词，辅以模仿蚯蚓的蠕动，引得全班小朋友的喝彩，大家一致同意让他扮演蚯蚓。

相反，缺乏识记的动机，识记效果也往往不佳。比如，案例 2-6 中，小菲记不住古诗，除了古诗超出她的理解能力以外，在动机方面，她也不乐意背古诗。

3. 儿童感官和思维参与的情况

儿童感官和思维参与的情况越多，程度越深，记忆的效果就越好。美国华盛顿儿童博物馆，有一句格言，“我听过就忘记了；我看见就记住了；我做了就理解了”[①]。其中的“做”，就是一种多感官的、伴随思维的参与。而理解，就意味着不仅仅是记住，而且是一种深层次的意义识记。对学前儿童而言，不仅记忆，几乎所有学习活动的效果，都受感官和思维参与的影响。

4. 识记与回忆的间隔时间

前已提及，根据艾宾浩斯的遗忘曲线，遗忘的速度是先快后慢的。因此，一般情况下，识记与回忆的间隔时间越长，越容易发生遗忘。

（二）学前儿童记忆力的培养

1. 选择适合儿童的材料

材料的性质会影响儿童识记的效果，因此要培养儿童的记忆力，首先就要选择适合儿童身心发展特点的材料。尽量使得材料具体形象、充满趣味，或者呈现的方式生动有趣，贴近儿童的生活经验。

---

① http://zhidao.baidu.com/question/158260305.html，2015-01-03.

比如，若想培养学前儿童的阅读习惯，培养他们记住一些故事，首先这个故事本身及其呈现方式就要吸引他们。一些优质的绘本，就是很好的题材。现实生活中，部分家长倾向于给孩子购买那些字特别多的所谓"早期阅读材料"。这些家长觉得字越多，知识量就越大，就越实惠。实则不然，一些画面特别优美、富有童趣、情节简单的绘本，往往更符合学前儿童的思维发展水平，更能够吸引他们，也就更能够提高他们阅读的兴趣，他们无意识记的效果也就越好。

2. 适当激发识记的动机

在选择适当材料的情况下，给学前儿童布置合适的任务，明确记忆的目的，有助于激发他们识记的动机。比如说，在阅读绘本故事之前，可以问一组小朋友："有哪些小动物找恐龙卡卡帮忙咬东西了呀?"或者在大班玩"卧底游戏"时，要求担任"卧底"和"护卫"的人分别记住暗号，"卧底"要对得上暗号才能够回到自己的大本营。此外，还可以适当地让小朋友带话给家长，比如什么时候开家长会啊，协助收集废旧材料啊，等等。

总之，记忆目的越明确，记忆的效果越好，因此可以通过帮助儿童明确记忆的目的，增强其记忆的积极性，来培养其记忆力。

3. 让儿童在积极的思维过程和活动中识记材料

既然是多感官参与活动时记忆的效果好，那么在需要学前儿童识记的时候，就尽量引发他们积极思考，创设实物活动或者生动有趣的游戏，以便儿童对识记的材料进行深加工，从而提高记忆的效果。

尤其值得一提的是，一些家长如引导案例 2-6 中小菲妈妈一样，总认为涉及语文、数学、英语等学科知识才是"正当的东西"，除此之外，就觉得其他内容不是正当的，就不涉及学习。这种观点是非常狭隘而且有害的。《3—6 岁儿童学习与发展指南》就特别指出"幼儿的学习是以直接经验为基础，在游戏和日常生活中进行的"，"最大限度地支持和满足幼儿通过直接感知、实际操作和亲身体验获取经验的需要，严禁'拔苗助长'式的超前教育和强化训练"①。

在整个学前期，儿童学习的主体任务并非具体的知识和机能，而是奠定一生学习的兴趣、信心和良好的学习习惯。因此，培养儿童对学习的兴趣与信心，以游戏促进记忆，不但可以提高记忆的效果，而且强化了儿童学习的兴趣。

4. 教儿童学会运用记忆的规律和方法

首先，可以引导儿童按照遗忘规律进行复习。遗忘遵循先快后慢的规律，因此及时引导儿童复习，有助于儿童在遗忘发生之前巩固学习的效果。

其次，可以有意识地教给儿童有效的记忆方法或者策略，如顺序记忆法、情境联系法、形象记忆法等，这些方法不但增加了识记活动的趣味性，而且可以减轻儿童的认知负

---

① 3—6 岁儿童学习与发展指南. 2012-10-09.

担,提高记忆效果。

拓展阅读 2-6

记忆恢复现象[①]

记忆恢复现象,是指识记某种材料后经过若干时间(一般为数天)测得的保持量,大于识记后即时测得的保持量。它在一定程度上与遗忘曲线相反。

研究表明,识记材料难度的大小,材料内容意义联系的多少,对记忆恢复都有影响。儿童较成人更易出现记忆恢复。记忆恢复过程与遗忘过程并不互相矛盾,而是迭加在一起的。保持量取决于二者的综合作用。若是测验与识记间的间隔时间太长,记忆恢复现象会消失,被试会表现出明显的遗忘。

【本章小结】

1. 记忆及其分类

记忆,就是人脑对经验的识记、保持和应用过程,是人脑对信息的选择、编码、储存和提取过程。遗忘是指识记过的内容不能保持或提取困难的现象。

根据识记和保持时间的长短,可以将记忆分为感觉记忆、短时记忆和长时记忆。根据识记时是否有预定目的、是否需要意志努力,可以将记忆分为有意记忆和无意记忆。根据是否理解所识记的材料,可以将记忆分为机械记忆和理解记忆。根据记忆的内容来划分,可以将记忆分为形象记忆和语词记忆。

2. 记忆在学前儿童心理发展中的作用

主要体现为:记忆帮助学前儿童积累个人经验;记忆促进儿童多种心理过程的发展;记忆影响学前儿童行为的倾向性,有利于塑造其良好习惯与性格。

3. 学前儿童记忆的发展

(1) 学前儿童各具体年龄段记忆的发展

新生儿的记忆力主要表现为形成条件反射和习惯化。婴儿记忆力的发展主要表现为客体永久性观念的产生和延迟模仿行为的出现。

1～3 岁学步儿记忆的发展主要表现为回忆的发展。言语真正发生之后(1 岁半到 2 岁),学步儿再认的内容和性质也迅速发生变化,即学步儿再认的内容和性质,开始涉及言语。

幼儿记忆的发展特点:幼儿的无意记忆占优势,有意记忆开始发展;机械记忆先发展,理解记忆逐渐增长;幼儿的形象记忆占优势,语词记忆逐渐发展。

(2) 学前儿童记忆发展的总趋势

学前儿童记忆发展的趋势,是指其记忆发展的动向,主要体现在记忆的量逐渐增加,

---

① 林崇德,杨治良,黄希庭.心理学大辞典.上海:上海教育出版社,2003:551.

以及记忆的质逐渐优化这两个方面。

随着年龄的增长，儿童记忆量也随之增加，主要体现为保持时间延长和记忆容量扩大。即对信息记得更久，也记得更多了。在记忆的质方面的变化，主要体现为学前儿童提取方式更灵活、记忆内容更准确，以及记忆的目的与策略体现出从无到有的趋势。即记得更活、记得更准，更有目的性和主动性，识记时动脑筋的情况越来越多。

(3) 学前儿童记忆的特点

首先，可以结合记忆的四个品质，即记忆的敏捷性、记忆的持久性、记忆的准确性和记忆的灵活性(快、牢、准、活)来描述学前儿童记忆的特点。从记得是否快、是否牢的角度而言，学前儿童的记忆体现出记得快忘得也快的特点。从记得是否准、是否活的角度而言，学前儿童的记忆体现出记忆不够精确、完整性较差、容易混淆的特点。

其次，从记忆的几种分类方式综合来看，学前儿童的无意记忆效果较好，形象记忆占优势，较多运用机械记忆。就有意记忆和无意记忆而言，学前儿童的无意记忆效果更好；就语词记忆和形象记忆而言，学前儿童的形象记忆更占优势；就机械记忆和理解记忆而言，学前儿童更多地使用了机械记忆。

4. 学前儿童记忆力的测查

一般以记忆的四个品质，即记忆的敏捷性、记忆的持久性、记忆的准确性和记忆的灵活性(快、牢、准、活)，来评价学前儿童的记忆力。具体的测查方法包括：数字跟读法、复述法、再认法、再现法、重新建构法。这些方法有各自的适宜对象。

5. 学前儿童记忆效果的影响因素与记忆力培养

影响学前儿童记忆效果的因素有：识记材料的性质、儿童识记的动机、儿童感官和思维参与的情况、识记与回忆的间隔时间。

学前儿童记忆力的培养：选择适合儿童的材料；适当激发识记的动机；让儿童在积极的思维过程和活动中识记材料；教儿童学会运用记忆的规律和方法。

本 章 检 测

一、思考题

1. 何为记忆？记忆有哪些分类？
2. 记忆在学前儿童心理发展中具有哪些作用？
3. 学前儿童各具体年龄段记忆发展主要表现在哪些方面？
4. 学前儿童记忆的特点有哪些？记忆的发展体现出哪些总的趋势？
5. 请联系实际，阐述哪些因素影响学前儿童记忆的效果，应如何培养学前儿童的记忆力。

二、实践应用题

幼儿记忆力的测查研究：小组合作，采用学前儿童记忆力的主要测查方法，采取小组合作的方式分别测查小、中、大班幼儿的记忆，并且比较小、中、大班幼儿记忆的特点，以及这些测查方法各自的优缺点。

第三章
学前儿童言语的发展

学习目标

1. 了解言语发展的基本顺序和学前儿童言语的发生、形成的各阶段
2. 理解言语和语言的概念，理解言语在学前儿童心理发展中的意义
3. 掌握学前儿童言语结构和言语交往功能的发展趋势
4. 能够掌握儿童口吃形成原因和应用防治措施的有关知识

第一节　言 语 概 述

引导案例 2-7

到底是用“语言”还是“言语”？

S中班的江老师和许老师，正在一起修改用于参赛的教学研究论文。两人关于论文的题目和关键词，难以达成一致意见。

江老师坚持保留现在的题目，即《幼儿语言发展中常见的问题与对策》。她的依据是，《幼儿园教育指导纲要(试行)》和《3—6岁儿童学习与发展指南》，都呈现了有关学前儿童在五大领域的发展目标和任务，这五大领域是：健康、语言、社会、科学、艺术。所以，她认为应该用“语言”，以和国家的文件精神保持一致。

许老师认为，题目中“语言”应该改为“言语”。因为，有关学前儿童发展心理学的教材、专著中的有关章节，题目都是“学前儿童言语的发展”。

思考：您认为在这篇论文的题目中，到底是用“语言”还是用“言语”呢？

一、言语及其相关概念

(一) 言语和语言的概念

语言(language)是由语音、词汇和语法所构成的复杂符号系统,是人类最重要的交际工具。言语(speech)是个体对语言的运用过程。正如引导案例 2-7 所体现的情况,语言和言语这两个概念,在学前领域是经常被混用的。因此,实在有必要对二者的联系与区别,进行认真的分析。

(二) 言语和语言的联系

从概念可以看出,语言和言语具有相互依存的密切关系。

一方面,言语活动是依靠语言来进行的。个体言语活动的质量,受制于其对语言的熟悉、掌握程度。如果某人掌握的词汇量少、不熟悉语法规则,那么他使用语言的能力就差,其言语活动就单调乏味、逻辑混乱,甚至错别字比比皆是。

另一方面,语言又是人们在具体言语活动中形成和发展起来,并维持其生命力的。以汉语为例,直至今日,汉语还在持续不断地吸收一些与时代有关的新元素,选择性地兼容一些外来元素。其中,少不了与人们的生活密切相关的网络热词,如"学霸""斑竹""女神""男神""女汉子""我和我的小伙伴都惊呆了"等。汉语也吸收了不少伴随特定活动而产生的新词,如"环保""粉丝""超女"等。汉语还出现了语法规则本身的适应,如"把经济建设搞上去"等。汉语还兼容并包地吸纳了不少外来语,如"沙发""香波""奥林匹克""博客""黑客""维果斯基""皮亚杰""弗洛伊德"等。正是因为汉语的使用人群大,人们在使用的过程中不时地加进一些与时代有关、与生活有关的新元素,择取一些外来元素,从而使得汉语这门古老的语言,至今依然焕发出旺盛的生命力。任何一种语言,一旦使用的人越来越少,那么这种语言的生命力就逐渐衰弱,甚至消失。

(三) 言语和语言的区别

由言语和语言的概念也同样可知,二者也具有实质的区别。

首先,语言是具有社会性的,而言语体现出个体性。语言具有社会性,是指语言在社会活动中产生、存在、发展,其语音、词义、字形也常常是在群体中约定俗成的。言语具有个体性,是指个体在运用语言的过程中,体现出个性化、多样化的风格,比如有些人讲话很严肃,有些人讲话很幽默,有些人讲话很有文采,有些人讲话则干巴巴。

其次,语言是交际的工具,言语则是对这一交际工具的运用过程。比如汉语、英语、德语、法语等,这些都是语言。而言语,具体而言就是在生活中或者课堂里,学习汉语、英语、德语、法语等某一种语言的语音、语法、词汇,进行讲话、写作、QQ 聊天和发微信等的过程。

最后,语言是语言学的研究范畴,言语是心理学研究的范畴。比如,汉语是从什么时候出现,经历了哪些沿革,常用汉字有哪些?等等。这些是汉语言学家研究的问题。而个体从什么时候开始能够辨音，什么时候开始发出单音节、双音节、单词句、完整句；个体母语的习得和对第二语言的学习，有哪些相同和不同之处；为什么有人会出现阅读障碍，儿童口吃现象的原因及防治办法有哪些等等——这些都是心理学家关心的问题。

至此，我们可以来帮助案例 2-7 中的江老师和许老师了。显然，论文的题目应该是《幼儿言语发展中常见的问题与对策》。因为“幼儿语言”，并不是一个语种。具体而言，“幼儿语言”并不是可以和汉语、英语、德语等语言并列的语种，而是一种错误的表述。而“幼儿言语”则是指幼儿这一个群体学习和使用语言的情况，是正确的表述。

那么，学前领域国家文件《幼儿园教育指导纲要（试行）》和《3—6 岁儿童学习与发展指南》，以健康、语言、社会、科学、艺术呈现五大领域，是否有问题呢？没有问题，因为这些文件呈现的是儿童在一个个的“领域”中的发展任务和教育建议。我们要注意准确地表达，否则意思就变味了，甚至完全错误了。比如，可以说“儿童在语言领域中的发展”“儿童在社会领域中的发展”，或者可以说“儿童言语的发展”“儿童社会性的发展”，但是不能够说“儿童语言的发展”“儿童社会的发展”。

可见，引导案例 2-7 中，两位老师所依据的文件、教材本身是正确的，关键还要准确地理解文件和教材的内容，准确地运用这些内容。

二、言语的种类

言语是个体对语言的运用过程，在这个过程中，运用的方式是多样化的，包括听、说、读、写等形式。我们可以根据某次言语指向对象，将言语大致分为外部言语和内部言语。其中，指向他人，主要用来交际的言语称为外部言语。指向自己，不是用来交际的言语称为内部言语。

（一）外部言语

一般而言，外部言语包括口头言语和书面言语。

所谓口头言语，是通过语音进行表达的言语，简称口语。口头言语又可以细分为对话言语和独白言语。其中，两人以上进行互动的口头交流的言语，即为对话言语。比如，几个人聊天，就是典型的对话言语。独白言语，则是指面向他人的、独自连贯的口头言语，如演讲。

书面言语，是指借助文字进行表达或阅读的言语。比如文学作品、学术论文、博客、邮件等的写作，以及文学作品、学术论文、博客、邮件等的阅读。

随着科技的发展，口头言语和书面言语的分界有模糊化的倾向。比如，微信平台、QQ 软件，既可以通过语音交流，也可以通过书面言语交流，瞬间就可以转化。同样，这些平台，即便用书面言语进行交流，只要双方或者多方在线，也能够及时互动与应答，这使得书面言语也具有了对话言语的特征。

(二) 内部言语

内部言语是在外部言语的基础上产生的,是指自问自答、指向自己的言语,即自言自语。内部言语虽然不一定出声,但是发音器官还是在活动着的。若用仪器记录,就能够记录到声带的振动。内部言语是认知活动特别是思维活动的外显,没有这种内部言语的支持,思维很难持续。而思维的内容,通常与社会环境、与人的交往活动有关,因此,伴随思维活动的内部言语虽然不直接参与交际,但是它的内容很多都是人们言语交际活动的组成部分。

内部言语不似外部言语那样需要表达,所以速度快、比较简略,不够细致、不够完整,它只要确保思维沿着大致方向运转即可。正因如此,把内部言语转化成外部言语的时候,可能会发生困难。人们通常有这样的感受,想一个问题很快,但是要把想的东西都表达出来,逐句地说清楚,却费时较多。甚至,明明觉得想清楚了,但要表达的时候却又说不清楚了。归根究底,还是思维的严谨性和深刻性有待提高,即想问题还想得不深不透。所以,要想比较顺利地将内部言语转化成外部言语,就需要培养思维的严谨和深刻的品质。

三、言语在学前儿童心理发展中的意义

《3—6 岁儿童学习与发展指南》明确指出:"幼儿在运用语言进行交流的同时,也在发展着人际交往能力、对交往情境的判断能力、组织自己思想的能力等,并通过语言获取信息,逐步使学习超越个体的直接感知。"①可以说,言语对学前儿童心理发展的价值是全方位的,详述如下。

(一) 言语对学前儿童认知过程的发展具有助推作用

言语出现以后,就积极参与到感知觉、记忆、思维、想象等认知过程当中,促进学前儿童整个认知过程的广度和深度。

上文提到,内部言语是认知活动特别是思维活动的外显,没有这种内部言语的支持,思维很难持续。因此,儿童内部言语的出现,必将促进思维水平的发展。感知觉和记忆的有关章节里也提到,儿童的语词有助于促进其感知觉的进一步发展,言语真正发生之后(1 岁半到 2 岁),学步儿再认的内容和性质也迅速发生变化。不仅如此,言语对想象的发展,也同样具有助推的作用。听、说、读、写是个体使用语言的四个方面,也是个体言语发展的四个重要方面。在学前期,听和说又是特别重要的言语能力,教师通常就以此来引领幼儿的想象和其他认知过程。比如,一位幼儿拿到画笔和画纸,不知道画什么,面有愁容,老师就启发她:"冰冰,你喜欢什么东西呀?"冰冰高兴地说:"我喜欢蛋糕!"老师继续问:"那你现在想画一个蛋糕吗?"冰冰眼睛一亮,说:"想!"老师继续说:"你可以画你吃

---

① 3—6 岁儿童学习与发展指南. 2012-10-09.

过的那种蛋糕，也可以画你没有吃过的蛋糕，好吗？"冰冰就很高兴地开始画蛋糕了。

（二）言语对学前儿童个性与社会性的发展具有促进作用

言语的形成与发展是学前儿童社会化的一种重要标志。语言是人类最重要的交际工具，学前儿童逐渐听懂人类语言的语音，逐渐掌握词汇，最终学会用人类的语言进行交流，这不仅说明他们社会化程度越来越高，也表明他们之后拥有了更强的交往能力。当习得言语之后，他们可以用言语直接表达自己的需要、自己的想法，这比他们之前仅仅用情绪和动作的表达更加准确，也更加有效。

与此同时，言语形成之后，对儿童个性的发展也具有促进作用。言语具有个体性，最终也成为自己个性的一种组成和表现之一，即所谓"言为心声"。如从言语的表达方式来看，有人讲话委婉，有人讲话中肯，有人讲话直白，有人讲话刻薄，这就分别是温婉、理性、豪爽、辛辣个性的组成和表现之一。从言语的数量来看，有人喋喋不休，有人贵在适中，有人沉默寡言，这也分别是爱唠叨、沉稳、内向个性的组成和表现之一。从言语的文明程度来看，有的人讲话得体，有的人讲话乏味，有的人讲话粗野，这就分别是优雅、平淡、庸俗个性的组成和表现之一。因此，若要促进学前儿童良好个性的形成，成人就需要以身作则，文明用语、言语恰当，成为他们积极的榜样。

（三）言语对学前儿童情绪和行为具有调节作用

成人经常用言语调节学前儿童的情绪和行为，因此当儿童自己也形成言语之后，自然就沿用这种方式调节自己的心理活动与行为。比如，成人经常安慰即将要打预防针的小朋友："不要紧的，一会儿就好了。"所以儿童在遇到困难或者害怕的事情时，也经常会用这样的话安慰和鼓励自己。

值得一提的是，在言语的调节过程中，学前儿童有可能出现"言""行"不一致的现象。比如，有幼儿一边对自己说："没关系，我不哭，一会儿就不疼了。"但是他还是哭了。这主要是因为，虽然言语对学前儿童情绪具有一定舒缓作用，对其行为具有一定的修正作用，但是这可能还不足以让他控制住自己的情绪和行为。

拓展阅读 2-7

乔姆斯基的"语言获得装置"[1]

诺姆·乔姆斯基博士（Avram Noam Chomsky，1928.12.7—）是麻省理工学院语言学的荣誉退休教授。关于儿童是如何习得言语的，他提出了"语言获得装置"（Language Acquisition Device，LAD）理论。

这一理论的核心观点包括：儿童在如此有限的时间（4 岁以内）掌握本族语的基本语

① 罗伯特·菲尔德曼.发展心理学——人的毕生发展（第 4 版）.苏彦捷，译.北京：世界图书出版公司，2007：200.

法现象、获得语言的顺序也具有跨民族的一致性，表明获得语言不可能是归纳的结果；儿童天生具有“语言获得装置”；语言获得的过程是普遍语法向个别语法转化的过程。

第二节 学前儿童言语的发生和形成

引导案例 2-8

他都不会讲话，怎么交流呀？

庆庆（2 岁 6 个月，男）的爸爸是做生意的，妈妈是家庭主妇，庆庆平时都由妈妈带。庆庆现在还没有开口说话，连爸妈都不会叫。他们去了很多医院检查，医生都说孩子大脑、发音器官、耳朵都没问题。庆庆有依恋行为，能够与人眼睛对视。儿童心理研究者建议家长要温和地多跟庆庆交流。庆庆妈妈反问：“他都不会讲话，怎么交流呀？”原来，庆庆几乎没有学说话的机会！

思考：您认为孩子要学会说话，需要具备什么环境？

引导案例 2-9

宝宝真乖，会叫爸爸了！

宝宝：“a a a ba ba ba ba ba ba ba——a a a ba ba ba ba . . . ”

妈妈：“哇，宝宝真乖！会叫爸爸了。妈妈亲一个！哦，我们又叫‘爸——爸’。”

宝宝：“ba-ba。”

爸爸（闻声而出）：“啊！是宝宝叫爸爸呀？爸爸来了！乖，再叫‘爸——爸’。”

宝宝：“ba-ba。”

爸爸：“对了，真能干！爸爸带你去玩喽！”

思考：您赞同这个案例中家长的反应吗？为什么？

一、言语发展的基本顺序

言语包括听、说、读、写这四种形式，由此可知言语是一种双向的过程，既包括对他人言语信息的接受和理解，也包括个人发出、表达思想的言语信息。

言语这一双向过程，并非齐头并进、一蹴而就的，而是有一个先后过程。言语发展的基本顺序，便是首先出现接受性言语（感知、理解），其次出现表达性言语（口头、书面言语),即“先听懂,后会讲”。

所以儿童要习得言语,必须具备言语环境。若儿童缺乏合适的言语刺激,很少听到过,甚至从来没有听人说过话,他是不可能学会说话的。如引导案例 2-8 中的庆庆,医生已经排除器质性的病因,但是他却不会讲话。细问之下,才知道他之所以迟迟不能够学会说话,就是因为缺乏言语刺激的环境,从而就无法获得接受性言语,也就不可能开口说话了。要促进其言语发展,当务之急,便是为他创设言语环境,在他觉醒的时间里,温柔地、清晰地多与他讲话,给予他充分的言语刺激。

二、言语发生与形成的基本阶段

吴天敏和许政援认为,3 岁前儿童言语的发展是一个连续的、有次序、有规律的过程,是不断由量变到质变的过程,因而既有连续性,又有阶段性[①]。吴天敏和许政援的研究表明,0～3 岁儿童的言语发展,大致可以分为“简单发音阶段”“连续音节阶段”“学话萌芽阶段”“正式开始学话、单词句阶段”“简单句阶段,掌握最初步的言语”,以及“复合句的发展,掌握最基本的言语阶段”这六个阶段[②]。其中前三个阶段可以看成是言语的准备期,后三个阶段可以看成言语的形成期。

(一) 言语的准备期(0～1 岁)

1. 发音的准备

学前儿童的发音准备,包括简单发音阶段、连续音节阶段和学话萌芽阶段,即上文提及的言语发展中的前三个阶段。

其中,简单发音阶段,发生在出生 1～3 个月。此时,婴儿的发音基本上是独立音。众所周知,正常的新生儿刚出生就会哭。哭,可以说是新生儿发出的第一个音。若仔细倾听,新生儿的哭声里,常常可以听到 ei、ou 的声音。第二个月的婴儿发音更加活跃,特别是在温馨的亲子互动中,他们的发音现象更加频繁。据吴天敏和许政援的研究,第二个月的婴儿,可以发出类似于 m-ma、a、ai、e、ei、hai、ou、ai-i、hai-i、u-è[③] 的声音。婴儿开始时都只发这些音,基本的韵母发音较早,声母发音较少,这并非偶然,与婴儿舌部唇部等的运动还不发达有关。此阶段发音是从喉中运动开始的,这些音大多是一张嘴,气流从口腔中出来就能发出,只是随着嘴巴张得大小的变化而形成不同的音,凡是发音时需要舌部唇部等较多运动的音,这一阶段都尚未出现。所以,此阶段的发音,更多是一种本能行为,天生聋哑的婴儿,也可以发出这些声音。

连续音节阶段,发生在出生 4～8 个月期间。此时,婴儿更为活跃,积极发声的现象尤为明显。而且,与第一阶段相比有两个新的特点:一是会发的辅音增加了,二是出现了

---

① 吴天敏,许政援.初生到三岁儿童言语发展记录的初步分析.心理学报,1979(2):153-165.
② 吴天敏,许政援.初生到三岁儿童言语发展记录的初步分析.心理学报,1979(2):153-165.
③ 吴天敏,许政援.初生到三岁儿童言语发展记录的初步分析.心理学报,1979(2):153-165.

较多的重复连续音节。据吴天敏和许政援的详细记录，此期婴儿新增了这些发音：a-ba-ba-ba-m-a-ba-ba-ba-ba、a-ma-ma-ma、ai-a-ba-ba-ba、a-ba-ba-ba-ma、da-da-da、dà-dà-dà、ná-ná-ná、a-hai-hai-i、bù-à-bù-à、en-ei-ei-jià、hei、heng、hu、pèi、à-bu、à-dù、a-en、a-fu、a-í、a-ia、a-m、a-me、a-hu、à-pu、ba-ba、dù-dù、ei-en、en-ei、en-ou、ge-ge、hai-ou、he-en、hong-ai、ng-à、à-en-en、a-hai-è①。其中一些音，如 ba-ba 和 a-ma-ma-ma，父母以为是婴儿在呼唤自己，实际上此期婴儿的积极发声，刚开始不具备实际含义。这些积极发声，有助于锻炼婴儿发音器官的灵活性。若成人积极应答，有意识地加以引导，就有助于婴儿将不具备实际含义的发声与特定含义联系起来，逐步掌握这一语音的实际含义。比如，引导案例 2-9 中，父母对婴儿发声的积极应答就特别好。父母如此回应，婴儿就知道“ba-ba”这个音是受欢迎的，久之逐渐明白这个音可以呼唤爸爸。同样，若教养人对婴儿的发音都进行积极应答、努力“会意”，逐渐地，婴儿就会将特定的发音分别与成人所引导的含义联系起来。

学话萌芽阶段，发生在出生 9～12 个月期间。此时的婴儿不仅增加更多的重复连续音节，近似词的发音增多，而且已经可以模仿发音，不少发音已经具有实际含义。据吴天敏和许政援的详细记录，此期婴儿新增了这些发音：ò、u、dan、de、deng、diu、du、huo、jia、jié、lóu、lù、méi、nà、nèi、pì、wai、xi、yóu、yue、à-dà、à-dàn、a-jia、a-la、a-mái、à-mu、a-yue、ba-bei、ba-xi、ba-wa、da-dà、da-dì、dài-dài、ei-dan、ei-lu、jià-dà、jiě-jiě、máo-máo、mei-mei、o-yue、ou-má、tài-tài、ye-ye、yé-yo、à-lù-fù、a-pa-pa、a-you-hu、ái-ai-ai、ai-bai-bai、ai-i-ia、ai-i-yue、ai-yé-yé、ai-yue-yue、ba-da-da、bi-bi-ti、da-ng-he、e-e-ě-e、ei-iou-iou、ei、wa-wa、ei-yo-you、héi-héi-éi、i-ia-yue、ia-ia-ia、ou-ou-ou、à-jue-lu-bi、dà-du-dà-du、e-i-i-yo、éi-ei-ei-éi、en-én-ěn-en、yue-dá-da-da-dá、ng-a-a-a、ou-yue-yue-yue-yue-ia②。这些新增的语音，有一些是婴儿自主发出来的，也有不少是模仿成人发出来的。其中，在教养人的引导下，婴儿的不少语音，都基本上具有了相应的含义。比如，婴儿已经知道用“ba-ba”称呼爸爸，用“ma-ma”称呼妈妈，以“jiě-jie”称呼姐姐，以“wa-wa”称呼自己或者喜欢的布娃娃，以“deng”指代日光灯，等等。此阶段，婴儿近似词的发音更多。而且正常婴儿都乐于模仿成人发出一些近似的语音，然后在成人的引导下，又逐渐将这些语音与特定的含义联系起来。此外，从新增的音节可以看出，婴儿的音调也开始多样化，四声均出现了，听起来很像是在说话。所以，只要环境适宜，至这一阶段结束，婴儿为学说话已经做好了充足的发音准备。

2. 语音理解的准备

在进行发音准备的同时，婴儿语音理解的准备也相伴相随。语音理解的准备包括两

---

① 吴天敏，许政援．初生到三岁儿童言语发展记录的初步分析．心理学报，1979(2)：153-165.

② 吴天敏，许政援．初生到三岁儿童言语发展记录的初步分析．心理学报，1979(2)：153-165.

个方面，一是语音知觉能力的准备，二是语词理解的准备。

语音知觉能力的准备，要求婴儿能够区别不同语音并且忽略同一语音范畴内的差异。比如，"ma-ma"与"ba-ba"是不同的语音，婴儿要能够将二者区分开来。与此同时，当有人发同一个音时，要能够忽略不同的音色，都要听成这个音而不是其他的音。比如，当有人发"ma-ma"这个音时，无论是男子发出的，还是女子发出的；无论是年老的人发出的，还是年幼的人发出的；无论是甜美动听的声音发出的，还是沙哑低沉的声音发出的——都要听成"ma-ma"，而不是其他的音。如果不具备语音知觉的能力，就难以习得言语。比如，不能够区别不同的语音，那么听到的各种不同的语音就是含混的。同样，不能够忽略同一语音范畴内的差异，那么同一个词如"灯灯"，妈妈教的、奶奶教的、爷爷教的、爸爸教的，婴儿就会听成是不同的语音，如此，无论如何都难以习得言语。

语词理解的准备，要求婴儿在理解语词的时候，由受制于语词的某一情景，向掌握语词的独立信号过渡。最初，婴儿对语词的理解，都是受制于特定情境的，之后才逐渐明白语词具有独立的信号。比如，"狗狗"这个词，他以为就是指家里的小黄狗。所以，当看到邻居家的藏獒，然后听到奶奶说"宝宝，那里有一条大狗狗"时，他无疑是惊奇的。再后来，听到奶奶把哈士奇也称为"狗狗"，回到乡下看到的中华田园犬也被称为"狗狗"时，他终于明白"狗狗"不仅是家里的小黄狗，而是可以用来指代各种各样的狗。需要特别指出的是，语词理解的准备，在婴儿期即已开始，但是远未结束，它会延续到儿童言语习得与发展的整个过程。

（二）言语的形成期（1～3 岁）

言语的形成期，大致发生在 1～3 岁期间。参考吴天敏和许政援的研究，可以细化为如下三个阶段①。

1. 单词句阶段

单词句阶段发生在 1 岁到 1 岁半期间。此时的学步儿对语言的理解具有由近及远、固定化和词义笼统的特点。对刚来到世界上的孩子来说，万事万物都是陌生的。后来，在教养人耐心的教导下，他们逐渐熟悉周边的世界，再以此拓展到熟悉更广阔的空间。这个过程，是一个由近及远的过程。相应的，儿童对语言的理解，也体现出由近及远的特点。前文提到的婴儿对"狗狗"一词的理解，就体现出由近及远和固定化的特征。与此同时，在此阶段的初期，学步儿理解的词义也比较笼统，比如听到"爸爸呢"的时候，他们不仅转头看向自己的爸爸，还看向叔叔、伯伯，之后才明白"爸爸"这个词并不用于称呼叔叔、伯伯，就只能够用于称呼自己的爸爸。

单词句阶段的学步儿，说出来的词，具有这些特点：单音重叠、一词多义、以词代句、以名词居多。其中，单音重叠的词特别多，比如"妈妈""爸爸""奶奶""爷爷""饭饭""灯

① 吴天敏，许政援. 初生到三岁儿童言语发展记录的初步分析. 心理学报，1979(2)：153-165.

灯”“球球”等。此期的单词句往往是一词多义和以词代句的。比如“妈妈”，有可能是向妈妈打招呼，也有可能是叫妈妈抱的意思。“饭饭”，有可能是这里有一碗饭，也有可能是“我要吃饭”的意思。整个单词句阶段，学步儿说出的词，以名词居多，基本上是他们经常接触到的人和物的名称，此外还有少数动作。

2. 简单句阶段

简单句阶段发生在1岁半到2岁期间。这一阶段学步儿言语的主要特点是句子简单、不完整、词序颠倒、词类逐渐增多。

句子简单、不完整，是简单句阶段的突出特点。此期学步儿的话语，基本上在单词句的基础上加一个字或者一个词。比如，“妈妈抱”“爸爸背”“奶奶球球”“爷爷走”。因此句子非常简略、不完整，所以简单句也通常被称为电报句或者双词句。

此期，学步儿说出的简单句，也常有各类词序颠倒的现象。因为这个时候，学步儿在模仿的同时，也开始自己“产生”一些未模仿的新句子，而这些新句子刚出现的时候，就有可能是颠倒词序的。比如“袜袜姐姐”“饭饭吃”“帽帽戴”“脸脸洗”等。此时，在注意引导的同时，切不可笑话他们，以免打击他们讲话的积极性。

从1岁半到2岁，学步儿的简单句中出现的词类也逐渐增多。单词句阶段名词居多，只有少数动词。这一阶段不仅名词继续增多，而且增加了大量的动词，如“鱼鱼游”“花花开”“果果吃”“猫猫叫”等，也逐渐出现了形容词，如“瓜瓜大”“车车坏”“书书重”“糖糖甜”等。这些词类的增加，与学步儿的脑发育、生活经验的增加和成人的教导等有关。

3. 完整句阶段

完整句阶段发生在2～3岁期间。这一阶段学步儿言语的主要特点为：一是能说出完整的简单句，并出现复合句（见表2-1），逐渐终止婴儿语，开始能够表达过去、将来的内容；二是词汇量急剧增加。

表2-1 2～3岁时各类句子比例表① 频数（%）

年龄（岁）	单词（句）	简单句					复合句	总计
		主谓句	谓宾句	主谓宾句	复杂谓语句	合计		
2～2.5	17(8.1)	40(19.1)	15(7.1)	53(25.2)	21(10)	129(61.4)	64(30.5)	210(100)
2.5～3	6(4.9)	12(9.8)	4(3.2)	29(23.6)	20(16.2)	65(52.8)	52(42.3)	123(100)

此阶段的学步儿，说出来的句子基本上已经完整了。比如，“我想吃饭了”，主谓宾已经齐全。之后，在此基础上发展出了复合句，比如“我饿了，我想吃饭了”。此阶段的学步儿，以词代句、一词多义的婴儿语逐渐减少、终止。一些学步儿，即便所用概念并不准确，

① 吴天敏，许政援. 初生到三岁儿童言语发展记录的初步分析. 心理学报，1979(2)：153-165.

但是也逐渐开始能够表达过去、将来的内容。比如，一名2岁11个月的孩子说："我昨天去打预防针了，可疼了。"仔细询问其教养人才知道，这孩子原来是半个月以前打了预防针，并非"昨天"。但是他的话语，能够反映过去的内容了，这也是一种很大的进步。这个阶段的孩子，对于大人的"承诺"也记得越来越清楚了，他们有时会说："妈妈，你们说好明天到公园玩的，可别忘了啊。"

完整句的出现，意味着掌握了更多的字词，至3岁，学步儿大约掌握了1 000个词。可以说，到这一阶段结束，儿童已经能够使用语言进行日常的交流，言语已经真正形成。

拓展阅读 2-8

十聋九哑的原因①

"十聋九哑"，是指先天聋的人，往往也会哑。为何如此呢？

原来，要习得言语，首先要能听到声音。声音信号传入听觉中枢神经系统，并与语言中枢发生联系，才能启动语言环路。其次，人体有一套精巧完美的语言反馈系统，可随时监听和调节自己的发音。先天失聪者，若无特殊帮助，是无法启动语言环路和获得语言反馈的，因而最终成为聋哑人。

近年来，随着耳蜗植入技术的提高，以及言语康复的推广与实践，情况大有改善。听障儿童在助听器或耳蜗植入技术等的帮助下，是可以学会说话的。

第三节　学前儿童言语的发展

引导案例 2-10

宝贝，有话慢慢说

3岁5个月的跳跳冲回家里，上气不接下气地说："妈妈，妈妈！好……好……好……好大……一……一……一……一条……一条……"妈妈见状，走到他的边上蹲下，轻轻抚摸他的后背，温柔地说："宝贝，有话慢慢说。"跳跳就停下来喘气，缓过劲之后，他继续说："妈妈，刚才那里有一条好大的狗啊！"妈妈微笑着回答："是吗宝宝，是哪位奶奶牵出来的呀？"

思考：您见过口吃现象吗？您认为哪些原因有可能导致口吃呢？可以如何防治？

① http://muzhi.baidu.com/question/2897271.html，2015-01-03，有删改。

一、学前儿童言语结构的发展

言语结构，是指个体运用语言过程中体现出来的基本环节，主要包括其对语音、词汇、语法的使用情况，以及言语的基本类型。由于学前儿童的言语，主要以口头言语为主，因此其言语结构的发展，也主要体现在口头言语方面。

（一）语音的发展

在语音发展(development of speech sound)方面，学前儿童发音的数量逐渐增多。随着年龄的增长，学前儿童对声母、韵母的发音逐渐掌握，他们逐渐掌握母语的全部语音。从学前儿童发音准备的具体情况可知，新生儿只能够发出 ei、ou 两个音；第二个月的婴儿就新增了 m-ma、a 等 10 个音；到了 4～8 个月的连续音节阶段，又新增了 a-ba-ba-ba-m-a-ba-ba-ba-ba、a-ma-ma-ma 等 36 个音；到 1 岁时，又新增了 ò、u、dan 等 73 个音。待学前儿童长牙之后，他们会出现齿音，并且随着乳牙的逐渐萌出，齿音也会迅速增多。到学前期结束，学前儿童基本上就掌握了母语的全部语音。

发音的准确性逐步提高，开始形成语音意识，体现为学前儿童能评价他人的发音、能够意识并自觉调节自己的发音。一个 1 岁 10 个月的小女孩，她较早就出现了完整句。受其父亲的影响，她对汽车比较感兴趣。一天，她看到楼下停了一辆新车，便问是什么车。父亲告诉她是帕萨特，她说："哦，是帕萨克。"父亲见状就多次耐心重复，她还是发音如前。一个星期之后，她再看到这辆车，就说"帕萨特还在"，自己纠正了发音。待其纠正发音之后，其母亲故意问："你们今天还看到帕萨克吗？"这个小女孩立刻纠正说："不是帕萨克，是帕萨特！"还是这个小女孩，待她 4 岁多读幼儿园中班的时候，忽然对纠正他人发音产生了极大的热情。她父亲受粤语的影响，对"英雄"的"雄"发音不准确，她偶然发现这一情况以后，如获至宝，故意多次提到类似的话题，然后以纠正父亲的发音为乐。

（二）词汇的发展

在词汇发展(development of vocabulary)方面，学前儿童词汇数量不断增加、内容不断丰富，词类范围不断扩大、积极词汇不断增加。新生儿尚未掌握词汇，3 岁的学步儿，大约掌握了 1 000 个词，词汇数量的增长速度是很惊人的。在词汇数量增加的同时，词类范围也不断扩大，先出现实词，后加进虚词。先出现的实词内容也不断丰富，由单词句阶段名词居多的状况，逐渐增加动词、形容词、数词、量词、代词、拟声词、副词，虚词也逐渐发展齐全，出现介词、连词、助词和叹词。尤其值得一提的是，学前儿童的积极词汇也不断增加。积极词汇有两层含义：从心理学的角度而言，积极词汇由常用词语组成，是指代人们日常生活关系密切的事物在交际中普遍使用、复现率高的词汇；从语言学的角度而言，积极词汇是指能正确理解词义，又能在不同场合正确运用的词汇。无论是取心理学层面的含义，还是取语言学层面的含义，学前儿童的积极词汇，都处于逐渐增加的趋势。

对词义与词性的理解逐渐深刻精确。总的来说，学前儿童对词义和词性的理解，体现出由具体至抽象、由显义至隐义或喻义的发展趋势。以学前儿童对名词的理解为例：名词是表示人和事物名称的实词，它所囊括的外延有具体和抽象之分。学前儿童往往先能够理解其中指代具体事物的名词，之后才慢慢理解一些指代抽象事物的名词。比如，学前儿童先理解"灯灯""饭饭""白菜"等表示周边事物的名词，才理解"上""下""左""右"等表示方位的名词。一些名词太过于抽象，以至于学前期快结束都难以准确理解，比如"和平""幸福""爱"与"自由"。同样，一些词若同时具有显义和隐义或喻义，那么学前儿童通常也先理解其显义。比如，在学前儿童看来，"甜"是糖果的味道，他们是难以理解"那个小姑娘长得很甜"这样的话语的。

(三) 语法的发展

在语法发展(development of grammar)方面，学前儿童逐步掌握语法结构，言语表达与理解能力进一步发展。一个明显的表现就是随着年龄的增长，简单句阶段常有的"饭饭吃""帽帽戴""脸脸洗"等词序颠倒的现象，到了3岁之后就大为减少。同时，就量词的使用方面，也体现出从混用到精确的发展趋势。一些刚开始学习使用量词的学前儿童，会泛用"个"这个量词，如"一个鸟""一个狗""一个马"。之后，他们就逐渐新增了更多的量词，然后在成人的教导下学会准确地使用量词。郝波等有关学前儿童语法发展的研究表明，随着年龄的增长，学前儿童在语法表达结构上的得分也越来越高(表2-2)①。

表2-2　16～30个月学步儿在不同语法表达结构上得分的比例情况　(单位：%)

月龄	0～25分	26～50分	51～75分	76～100分②
16	98.6	1.4	0	0
17	88.9	9.7	1.4	0
18	83.1	14.1	2.8	0
19	61.4	25.7	10.0	2.9
20	46.5	26.8	19.7	7.0
21	34.3	32.9	20.0	12.9
22	23.9	25.4	31.0	19.7
23	20.3	18.8	31.9	29.0
24	14.1	19.7	35.2	31.0
25	7.1	12.9	27.1	52.9

① 郝波，梁卫兰，王爽，等.北京城区16～30个月正常幼儿语法发育状况.中国心理卫生杂志，2005(1)：25-27.

② 在期刊中，表格第一行右边一栏中的数字是76～101，但是表格中的分段是25，因此将这一栏改为76～100。

续表 2-2

月龄	0～25 分	26～50 分	51～75 分	76～100 分
26	5.6	19.7	31.0	43.7
27	4.3	7.2	23.2	65.2
28	2.8	7.0	19.7	70.4
29	0	4.3	27.1	68.6
30	4.3	1.4	10.0	84.3

伴随着语法知识的掌握，学前儿童的句型也从简单到复杂；句子结构从混沌到分化，从松散到严谨，从简略呆板到扩展灵活①。单词句的典型特征是以词代句，句子结构是模糊不清、非常松散的。如“花花”，有可能是“这里有一朵花”，也有可能是“我想要那朵花”，要根据情境和基于对学步儿的了解，才可能判断其含义。到了简单句阶段，句子结构就没有那么笼统了，但是清晰程度和严谨性同样有待提高。如“妈妈饭饭”，到底是“妈妈正在吃饭”，还是“妈妈，给我喂饭吧”，或者“妈妈，那里有一碗饭”，也同样需要结合情境加以理解。至学前期快结束时，儿童的句子结构就比较清晰和严谨了，如“我长大以后想当一个画家，画很多美丽的画”已经无需成人过多猜测。在句子结构发展的过程中，由于不同词性的增加和广泛运用，学前儿童的句子显得越来越灵活、越来越富有个性。比如，一个 4 岁的小女孩，在被问及“嫣儿，你想吃什么早餐”时，她托着下巴，望着妈妈，深情地说道：“早餐？哦，我是多么地想吃各种各样的饼干啊！”让人忍俊不禁。

（四）言语类型的发展

在言语类型方面，学前儿童先出现外部言语，然后在外部言语发展的同时，逐渐出现内部言语。至学前期结束，学前儿童有可能掌握内部言语。因为，内部言语是伴随思维而存在的，所以内部言语要在学前儿童思维萌芽之后发展，故而在外部言语之后才出现。同时，学前儿童对话言语的发展，也先于独白言语的发展。

二、学前儿童言语功能的发展

（一）从对话言语逐渐过渡到独白言语

此阶段言语由具有较强的情景性，逐渐体现出连贯性，言语的逻辑性也逐渐增强。学前儿童的单词句和简单句，就是一种情境性较强的对话言语，通常在对话中产生。到完整句阶段，言语就开始体现出一定的连贯性了。伴随着更多语法规则的掌握和句子结构的发展，到四五岁，幼儿逐渐出现了独白言语。

不过，从对话言语过渡到独白言语，有一个过程。3～4 岁幼儿，一般能主动讲述自己生活中的事情，但是在较多人面前（如当全班小朋友的面或较多亲戚在场的情况下）讲话

① 幼儿口头言语研究协作组. 幼儿口头言语发展的调查研究. 心理科学通讯，1981(5)：30-37.

往往还不够大胆，不太自然。到 4～5 岁，幼儿基本上能够独立地讲一些简单故事或多种事情。一般而言，到了 5～6 岁，大多数幼儿不但能够基本完整地讲述，而且多爱表现，往往能够大胆而自然、生动、富有感情地进行描述。

（二）逐渐掌握语言的表达技巧

1. 对学前儿童口头言语发展的要求

对学前儿童口头言语发展的基本要求，总的来说包括：发音正确；口头词汇更丰富、深刻、精确；口语表达能力更加完善。

《3—6 岁儿童学习与发展指南》关于儿童言语的发展，分别从“听与说”和“阅读和书写准备”两大方面提出了相应的发展目标。具体而言，“听与说”这个方面，包括“认真听并能听懂常用语言”“愿意讲话并能清楚地表达”和“具有文明的语言习惯”这三个目标；“阅读和书写准备”包括“喜欢听故事，看图书”“具有初步的阅读理解能力”和“具有书面表达的愿望和初步技能”这三个目标①。针对这些发展目标，该文件也提出了很多详细的建设性建议，这些建议可以用作培养学前儿童言语能力的重要参考。

需要特别强调的是，成人在日常生活中，要用轻柔、自然平和的语调与儿童交流，不可大喊大叫。这是一个非常重要的榜样示范，有利于儿童与他人交流时也轻柔平和，不大喊大叫。教师组织活动时，抑扬顿挫、充满情感的口头言语，生动形象的面部表情和肢体言语，不仅能够激发儿童的兴趣，而且也有助于他们学会如何更生动地叙述。

2. 口吃的产生原因和防治

口吃(stuttering)是一种功能性言语障碍，其特点是言语断开，语流突然停顿，字词重复，句子的第一个字多拉长音，有些字音难以发出，常伴有挤眼、摇头、面部抽动、舞手、跺足等动作②。

口吃的产生，主要有三大原因。一是生理原因。由于 2～4 岁儿童的言语调节机能还不完善，造成连续发音的困难。随着年龄的增长，这种情况会有所缓解。二是心理原因，主要包括紧张、激动、模仿、暗示、强行矫正左利手、生活环境突然改变、家庭变故等导致的心理压力。说话过程是表达思想的过程，从思想转换成言语的过程中，学前儿童可能会因为找不到合适的词汇和更好的表达形式而感到焦急，也可能会因为发音的速度赶不上思想闪现的速度而造成二者的脱节。这都会使儿童处于一种紧张状态，而这种紧张可能造成发音器官的细微抽搐和痉挛，出现了发音停滞和无意识地重复某个音节的情况。经常性的紧张便会成为习惯，以至于每次遇到类似的语词或情境时，都出现同样的“症状”。此外，快速跑跳等运动之后，呼吸尚不平稳，儿童又过于激动，急于表达，也有可能导致一时性的口吃，比如引导案例 2-10 中的跳跳。三是遗传、病理原因。比如，大脑言语中枢先天性发育不良，或者发育过程中患某些疾病使神经系统功能弱化，言语中枢

---

① 3—6 岁儿童学习与发展指南. 2012-10-09.

② 林崇德，杨治良，黄希庭. 心理学大辞典. 上海：上海教育出版社，2003：700.

因此受损，都有可能导致口吃。

口吃的防治：首先，要为学前儿童创设良好的物质环境，即保证安全和相对稳定的居住、游戏、学习环境。其次，要创设良好的心理环境，关爱儿童，耐心对待儿童，进行正确的发音、表达示范。再次，针对紧张、激动的状况，我们可以引导和教会儿童放松，如引导案例 2-10 中跳跳的妈妈，通过轻轻的抚摸和温柔的话语，帮助跳跳缓和激动的情绪，让他慢慢地说。我们在平时，也可以有针对性地教给儿童相应的儿歌、舞蹈和绕口令。最后，必要的时候，求助于专业的心理、药物或机械治疗。

拓展阅读 2-9

关于"妈妈语"

在一些地方，成人在跟孩子交流的时候，会用"gà-gà"来指代肉或者肉类食品，用"gǎ-ga"指代鸭子，用"哞哞"指代牛，用"di-di"指代车子，用"啊呜"引导孩子张嘴吃辅食……心理学家将这种言语现象称为"妈妈语"。

"妈妈语"(motherese)，是心理学用来描述父母(特别是母亲)与婴幼儿之间交流时高频率使用的言语。这些言语的节奏感很强，它不但能激发孩子的情感，而且有利于言语的启蒙。当妈妈轻拍孩子并对他哼唱的时候，孩子就会随着妈妈嗓音的节奏挥舞着手臂，踢动小腿。当妈妈朝着孩子发出各种声音、对他说话时，他就会发出相似的声音回应妈妈。心理学家认为，"妈妈语"在婴儿言语获得过程中发挥了重要的作用①。相比起中规中矩的成人间对话的言语，婴儿更喜欢"妈妈语"，也更容易接受这样的言语，这有利于他们更早地获得言语。

拓展阅读 2-10

强行矫正左利手的危害

左利手②(left handedness)，是指惯以用左手从事主要活动的人。儿童是否为左利手，在其 2 岁左右就初现端倪，约 3 岁时就基本定型。左利手是正常的生理现象，是人们个体差异的体现，应顺其自然。

学前期，是学习语言至关重要的阶段。若强行矫正左利手，不仅会使得孩子经常处于挫折与无助感中，紧张不安，注意力不集中③，而且会打乱儿童已经形成的大脑两半球分工和各脑区中枢。并常常殃及言语中枢，致使言语功能紊乱，导致口吃或发音退化、唱歌走调等。

---

① 罗伯特·菲尔德曼. 发展心理学——人的毕生发展(第 4 版). 苏彦捷等，译. 北京：世界图书出版公司，2007：99.

② 其俗称"左撇子"，因带有贬义色彩，逐渐弃用。

③ http://hznews.hangzhou.com.cn/kejiao/content/2012-02/07/content_4058918.htm，2015-01-03.

【本章小结】

1. 语言和言语

语言是由语音、词汇和语法所构成的复杂符号系统，是人类最重要的交际工具。言语是个体对语言的运用过程。

二者的联系：言语活动是依靠语言来进行的；语言又是人们在具体言语活动中形成和发展起来，并维持其生命力的。

二者的区别：首先，语言是具有社会性的，而言语体现出个体性；其次，语言是交际的工具，言语则是对这一交际工具的运用过程；最后，语言是语言学的研究范畴，言语是心理学研究的范畴。

2. 言语的种类

言语是个体对语言的运用过程，包括听、说、读、写等形式。根据某次言语指向对象，可以将言语大致分为外部言语和内部言语。

其中，指向他人，主要用来交际的言语称为外部言语。外部言语包括口头言语和书面言语。口头言语又可以细分为对话言语和独白言语。其中，两人以上进行互动的口头交流的言语，即为对话言语。面向他人的、独自连贯的口头言语称为独白言语。

指向自己，不是用来交际的言语称为内部言语。内部言语是认知活动特别是思维活动的外显，没有这种内部言语的支持，思维很难持续。

3. 言语在学前儿童心理发展中的意义

言语在学前儿童心理发展中的意义：言语对学前儿童认知过程的发展具有助推作用；言语对学前儿童个性与社会性的发展具有促进作用；言语对学前儿童情绪和行为具有调节作用。

4. 言语发展的基本顺序

言语是一种双向的过程，既包括对他人言语信息的接受和理解，也包括个人发出、表达思想的言语信息。言语发展的基本顺序，便是首先出现接受性言语（感知、理解），其次出现表达性言语（口头、书面言语），即“先听懂，后会讲”。

5. 言语发生与形成的基本阶段

言语的准备期（0～1 岁），包括发音的准备和语音理解的准备。其中，学前儿童的发音准备，包括简单发音阶段、连续音节阶段和学话萌芽阶段。语音理解的准备包括：语音知觉能力的准备，即要求婴儿能够区别不同语音并且忽略同一语音范畴内的差异；语词理解的准备，即要求婴儿在理解语词的时候，由受制于语词的某一情景，向掌握语词的独立信号过渡。

言语的形成期(1～3岁)，包括单词句、简单句和完整句阶段。其中，单词句阶段发生在1岁到1岁半期间，此时儿童对语言的理解具有由近及远、固定化和词义笼统的特点。简单句阶段发生在1岁半到2岁期间，这一阶段学步儿言语的主要特点是句子简单、不完整、词序颠倒、词类逐渐增多。完整句阶段发生在2岁到3岁期间，这一阶段的主要特点：一是能说出完整的简单句，并出现复合句，逐渐终止婴儿语，开始能够表达过去、将来的内容；二是词汇量急剧增加。

6. 学前儿童言语结构的发展

言语结构，是指个体运用语言过程中体现出来的基本环节，主要包括其对语音、词汇、语法的使用情况，以及言语的基本类型。

语音：随着年龄增长，对声母、韵母的发音逐步掌握，逐渐掌握母语的全部语音，开始形成语音意识(能评价他人的发音、能够意识并自觉调节自己的发音)。

词汇：数量增加、内容不断丰富，词类范围不断扩大、积极词汇不断增加，对词义与词性的理解逐渐深刻精确(由具体至抽象，由显义至隐义或喻义)。

语法：逐步掌握语法结构，言语表达与理解能力进一步发展(句型从简单到复杂，句子结构从混沌到分化、从松散到严谨，从简略呆板到扩展灵活)。

言语类型：从外部言语向内部言语过渡，并有可能掌握内部言语。

7. 学前儿童言语功能的发展

学前儿童言语功能的发展，体现为从对话言语逐渐过渡到独白言语、逐渐掌握语言的表达技巧。

在掌握语言技巧方面，对学前儿童具有这些基本要求：发音正确；口头词汇更丰富、深刻、精确；口语表达能力更加完善。

口吃的产生原因和防治。产生口吃的原因：一是生理原因，常见于3岁，言语发展略滞后于思维发展，儿童开始讲话以后，找不到相应的词去表达；二是心理原因，如紧张、模仿、暗示、强行矫正左利手、生活环境突然改变、家庭变故等；三是遗传、病理原因。防治措施：一是创设良好的物质环境(安全、相对稳定)；二是营造良好心理环境(要积极应答、多提供交往机会；关爱、耐心，给予正确示范；教会儿童放松；利用儿歌、舞蹈、绕口令)；三是必要的心理、药物或机械治疗。

本章检测

一、思考题

1. 语言和言语的概念分别是什么，二者的联系与区别有哪些？

2. 言语具有哪些基本种类？

3. 言语发展的基本顺序是什么？言语的发生与形成具有哪些基本阶段？

4. 言语在学前儿童心理发展中的意义有哪些?

5. 请联系实际,阐述学前儿童口吃的形成原因及防治措施。

二、实践应用题

幼儿言语的测查研究:分别给小、中、大班的幼儿看一幅图,请幼儿看图讲故事;录下幼儿的言语;逐一分析录音中幼儿的语音、词汇、语法、言语类型、口头词汇的特点,讨论学前儿童言语结构和言语功能的发展具有哪些趋势。

第四章

学前儿童想象的发展

学习目标

1. 了解学前儿童想象的总特点、发展的总趋势、想象与现实容易混淆的原因
2. 理解想象及其相关概念、想象在学前儿童心理发展中的意义
3. 掌握无意想象、有意想象的发展特点与创造想象的测查方法
4. 能够熟练应用培养学前儿童有意想象和创造想象的主要措施

第一节 想 象 概 述

引导案例 2-11

我爸爸买的西瓜有房子那么大

几个中班下学期的小朋友在一起亲密地聊天，叶老师悄悄靠近，看看他们在说什么。只听阿铭说："天气好热，昨晚我爸爸买了一个好大的西瓜，有我们家大碗那么大，吃都吃不完！"嘟嘟马上说："我爸爸买的西瓜更大，有锅盖那么大呢，冰箱都放不下了！"小豪立刻接着说："那不算什么，我爸爸买的西瓜，有房子那么大呢，够我们全班人吃！"说着，小豪把手臂摊开，使劲地比划了一番。其他小朋友立刻兴奋地跟着比划，开心极了。叶老师会心地笑了笑，他们聊得这么热乎，原来是在吹牛呀！

思考：从这个案例里，您感受到学前儿童的想象有哪些特点呢？

引导案例 2-12

我爸爸到北京出差了

晶晶（4 岁，女）非常认真地对老师和小朋友们说："我爸爸到北京出差了！"而老师下

班后遇到了她爸爸，感到非常吃惊："哎！你女儿不是说你到北京出差了吗？"晶晶爸爸也颇感意外，回家后问女儿："晶晶，你怎么跟人说爸爸到北京出差了呢？"晶晶答："很多小朋友的爸爸都出过差了。爸爸，你也去北京出差嘛！爸爸，你什么时候到北京出差呀？"

思考：这个案例体现了幼儿的什么心理现象？

一、想象的概念及其分类

（一）想象的概念

要界定想象的概念，首先要了解表象。表象(image)是指人们在头脑中出现的关于事物的形象。想象(imagination)，是指对头脑中的表象进行加工改造，形成新形象的过程。

由此可知，想象的产生必须具备两个条件，一是头脑中要有一定数量的表象，二是具有一定的认知加工水平，能够对表象进行加工改造。

（二）想象的分类

1. 无意想象与有意想象

根据想象的目的，可以将想象分为无意想象和有意想象。其中，无意想象(involuntary imagination)是指没有预定的目的，不由自主产生的想象。有意想象(voluntary imagination)是指按照一定目的，自觉进行的想象。学前期，儿童的想象主要以无意想象为主。

2. 再造想象与创造想象

根据想象产生过程的独立性和想象内容的新颖性，可以将想象分为再造想象和创造想象。其中，创造想象(creative imagination)是指根据一定目的、任务，在人脑中独立创造出新形象的过程。再造想象(reproductive imagination)是指根据言语或图样示意，在人脑中形成相应形象的过程。儿童最初的想象和记忆的差别很小，谈不上创造性。最初的想象都属于再造想象，幼儿期仍以再造想象为主。

需要说明的是，再造想象和创造想象，都属于有意想象。有意想象，除了包括这二者之外，还包括了幻想。其中，幻想又包括符合规律、有可行性的理想和违背规律、无可行性的空想这两种想象类型。

二、想象在学前儿童心理发展中的意义

学前期是想象最为活跃的时期，想象几乎贯穿于学前儿童的各种活动中，对其认知、情绪的发展，以及游戏、学习活动具有十分重要的意义。

（一）学前儿童的认知发展离不开想象

想象与学前儿童认知的关系，可以看成：想象的产生是学前儿童认知发展的标志之一，并且有力地推动其认知的发展。

认知过程包括感知觉、记忆、言语、想象和思维。想象是比感知觉具有更高级别的认知过程，因此当想象出现时，就标志着学前儿童认知在向前发展。与此同时，当想象出现以后，学前儿童往往通过想象理解事物及其相互关系，理解背景和事件之间的关系，因此其理解能力也因此得到了较大的提升。此外，想象的发展，特别是创造性想象的发展，也是幼儿创造性思维的核心。

（二）想象与学前儿童的情绪密不可分

一方面，想象往往能引发学前儿童的积极情绪，让儿童获得愉悦和丰富的情绪体验。学前儿童的生活经历有限，想象恰好可以在较大程度上弥补这一不足，能增加儿童的经历以及伴随这些经历而产生的丰富情绪。比如，一天 3 岁 4 个月的小男孩裹着一条白色的浴巾在客厅兴奋地跑来跑去，父亲见状便询问缘故。小男孩说："我是一块顽皮的大面团，厨师不在，我赶紧出来透透气。"父亲被逗乐了，立刻"入戏"，用夸张性的、游戏性的语气说："我刚刚去拌了一下馅儿，怎么面团就不见了？我看这顽皮的面团跑到哪儿去了？"父子两人之后变着花样玩揉面团的游戏。这小男孩之后的一个星期，都要玩这个游戏，每次都快乐无比。

另一方面，情绪又反过来影响儿童的想象。一般情况下，宽松的氛围营造的积极情绪往往能够激发学前儿童更丰富的想象。相反，消极的情绪，往往会降低学前儿童想象的热情，抑制他们的想象力。

（三）想象是维持学前儿童心理健康的重要手段

在第一编第二章里，我们曾重点讨论过幼儿三大活动之一的游戏。我们在其中提到，想象是学前儿童游戏中的主要心理过程之一。游戏中具有以人代人、以物代物、以物代人和以人代物等丰富的想象。游戏之所以能够满足学前儿童的心理需要，主要是通过想象来实现的。儿童通过想象进行游戏活动，在游戏中满足自己的心理需要，体验胜任感和游戏的快乐，降低因为能力不足的焦虑感。心理需要得到合理、适当的满足，是维护和增进学前儿童心理健康所必须的条件。从这个角度而言，想象是维持学前儿童心理健康的重要手段。

三、想象的产生及学前儿童想象的特点

（一）想象发生的年龄

1 岁半至 2 岁的学步儿，基本具备了想象的基础。主要体现为：一方面，随着记忆的发展，此期的学步儿具有较多稳定的记忆表象；另一方面，由于手部动作日趋灵活，以及言语的快速发展，学步儿已经初步具备对表象进行操作加工的认知能力。因此，想象就在 1 岁半至 2 岁期间发生了。

（二）最初想象的特点

学步儿最初的想象，具有如下这些特点。

一是多属于记忆表象在新情景下的复活。一个 1 岁 10 个月的小女孩，一天刚刚听过《数鸭子》的儿歌，当她洗澡的时候，她忽然摸着肚皮唱了一句："肚子白花花。"这显然是儿歌中"赶鸭老爷爷，胡子白花花"这句歌词在新情景下的复活。类似情况还很多，同样这位小女孩，2 岁 1 个月的某天，她曾到公园里喂过兔子，印象很深刻。她在户外散步的时候，会突然一蹦一跳，然后说："妈妈看，我是粉粉兔。"

二是多属于简单的相似联想。最初的想象，有较多属于由一物联想到另一物的现象。比如，一个 2 岁的小男孩，拿起妈妈锻炼用的绳子，然后发出嘶嘶的声音，声称自己是蛇宝宝。到楼下玩，他看到一个叉开的树枝，就说："这把枪是最准的，就跟警察叔叔的枪一样准，嗒嗒嗒。"

三是情节组合简单。情节组合简单，在此期幼儿的游戏中体现得比较明显。此期的学步儿通常喜欢"木头人""虫虫飞"等比较简单的游戏，或者会将一个在情节上有较多延展性的游戏如"过家家"等玩得比较简略。比如，春节期间，一个 2 岁的男孩和一个 2 岁 2 个月的女孩初次见面，大人想一起聊天，就提议这两个小孩一起玩"过家家"。不到两分钟，小孩各自找自己的妈妈了。结果家长一问，才知道他们的"过家家"游戏已经结束了。再问他们是怎么玩的，小女孩回答说："我们给娃娃喂了奶，换了尿布，娃娃睡着了，我们就玩好了。"

(三) 学前儿童想象的总特点：夸张性

1. 想象夸张性的表现

学前儿童想象的夸张性，主要体现为夸大事物的某个部分或某种特征(脱离现实)，以及混淆假想与真实。

引导案例 2-11 中，幼儿描述的西瓜越来越大，在成人看来这已经属于"吹牛"了，但是小朋友之间的交流依然是快乐而认真的，他们较少怀疑对方描述的真实性。这一方面是因为他们此时都处于兴奋和好胜的情绪当中，另一方面也是由于他们的知识经验有限，尚不具备理性的研判能力。他们见过的西瓜有大有小，并不知道西瓜最大可以大到哪一种程度，所以想象出的西瓜可能就大得脱离了现实。

与此同时，学前儿童由于思维水平有限，所以当愿望特别强烈的时候，有可能会混淆想象与现实。引导案例 2-12 就很好地表明了这种现象。4 岁的幼儿，在强烈希望父亲出差的这种愿望之下，就混淆了想象与现实。如此，可以帮助幼儿分清想象与现实之间的差距。问她是否很希望爸爸出差，然后形象地跟她谈谈父亲工作的价值，即让她明白不同的工作有不同的要求和相应的价值，而不是以是否经常出差来衡量工作价值的大小的。此外，还可以准备一些北京的图片，若有可能，以后可以带她到北京旅游，让她更多地了解北京。

2. 想象夸张的原因

幼儿想象的夸张性是其心理发展特点的一种反映。想象夸张的主要原因，涉及以下几个方面。

首先，想象受学前儿童认知水平的限制。由于认知水平尚处于感性认识占优势的阶段，因此学前儿童往往抓不住事物的本质。比如，他们在绘画中表现出来的往往是在感知过程中给他们留下了深刻印象的事物。另外，如前所述，由于知识经验有限，学前儿童往往也难以理性地研判想象是否脱离现实。比如，一些孩子看到路边有一堆沙子，就兴奋地叫道："妈妈，妈妈，快看，那里有沙漠！"雨过天晴，刚升入中班的小朋友看到户外一摊又一摊的水，也激动地欢呼："哇呜，我们到了海边了，有好多海水哟！"

其次，儿童的情绪与愿望会影响想象的过程。学前儿童的一个显著心理特点是具有较强的情绪性，他们感兴趣的、渴望的事物，往往在其意识中占据主要地位，并且也影响他们的认知过程和结果。引导案例 2-11 和 2-12，都体现了情绪对学前儿童想象的影响。其中案例 2-12 还表明了愿望对想象的重要影响。

再次，学前儿童想象的表现能力有限。由于绘画技能、言语表达能力的制约，儿童对自我想象的表现往往不够精确，而经常体现出"夸大"或者"缩小"的夸张特点。比如，画人的时候，人体的躯干、四肢的比例不协调，甚至画出的腿一条大一条小。

四、学前儿童想象与现实的关系

学前儿童的想象与现实体现出看似矛盾的关系。一方面，学前儿童的想象源于现实，但是也常常脱离现实。例如，一位 3 岁 2 个月的小朋友，她的绘画作品中，所有植物的果实，无论是苹果、葡萄、花生还是西瓜，都是长在树上的，这体现了她此时的知识经验(图 2-4 和图 2-5)①。她见过一些长在树上的果实，并以此推广，认为所有的植物果实都有这一相同的特性。可以说，儿童的作品是了解儿童内心世界的窗口，幼儿教师与家长也可以阅读一些有关儿童绘画心理学、作品分析的书籍，提升自己分析儿童作品的能力。

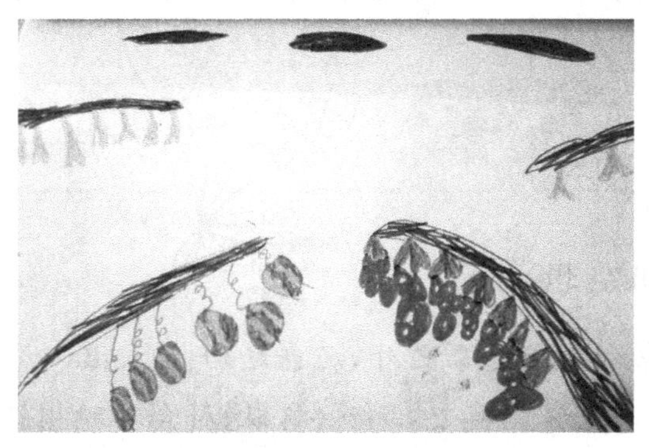

图 2-4 丰收的西瓜和葡萄

图 2-5 丰收的菠萝、葫芦和苹果

① 图 2-4 和图 2-5 的作者是林语佳小朋友，绘画时的年龄是 3 岁 2 个月，特以致谢！

另一方面，他们又具有难以区分想象与现实的特点，导致想象与现实混淆。如引导案例2-12就体现了明显的想象与现实混淆的情况。学前儿童想象与现实混淆的主要原因在于：一方面由于学前儿童认知水平不高，有时往往难以意识到事物的异同，难以察觉到事物的差别；另一方面，同样由于其认知水平不高，混淆了记忆表象和想象出的形象，从而可能把想象出来的形象当成了曾经发生过的事情。特别是他们渴望的事情，经反复想象在头脑中留下了深刻的印象，以至于变成似乎是记忆中的事情了。中、大班幼儿想象与现实混淆的情况已经减少。

五、想象发展的总趋势

学前儿童想象的发展，具有如下这些总的趋势。

首先，先出现无意想象，之后发展出有意想象。这体现了学前儿童心理整体上从无到有、从简单到复杂的发展趋势。记忆的发展也是如此，也是先出现无意记忆，再出现有意记忆。相对而言，无意想象对学前儿童的要求更少，所以先出现。有意想象的水平更高，对学前儿童的要求更多，所以后面才出现。

其次，先出现再造想象，之后发展出创造想象。创造想象是比再造想象更高级别的想象类型，对学前儿童的要求更高。学前儿童基本上以再造想象为主，想象的独立性和新颖性在学前末期才逐渐萌芽和发展。

最后，从想象的极大夸张性，逐渐发展到合乎现实的逻辑性。随着知识经验的增长、其他认知过程的发展，以及想象表现能力的提升，学前儿童的想象日趋合乎现实。还以画人为例，学前儿童最初画的人几乎都是非常夸张的“蝌蚪人”，即一个头，连接着只有一根线那么细小的“躯干”和“四肢”。随着年龄的增长，这些原本只有一根线的“躯干”和“四肢”逐渐就变得丰满或者说“有血有肉”了，但是比例尚不协调，可能两条腿一大一小，两只手一短一长。再随着年龄的增长，不仅“有血有肉”，而且比例也日趋协调了。

拓展阅读 2-11

理想和空想

有意想象包括三种类型，除了再造想象和创造想象之外，还包括幻想(fantasy)。幻想，是与个人生活愿望相结合，指向未来的想象。其中，正确、积极、符合客观规律的幻想是理想，它源于现实生活，又高于生活，推动人们克服困难，不断创新，实现更美好的未来目标。错误、消极、不符合客观规律的幻想是空想，如很多不切实际的“白日梦”。

第二节　学前儿童无意想象和有意想象的发展

引导案例 2-13

我不知道画什么

毛毛拿着画笔，盯着画纸发呆。丁老师询问原因时，毛毛说："我不知道画什么。"丁老师问道："那你喜欢什么呢？"毛毛回答："我喜欢爸爸妈妈，也喜欢桃子、香蕉和蛋糕。"丁老师继续问："刚才你说的，你都想画，还是选一些来画呢？"毛毛答："我想选一些来画。"丁老师又问："那你想选什么来画呢？"毛毛答："我想画爸爸和妈妈。"丁老师再次追问："哦，很好呀！那妈妈是长头发的还是短头发的呀？头发是直直的还是卷卷的呢？你喜欢看她穿裙子吗？爸爸戴不戴眼镜呀……"毛毛若有所思，高兴地说："老师，我妈妈有长长的卷发，她爱穿裙子，我要画了。"毛毛开始专注地画起来。

思考：对于"我不知道画什么"的儿童，除了像丁老师这样启发，您还有什么好办法吗？

引导案例 2-14

我的美食节

上个周末，为了旅游宣传，市里刚刚举办了一个美食节。小三班不少幼儿都去现场体验了，星期一回到班里时，小朋友还意犹未尽地讨论着美食节各种有趣的事情。邓老师组织绘画活动时，便将主题临时更改为"我的美食节"。邓老师本想，小朋友一定会画出美食节的盛况。谁知道，除了几位小朋友画出了一些有趣的活动环节，更多小朋友就画了自己吃过的或者印象比较深的"美食"。

思考：小朋友们的表现与教师的期待有一定的差距，您认为这说明了什么现象？

引导案例 2-15

谁叫你乱画的？

一次，有个幼儿照老师的范画画好一个小朋友之后，旁边又加了一团黑色。画完后，老师问："这是什么乱七八糟的东西？"孩子回答："小朋友的影子。""谁叫你乱画的？你没看见老师就画了一个小朋友吗？"孩子看着黑板上的范画，再看看老师严肃的脸，呆呆地点了点头。

思考:您如何看待绘画活动中的范画现象?

一、学前儿童的无意想象

学前儿童的无意想象,实际上是一种自由联想。自由联想不要求意志努力。学前儿童意识水平低,不仅容易受外界刺激所左右,也容易受个人情绪和兴趣的影响。自由联想是学前儿童特别是3岁前儿童想象的典型形式,它具有如下具体特点。

首先,事先并没有预定目的,通常由外界刺激直接引起。外部环境,给学前儿童提供了丰富的刺激。这些刺激,引发了他们较多的探究行为,也引发了他们丰富的想象。几个平时玩得比较好的4至5岁的幼儿,正在捏胶泥。其他人还在揉搓,甲先捏出了圆形的东西,乙看到了,马上说道:"哇,你的饼干肯定很好吃,给我尝尝吧!"甲高兴地递过去,乙就做出品尝美食的样子,并且评价:"香是很香,就是糖还可以多加一点。"丙听了以后,立刻将胶泥碎屑聚拢,递给甲,豪爽地说:"我这糖是世界上最甜的,都送给你做饼干了,不要钱!"一直默不作声的丁这时候来了一句:"你多做点,等一下我从你那儿进货。我希望你也做一些放糖少的饼干,老爷爷和老奶奶就害怕血糖高。"一会儿,丙捏了一个东西出来,大家又叽叽喳喳地说是乌龟,然后又说到巴西龟的事情上去了。在旁边观察的老师心里直赞叹,这些小朋友想象真是太丰富了!他们每天想的东西都不一样,但是都想得很生动,而且合作得也很自然顺利!

其次,想象的主题往往不稳定,想象的内容零散、不系统。学前儿童的想象通常是由周边的外部环境引发的,因此外部环境改变时,他们的想象也就常常随之改变。可以说,用天马行空形容学前儿童的无意想象,是比较贴切的。比如,上文提到的,学前儿童看到一堆沙子,就联想到沙漠;看到一摊又一摊的水就联想到海洋;看到绳子,联想到蛇。

最后,想象受情绪和兴趣的影响,通常以想象的过程为满足。一般而言,女孩比较喜欢布娃娃、家居类的玩具,男孩比较喜欢汽车、挖掘器械和枪支类的玩具。一位4岁8个月男孩,可能由于父亲是退伍军人的缘故,他简直就是一个小"军事迷"。他喜欢玩具枪、军用造型的玩具坦克和玩具直升机,喜欢听父亲讲当年在部队时候的故事。一次,他跟父亲在野外散步的过程中,遇到几位战士拉练。小男孩对战士们的军装、整齐有力的步伐、抖擞的精神面貌很是向往,目不转睛地看着。待战士们的背影逐渐淡出他的视线,他依然站在原地,恋恋不舍。之后几天,小男孩不停地说自己也是"解放军",要穿"军装",要去"拉练"。小男孩以前吃饭比较磨蹭,可是现在却认认真真地吃饭了,成人表扬他有进步时,他说:"我是解放军啊,你们现在还不知道吗?解放军好能干的!吃饭不掉饭,也不会吃得饭菜都冷了还没有吃完。"说完,脸上一副自豪、陶醉的神情。

二、学前儿童的有意想象

有意想象是在无意想象的基础上发展起来的。它在幼儿期开始萌芽，幼儿晚期有了比较明显的表现，这种表现是：在活动中出现了有目的、有主题的想象；想象的主题逐渐稳定；为了实现主题，能够克服一定的困难。但总的来说，幼儿有意想象的水平还是很低的。可以分别从再造想象和创造想象，来了解学前儿童有意想象的发展情况。

(一) 学前儿童的再造想象

1. 学前儿童再造想象的特点

学前儿童的再造想象，具有如下特点。

一是学前儿童特别是 4 岁以前的儿童，常常依赖于成人的言语描述。比如，有些小班幼儿，在绘画活动中，若老师不加以启发，他们往往不知所措。此时，老师可以进行启发性的提问。比如，引导案例 2-13 中，丁老师对毛毛进行了持续的启发，毛毛在这种层层深入的引导之下，进行了再造想象。

二是学前儿童的再造想象，常常随外界情境的变化而变化。此期的儿童，能够自己设定一些简单的想象目标，使得想象具有了一定的有意性。但是在想象的过程中，学前儿童有可能受外界干扰而使得想象体现出一定程度的无意性。在自由绘画过程中，经常可以看到幼儿互相模仿的现象。比如，在自由绘画之前，幼儿甲对同伴说："天太热了，我要画一个大西瓜来吃。"另一个说："我们家阳台没有花，我要画花装扮阳台。"然后刚开始，他们各自作画。画西瓜的幼儿完成以后，看到同伴画的花似乎还挺好看，于是就在西瓜的旁边画一些花。而画花的幼儿，完成之后，看到同伴的西瓜，比较羡慕，他很可能也在花丛中添一个西瓜。绘画过程中的互相模仿现象，正表明了从想象的无意性到想象有意性之间，有一个过渡阶段。

三是学前儿童的再造想象，常常需要借助实物活动。特别是那些想象刚体现出初步有意性的学前儿童，他们的想象是难以离开材料、难以离开实物活动的。一根竹枝可以当马骑，松果可以当烧烤食材。这些既表明了学前儿童的想象力非常丰富，也表明了儿童的想象离不开材料。这些材料无需精美，只要安全、有探索空间即可。因此，半结构、低结构的实物，更有利于支持学前儿童的想象。

四是刚开始出现的再造想象，多是记忆表象的简单加工，新异性较低。引导案例 2-14中，从小班幼儿的讨论中可以看出，他们记得美食节上各种有趣的事情，但是他们的再造想象水平还比较低，难以在头脑中对这些盛况进行全面深入的加工改造，而只能够对自己吃过的美食进行简单的加工改造。因此，小朋友们的表现与教师的期待有一定的差距，这正说明了刚开始出现的再造想象，多是记忆表现的简单加工，缺乏新异性。

2. 再造想象在幼儿生活中占有重要地位的原因

首先,再造想象比创造想象的发展水平低,它是先出现的有意想象。任何先出现的心理成分,在新的心理成分出现以前,它都具有重要的地位。

其次,幼儿的生活需要大量的再造想象。由于创造想象在学前期出现得比较晚,因此第一节提及的想象在学前儿童心理发展中的意义,无论是促进认知发展、激发积极情绪,还是维持学前儿童的心理健康,基本上都是依赖于无意想象和再造想象实现的。

最后,幼儿再造想象为创造想象的发展奠定基础。尽管学前儿童再造想象的新异性较低,但是它毕竟是学前儿童有意识加工头脑中表象的心理过程。这种锻炼,为之后学前儿童在头脑中创造性地加工表象,奠定了基础。

(二) 学前儿童的创造想象

1. 创造想象发生的标志

创造想象是指根据一定目的、任务,在人脑中独立创造出新形象的过程。从创造想象的概念可知,创造想象具有独立性和新颖性这两个研判的要求。换言之,当学前儿童的想象中具备了独立性和新颖性这两个特点时,就标志着他们出现了创造想象。需要说明的是,就新颖性而言,对学前儿童不应要求过高。通俗而言,创造出的形象是否新颖,可以分两个层次来衡量。一是具有绝对新颖性,二是具有个人新颖性。绝对新颖性,是指独立地创造出前无古人的新形象,这个形象是第一次出现的。个人新颖性,是指之前已经有人创造过类似的形象,但是个体并未见过这些形象,然后在不模仿的情况下,独立地创造出自己之前从未创造过的形象。绝对新颖性通常具有社会价值。个人新颖性对学前儿童而言,具有成长价值,应该受到珍视和鼓励。

2. 幼儿创造想象的发展特点

幼儿期是创造想象开始发生、发展的时期。幼儿创造想象最初步的表现是在再造想象中逐渐加入了一些创造性的因素,具体体现为:一是情节逐渐丰富,二是从原型发散出来的数量和种类逐渐增加。

陈红香以填补成画的测查方法,研究了小、中、大班各 20 名幼儿。结果表明:小班幼儿创造想象的水平很低,在老师的启发诱导下,能够进行想象,但是基本属于再造想象;中班幼儿绘画的新异性比小班幼儿增加了许多,能用图形组合出许多别人意想不到的物品,个别幼儿能画出主题情节;大班幼儿想象的有意性明显发展,想象内容丰富,新颖性增加,独立性发展到较高水平,且力求符合客观现实(各年龄段幼儿具体成绩,详见表2-3)①。

① 陈红香.三至六岁幼儿创造想象发展的调查分析.学前教育研究,1999,76(4):38-39.

表 2-3　不同年龄幼儿创造想象的平均得分

班级	独立性	图案利用情况	新异性	整体布局	小计
小班	1.15	1.30	0.00	1.00	3.47
中班	2.10	17.80	0.80	1.40	22.50
大班	2.80	12.10	0.93	1.30	25.32

3. 幼儿创造想象的主要测查方法

测查幼儿创造想象的方法主要有用途联想和填补成画这两种方法。

用途联想法，是指在规定时间内，独立列举某一常规物品的用途，列举的数量越多、用途越新颖，则创造想象的水平越高。常规物品是指生活中常见的、幼儿熟悉的物品，比如杯子、雨伞、鞋子等等。一般应单独施测，即在限定时间内，询问幼儿杯子的用途，鼓励其列举越多越好、越新越好。评定时，以其罗列的数量和用途的新颖性进行评分。具体以 5 岁的甲幼儿为例。在数量方面，每说出一项给一分。甲幼儿在五分钟之内总共说出了杯子的四种用途，所以这一项得 4 分。在新颖性方面，包括甲，全班超过 5 个人都想到了，这一项的新颖性得分为 0 分。包括甲，若只有 5 人想到，这一项的新颖性得分为 1 分。以此类推，包括甲，如果只有 4 人想到，则新颖性得分是 2 分；如果只有 3 人想到，则新颖性得分是 3 分；如果只有 2 人想到，则新颖性得分是 4 分；如果只有甲一个人想到了，其他人都没有想到，则这一项的新颖性得分为 5 分。甲想出杯子四项用途的新颖性得分情况：一是“喝水”，全班超过 5 人都想到了，得 0 分；二是“刷牙”，全班包括甲有 4 人想到这个用途，得 2 分；三是“装饭”，全班包括甲只有 2 人想到，得 4 分；四是“笔筒”，全班只有甲想到了，得 5 分。所以甲此次用途联想的总得分就是 15 分(数量方面的 4 分，加新颖性方面的 11 分)。

填补成画法，是在规定时间之内，让幼儿在印有一定数量规则图形或者不规则线条的纸上作画，要求他们尽量用上印着的图形或者线条，并且尽量画得跟别人的不一样，以了解幼儿创造想象发展情况的测查方法。规则图形通常采用三角形、圆形和正方形。

特别需要注意的是：首先，同一年龄段幼儿所用的时间和填补成画的材料应该相同；其次，开始之前，要确保幼儿完全理解任务要求；最后，评分标准主要考虑儿童作画过程中的独立性、对图案的利用、新颖性和整体布局，而不以绘画技巧作为标准。

独立性方面的评分，可以参考这一方式：完全独立完成，得 3 分；偶尔看周围小朋友的画并模仿，得 2 分；多次照别人的画，得 1 分。如果不进行独立性方面的单独评分，那么为了避免幼儿之间互相模仿，最好稍微隔开一定的距离。

在图案利用方面，每利用一个得 1 分。具体要求是：将原来印有的规则图形或者不规则线条，有机地融入自己的画当中。

在整体布局方面，可以这样评分：整个画面有明显的主题，得 5 分；零散无主题，得 1 分。中间状态则在 2～4 分，酌情进行评分。

一次测查，独立性、图案利用和整体布局三个方面的得分只评定一次。而新颖性的评分，与用途联想的测查方法相似，是逐项评分的。比如，幼儿甲在印有 10 个规则图形的基础上，画了 10 项，那么这 10 项是要每一项进行新颖性评分的。

最后逐一将儿童的各项得分相加，得出总分。得分越高，表明此时幼儿的创造性想象水平越高。但是，特别需要强调的是，创造想象的测查，应该用于促进儿童的发展，而不是筛选儿童。具体而言，创造想象测查的目的，是为了了解幼儿创造想象的发展现状，或者检验之前所尝试的培养方式是否有效，以便更好地促进他们创造想象水平的发展。教师对儿童进行创造想象的测查之前，务必要端正测查的态度。测查之后，可以为每一位幼儿制订个性化的适应性支持方案，但是不能够公布某一幼儿的测查结果。

三、学前儿童想象力的培养

因为想象力对学前儿童的发展具有重要意义，因此培养学前儿童的想象力，就是一件有价值的事情。如何培养学前儿童的想象力呢？我国学前领域的国家文件，如《幼儿园教育指导纲要（试行）》《3—6 岁儿童学习与发展指南》，都有很多富有指导意义的意见和具体的教育建议。因此，幼儿教师和家长，要想很好地培养学前儿童的想象力，前提就是熟悉和领悟国家文件的有关精神。在这个基础上，再特别做好以下几个方面。

（一）指导和鼓励儿童大量观察，丰富其想象的素材

大量的、多角度、多层面的观察，可以丰富学前儿童的直接经验。前已提及，想象的产生必须同时具备两个条件。一是头脑中要有一定数量的表象，二是具有一定的认知加工水平，能够对表象进行加工改造。丰富儿童的直接经验，让儿童"见多识广"，就能够为其积累大量的记忆表象，为其想象提供丰富的原材料。

《3—6 岁儿童学习与发展指南》就特别强调"幼儿艺术领域学习的关键在于充分创造条件和机会，在大自然和社会文化生活中萌发幼儿对美的感受和体验，丰富其想象力和创造力，引导幼儿学会用心灵去感受和发现美，用自己的方式去表现和创造美""鼓励幼儿在生活中细心观察、体验，为艺术活动积累经验与素材。如，观察不同树种的形态、色彩等"①。

（二）创设宽松民主的氛围，尊重儿童的兴趣和独特感受

教师想当然的、苛求秩序的教育，会扼杀学前儿童创造的热情。引导案例 2-15 中的教师，对幼儿进行的就是一种千篇一律的训练。关于这一点，《3—6 岁儿童学习与发展指南》也特别强调"幼儿独特的笔触、动作和语言往往蕴含着丰富的想象和情感，成人应对幼儿的艺术表现给予充分的理解和尊重，不能用自己的审美标准去评判幼儿，更不能为追求结果的'完美'而对幼儿进行千篇一律的训练，以免扼杀其想象与创造的萌芽"，甚至

① 3—6 岁儿童学习与发展指南. 2012-10-09.

在有关幼儿的绘画教育方面，更是明确指出“幼儿绘画时，不宜提供范画，特别不应要求幼儿完全按照范画来画”①。从这个角度而言，引导案例 2-15 中教师的做法是违背国家文件精神的。

幼儿教师要珍视儿童的原创作品，不要进行技能示范，以免影响、抑制儿童想象力、创造力的发展。同时也不要以成人写实主义的标准评判儿童的作品，比如，不能够用“像”或者“不像”评价儿童的绘画作品、手工作品等。而是多为儿童创设机会，多鼓励儿童创作，多鼓励儿童表达自己的作品。在这个过程中，教师要耐心倾听，学会欣赏儿童的作品。此外，还是要多熟悉《3—6 岁儿童学习与发展指南》中有关教育的具体建议。

（三）组织多种创造性活动，指导和鼓励儿童大胆想象

为了培养学前儿童的有意想象，教师可以提出简单任务，启发儿童为完成任务而积极想象。在儿童不知道如何展开想象时，可以提一些层层递进的启发性问题，如案例 2-13 中的丁老师就对毛毛进行了有效的启发。在儿童的一些想象过程中给予及时的、必要的言语启发和鼓励，有助于儿童理清思路。但是也要特别注意，教师的目的是启发，而不是给出一个标准答案。其实，除了科学领域的科学知识和道德领域的是非对错是明确的，有正确答案外，艺术领域的教育应该是民主、宽松、自由的。教师要多鼓励儿童自由联想和发散思维，鼓励儿童多角度思考问题，学会欣赏儿童富有个性的想法和答案。

艺术活动是多样化的，教师还可以多组织、开展各类创造性的活动，如游戏、手工、绘画、舞蹈、音乐活动，或者以主题讲故事或编故事结尾等，让儿童有更多的机会去发挥想象。教师要多利用各种资源，多尝试各种方式，比如创造想象的测查方法，本身也是培养学前儿童创造想象的途径之一。例如，图 2-7 就在类似于图 2-6 这样的不规则线条上的填补成画。据作品的创造者表述：公主摘了一些柳枝，进行编织，做了一件衣服送给王子，王子也去摘了一些柳枝，做成裤子送给公主，从此他们一起过上了幸福的生活②。

图 2-6　填补成画的不规则线条　　**图 2-7　在不规则线条上的填补成画**

① 3—6 岁儿童学习与发展指南. 2012-10-09.

② 图 2-7 的作者是林语佳小朋友，有关故事情节也是她表述的，绘画时的年龄是 6 岁 1 个月，特以致谢！

拓展阅读 2-12 >>>

有关儿童艺术研究和教育的文献

① 克莱尔·格罗姆著:《儿童绘画心理学——儿童创造的图画世界》(李甦译),北京:中国轻工业出版社,2008 年。内容简介:集中体现了有关儿童视觉艺术、想象、象征性游戏等领域的工作成就,不仅详细勾画了正常儿童绘画能力的发展,还涉及了美术天才、智障儿童的状况,并介绍了绘画与认知、情感、人格的关系,以及社会文化背景对儿童绘画的影响。

② 蓝剑虹著:《许多孩子,许多月亮》,北京:东方出版社,2011 年。内容简介:30 个美术活动,从开放和探索出发,突破传统教育的方法和思维,在与孩子的实际互动中,得到许多惊奇动人的结果。

③ 芭巴拉·荷伯豪斯,李·汉森著:《儿童早期艺术创造性教育》(邓琪颖译),南宁:广西美术出版社,2009 年。内容简介:指导儿童富有创意地使用各种艺术材料,教会儿童在了解视觉世界和艺术世界时,要怎样看和去感受什么,通过各种类型的艺术活动,鼓励儿童的发散性思维和独特的艺术表达。

【本章小结】

1. 想象的概念及其分类

要界定想象的概念,首先要了解表象。表象是指人们在头脑中出现的关于事物的形象。想象,是指对头脑中的表象进行加工改造,形成新形象的过程。

根据想象的目的,可以将想象分为无意想象和有意想象。其中,无意想象是指没有预定的目的,不由自主产生的想象。有意想象是指按照一定目的,自觉进行的想象。根据想象产生过程的独立性和想象内容的新颖性,可以将想象分为再造想象和创造想象。

2. 想象在学前儿童心理发展中的意义

学前期是想象最为活跃的时期,想象几乎贯穿于学前儿童的各种活动中,对其认知、情绪的发展,以及游戏、学习活动具有十分重要的意义。

首先,学前儿童的认知发展离不开想象。体现为想象的产生是学前儿童认知发展的标志之一,并且有力地推动其认知的发展。其次,想象与学前儿童的情绪密不可分。一方面,想象往往能引发学前儿童的积极情绪,让儿童获得愉悦和丰富的情绪体验。另一方面,情绪又反过来影响儿童的想象。最后,想象是维持学前儿童心理健康的重要手段。

3. 想象的产生及学前儿童想象的特点

想象发生在 1 岁半至 2 岁期间。因为想象的产生必须具备两个条件,一是头脑中要有一定数量的表象,二是具有一定的认知加工水平,能够对表象进行加工改造,而此期的学步儿具备了这两个条件。

最初想象具有三个特点：一是多属于记忆表象在新情景下的复活；二是多属于简单的相似联想；三是情节组合简单。

学前儿童想象的总特点：夸张性。这种夸张性，主要体现为夸大事物的某个部分或某种特征(脱离现实)，以及混淆假想与真实。想象夸张的原因：首先，想象受学前儿童认知水平的限制；其次，儿童情绪与愿望会影响想象的过程；再次，学前儿童想象的表现能力有限。

4. 学前儿童想象与现实的关系

一方面，学前儿童的想象源于现实，但是也常常脱离现实；另一方面，他们又具有难以区分想象与现实的特点，导致想象与现实混淆。

5. 想象发展的总趋势

首先，先出现无意想象，之后发展出有意想象。其次，先出现再造想象，之后发展出创造想象。最后，从想象的极大夸张性，逐渐过渡到合乎现实的逻辑性。

6. 学前儿童的无意想象和再造想象

学前儿童的无意想象，具有这些特点：首先，事先并没有预定目的，通常由外界刺激直接引起；其次，想象的主题往往不稳定，想象的内容零散、不系统；最后，想象受情绪和兴趣的影响，通常以想象的过程为满足。

学前儿童的有意想象是在无意想象的基础上发展起来的。它在幼儿期开始萌芽，幼儿晚期有了比较明显的表现，这种表现是：在活动中出现了有目的、有主题的想象；想象的主题逐渐稳定；为了实现主题，能够克服一定的困难。但总的来说，幼儿有意想象的水平还是很低的。

学前儿童的再造想象，具有这些特点：一是学前儿童特别是 4 岁以前的儿童，常常依赖于成人的言语描述；二是学前儿童的再造想象，常常随外界情境的变化而变化；三是学前儿童的再造想象，常常需要借助实物活动；四是刚开始出现的再造想象，多是记忆表象的简单加工，新异性较低。

再造想象在幼儿生活中占主要地位的原因：首先，再造想象比创造想象的发展水平低，它是先出现的有意想象；其次，幼儿的生活需要大量的再造想象；最后，幼儿再造想象为创造想象的发展奠定基础。

7. 学前儿童创造想象的发生、发展、测查及其培养

学前儿童创造想象发生的标志是想象过程具有独立性，想象结果体现出新颖性。

幼儿创造想象的发展特点：幼儿期是创造想象开始发生、发展的时期。幼儿创造想象最初步的表现是在再造想象中逐渐加入了一些创造性的因素，具体体现为：一是情节逐渐丰富，二是从原型发散出来的数量和种类逐渐增加。

测查幼儿创造想象的方法主要有用途联想和填补成画这两种方法。

要想很好地培养学前儿童的想象力，前提就是熟悉和领悟国家文件的有关精神。在这个基础上，再做好这几个方面：指导和鼓励儿童大量观察，丰富其想象的素材；创设宽松民主的氛围，尊重儿童的兴趣和独特感受；组织多种创造性活动，指导和鼓励儿童大胆想象。

本 章 检 测

一、思考题

1. 何为表象和想象？如何给想象分类？
2. 想象的产生需要什么条件？想象大致发生在什么年龄？
3. 学前儿童最初想象的特点，以及想象的总特点是什么？想象的发展有何趋势？
4. 学前儿童想象夸张的表现和导致想象夸张的原因分别是什么？
5. 学前儿童想象与现实有何关系？
6. 学前儿童的无意想象和再造想象，分别具有哪些特点？
7. 再造想象在幼儿生活中占有重要地位的原因是什么？
8. 创造想象的发生有何标志？幼儿创造想象的发展具有什么特点？
9. 请联系实际，阐述如何培养学前儿童的想象力。

二、实践应用题

幼儿想象力的测查研究：小组合作，以用途联想和填补成画的方法，分别测查小、中、大班各一个自然班幼儿的创造想象，并统计出测查结果。

第五章

学前儿童思维的发展

学习目标

1. 了解学前儿童思维过程、思维材料与思维形式的发展
2. 理解思维的概念、思维在学前儿童心理发展中的意义
3. 掌握学前儿童思维发展的趋势以及促进思维发展的措施
4. 能够应用皮亚杰的守恒法考查学前儿童的思维发展水平

第一节　思维概述

引导案例 2-16

芷溪扯下桌布拿到了面包

1岁9个月的芷溪特别爱吃面包。一天早餐前，她看到饭桌上放着面包，就激动地叫起来："啊，包包，包包！"然后牵着妈妈的手，指向饭桌。妈妈笑了笑，柔声地鼓励她："芷溪长大了，芷溪想办法拿到面包，好吗？"芷溪一手撑着饭桌的边沿，一手使劲地伸向面包，可是够不着。芷溪着急了，大声地叫道："妈妈，妈妈，拿，拿！"妈妈再次鼓励，芷溪就继续扑腾。突然，她无意中扯到了桌布，带动了桌上的面包。芷溪愣了一下，看看面包，看看桌布，然后直接将桌布扯向自己的方向，拿到了面包。她大啃一口，看着妈妈，一脸的自豪。

思考：芷溪的动作意味着她什么心理成分已经出现了？

一、思维的概念及分类

（一）思维的概念

思维(thinking)是人脑对客观现实概括的、间接的反映。思维的概括性，是指思维能够反映事物的本质、能够反映事物之间的本质联系和规律。思维的间接性，是指思维总是通过媒介来反映事物的。

比如，“月晕而风，础润而雨”这一谚语，意即柱子的基石湿了就会下雨，月亮出现晕轮就会刮风，直到今天这一谚语依然是应验的。这说明，“月晕而风，础润而雨”反映了下雨和刮风之前的一些基本征兆。同时，“雨”和“风”，并非是已经下了，或者已经刮着了，而是通过“础”和“月”这两个媒介来反映的。因此，这则谚语很好地体现了思维的概括性和间接性。

（二）思维的分类

1. 直观动作思维、具体形象思维和抽象逻辑思维

根据思维借助的工具不同而划分，可以将思维分成三类：一是直观动作思维(intuitive-action thinking)，这是借助具体的动作而进行的思维类型；二是具体形象思维(concrete-image thinking)，这是借助表象而进行的思维类型；三是抽象逻辑思维(abstract thinking)，这是借助语词、数字等抽象符号而进行的思维类型。

2. 聚合思维和发散思维

根据思维的方向性来划分，可以将思维分为聚合思维和发散思维。

聚合思维(convergent thinking)，是根据已知的信息，利用熟悉的规则解决问题的思维类型，或者从给予的信息中，得出逻辑的结论的思维类型。发散思维(divergent thinking)，是指沿着不同方向思考，重新组织当前的信息和记忆系统中存储的信息，产生大量独特新思想的思维类型。

3. 常规思维和创造性思维

根据思维结果的新颖性来划分，可以将思维分为常规思维和创造性思维。

常规思维(nomative thinking)，是指运用现有知识，按现成方案和程序直接解决问题的思维类型。创造思维(creative thinking)，是指重新组织已有知识，提出新的方案或程序，并创造出新成果的思维类型。新成果可能具有社会价值，也可能只有个人娱乐或成长价值。

二、思维的结构

思维的基本结构包括思维的目的、思维的过程、思维的材料与形式、思维的自我意识，以及思维的品质。

（一）思维的目的

思维的目的，是指思维总是针对特定的问题，它往往表现在人们解决问题的过程当中。

如何打开礼物？如何让妈妈过生日的时候高兴？如何画出美丽的春天？不小心碰坏小朋友搭的“轮船”了，该怎么办？这些都是具体的问题。为了解决这些问题，学前儿

童就会进行思维，比如是让爸爸帮忙打开礼物，还是自己去找剪刀？等等。

通俗而言，思维就是动脑筋，而人们通常在遇到问题、想解决问题，以及在解决问题的过程中动脑筋。

（二）思维的过程

思维的过程包括三个方面：一是分析与综合，二是比较，三是抽象和概括。

其中，分析（analysis），是指在头脑中将事物的整体分解成各个部分或各个属性。综合（synthesis），是指在头脑中把事物的各个部分、各个特征、各种属性结合起来，了解它们之间的联系，形成一个整体。可见这是两个互补的过程。

比较（comparison），是指把各种事物和现象加以对比，确定它们的共同点、不同点及其关系的过程。比如，引导学前儿童比较小鸡和小鸭的相同点和不同之处。

抽象（abstraction），是在思想上抽出各种事物与现象的共同的特征和属性，舍弃其个别特征和属性的过程。以"鸟"为例："有羽毛""有喙""卵生""动物"，分别是鸟的共同特征和属性；"会飞"和"漂亮"就并非鸟的共同特征和属性。概括（generalization），是指在抽象的基础上，所得到的对事物的认识。概括可分为初级概括和高级概括。其中，只是在感知水平上的概括，称为初级概括。比如，由麻雀会飞，喜鹊会飞，老鹰会飞，就得出了初级的概括——鸟是会飞的动物。或者看到孔雀漂亮，丹顶鹤漂亮，各类鹦鹉漂亮，就简单概括出"鸟是漂亮的动物"。殊不知，鸵鸟是鸟，但是鸵鸟就不会飞；同时一些鸟的确漂亮，但是另一些鸟可能就不算漂亮。高级概括，是指根据事物内在联系和本质特征进行的概括。比如，在抽象的基础上，将鸟概括为"鸟是有羽毛、有喙、卵生的动物"。

（三）思维的材料与形式

思维的材料与形式包括命题、概念、判断和推理。

命题（proposition）是思维活动的基本意义单位，它是一种符号表征，用来表示两个或者多个事物之间的关系，是指"凡陈述句表达的意义"。取动词含义时，命题是"给定题目"。在这里，"命题"显然取名词含义。

概念（concept），是思维的基本形式，是人脑对客观事物的本质属性的反映。概念与命题的关系是——概念是那些体现了事物本质特征的命题。概念通常是用词来表示的，词是概念的物质外衣，也就是概念的名称。

判断（judgment），是人脑借助语言对客观事物的特性或客观事物之间的联系进行分析与综合，从而对事物做出肯定或否定的认识。

推理（inference），是指人在头脑中由具体事物归纳一般规律，或根据已有的判断推出新结论的思维形式。推理要正确，必须同时具备两个条件：前提正确，推理形式正确。常用推理形式有归纳、演绎、类比。其中，只要演绎推理的前提是正确的，其结论就一定是正确的。其他推理形式如归纳推理和类比推理，通常是或然性的推理，即前提正确，结论也未必正确。

此外，思维的结构中还有思维的自我意识和思维的品质。其中思维的自我意识，是指思维具有自我觉知性和自我监控性，它是人类理性的体现。思维的品质一般包括：思维的逻辑性和深刻性，即想得深；思维的发散性和广阔性，即想得宽；思维的独立性和批判性，即想得新；思维的敏捷性和流畅性，即想得快。

三、思维在学前儿童心理发展中的意义

（一）思维的发生使儿童的认知过程发生重要质变

首先，思维的发生标志着儿童的各种认知过程已经齐全。认知过程是指学习知识和运用知识的过程，包括感知觉、记忆、思维、想象和言语。其中，思维是最高形式的认知过程。因此，思维的发生，意味着儿童所有的认知过程都已经齐全了。

其次，思维深化了其他认知过程。思维的参与，使得儿童的其他认知过程变得更加理性和深刻，从这个角度而言，思维深化了儿童的其他认知过程。

（二）思维的产生和发展使儿童的个性开始萌芽

思维影响儿童的情感、意志和社会性行为，思维使得儿童的情感逐渐深刻化，行为反应也逐渐摆脱对成人的依赖，从而体现出个人的行为处事风格，促进个性的萌芽。

四、思维的发生

前已提及，思维总是针对特定的问题，它往往表现在人们解决问题的过程当中。丁祖荫认为，应该以“能否发现事物之间的联系”和“能否作间接的、概括的反映”作为确定思维发生的指标①。因此，当学前儿童持续地体现出解决问题的智慧性动作时，就意味着思维萌芽了。1.5～2岁的学步儿，已经开始持续地出现解决问题的智慧性动作，因此思维便大致发生在1.5～2岁期间。引导案例2-16中，芷溪能够发现桌布与面包之间的关系，能够明白通过桌布可以拿到面包，这就是解决问题的智慧性动作，这意味着她的思维已经发生了。

拓展阅读2-13

片面发展的“神童”能走多远？

思维萌芽于生活情境，发展于生活和学习情境。生活中蕴含着广泛的学习活动（如生活自理、与人交往的经验等等），学科知识的学习只是人生的重要组成部分，并非全部。可惜，一些父母为了让儿童早日系统地学习学科知识、艺术技能，人为地破坏了孩子生活的完整性，结果揠苗助长。

例如，昔日被捧为神童的学生，在刚满17岁时就考上了中国科学院高能物理所硕博

① 丁祖荫. 儿童思维发展的几个问题. 心理科学通讯. 1984(5):52-57.

连读研究生，而在2003年8月，已经上了三年研究生的他却被中科院退学，原因是“长期生活不能自理，并且知识结构不适应中国科学院高能物理研究所的研究模式”①。其母亲认为，孩子只有专心读书，将来才会有出息，于是她包下了所有家务活，包括给儿子洗衣服、端饭、洗澡、洗脸，并且给儿子喂饭到高三。退学回家之后，母子矛盾不断，当事人甚至说恨母亲。无独有偶，2012年，珠海某“小神童”也因为生活自理能力太差，知识机构不适应中科院的研究模式而退学②。

给儿童灌输与年龄不符的学科知识，对其当下的生活并无意义，相反剥夺了此期该获得的生活经验和游戏的时间，甚至导致厌学。这些孩子可能暂时赢得了一些短跑，却最终输掉了人生的长跑。

第二节　学前儿童思维的发展与培养

引导案例 2-17

树妈妈流了很多血

多年前的深秋，重庆某高校的法国梧桐树又到了一年一度修剪枝丫的时候。一个4岁小男孩突然停住脚步，问身边的阿姨：“阿姨，树妈妈被砍了，流了很多血，流了很多白色的血，好痛的哦！树妈妈的儿子为什么不来帮她呀？”阿姨轻轻告诉他，修剪枝丫是必要的。他似乎没有听进去，自言自语地说：“要是有人这样欺负我的妈妈，我就不得干！③”

思考：小男孩的思维体现出哪些特征？

引导案例 2-18

他是好人还是坏人？

小班上学期，杨老师忽然留心到一个现象：每当看动画片的时候，一旦出现一个新的角色，不少小朋友就会问：“杨老师，他是好人还是坏人？”待杨老师回答之后，小朋友似乎就安心了。

思考：小朋友为何这么关心角色是好人还是坏人呢？

---

① http://news.sina.com.cn/e/2005-05-18/14016678531.shtml，2014-11-12.

② http://www.022net.com/2012/11-28/442620383272447.html，2014-09-10.

③ “不得干”，重庆、四川一带的方言，意即“不同意”“不妥协”。

引导案例 2-19

鸟是会飞的动物吗?

苏老师正在组织一个中班的科学活动《鸟》。苏老师让小朋友们说一说自己见过的鸟,并且尽量说说鸟有什么特点,是一种什么样的动物。溜溜说:"我见过鹦鹉,是虎皮鹦鹉,可漂亮了。鸟是美丽、叫声很好听的动物。"童童说:"我见过麻雀,很小,我觉得鸟是会飞的动物。"小敏说:"鸵鸟好大,好像是飞不动的。"小蓝说:"鸵鸟是不会飞的,我爸爸讲过。"子悦接着说:"那鸟就是不会飞的动物。"溜溜说:"所以我说,鸟是漂亮的、叫声很好听的动物。"

思考:学前儿童从生活中获得的概念,具有哪些特点?在这个案例里,您认为可以如何帮助他们形成科学的概念?

引导案例 2-20

我今天吃了5碗饭!

2岁4个月的蓓蓓非常自豪地跟妈妈说:"我今天吃了5碗饭!老师夸我能干呢!"妈妈很是吃惊,第二天专门就此事与老师交流,得知蓓蓓那天大大小小共吃了3碗饭,即吃完大半碗饭的情况下,又加了两次小半碗饭。

思考:您认为儿童在学习使用概念的过程中,具有什么特点?

一、学前儿童思维发展的趋势

(一) 思维方式的变化

从思维方式的变化而言,学前儿童将依次出现三种类型的思维:1.5～2岁的学步儿出现直观动作思维的萌芽,延续到3岁左右;4～5岁左右的幼儿出现具体形象思维并且开始逐渐占据主导地位;学前晚期出现抽象逻辑思维。

学前儿童的思维结构中,三种思维方式并不是逐一替代的关系,而是明显地体现出并存发展的现象。比如,当抽象逻辑思维出现以后,若儿童遇到简单且熟悉的问题时,他们固然能够运用抽象水平的逻辑思维,不过更多情况下,在儿童思维结构中占优势地位的依然是具体形象思维。而一旦遇到的问题比较复杂、困难程度较高时,儿童又不得不求助于直观动作思维。

(二) 思维工具的变化

伴随着思维方式的变化,学前儿童的思维工具也发生了相应的变化。当思维方式从直观动作思维,发展到出现具体形象思维,再出现抽象逻辑思维时,学前儿童思维的工具，也相应地由借助直观动作进行思维，到逐渐借助表象进行思维，再过渡到借助抽象逻辑符号进行思维。从思维工具的变化，也可以看出学前儿童的思维活动，遵循由外显变为内隐、由展开变为概括的发展趋势。

（三）学前儿童思维反映内容的变化

随着年龄的增长，学前儿童思维反映的内容也发生了积极的变化：逐渐从反映事物的外部联系和现象，到反映事物的内在联系和本质；逐渐从反映当前的事物到反映未来的事物。

二、学前儿童三种思维方式和思维过程发展的特点

（一）学前儿童三种思维方式的特点

1. 学前儿童直观动作思维的特点

直观动作思维和具体形象思维出现的年龄段，基本上处于皮亚杰所提出的前运算阶段当中。学前儿童直观动作思维的突出特点是外显性和动作性，即这一类型的思维与儿童具体的外部动作紧密联系，动作停止，思维也往往随之而止。换言之，此期儿童的思维通常是缺乏计划和预见性的。

比如，若询问正在玩积木的 2 岁学步儿，准备搭什么时，他要么难以回答，要么回答的内容和最终完成的内容之间出入很大。他们在搭之前是难以在心里构建蓝图的，只能够边搭边思考，搭的过程中也很容易受感知觉经验的影响。这个过程中，会充满变化。

2. 学前儿童具体形象思维的特点

学前儿童的具体形象思维，具有这些基本特点：内隐性、思维内容的具体形象性、自我中心性。

由于具体形象思维借助的工具是表象，而表象是头脑中的形象，是内隐的。因而，相对于直观动作思维而言，具体形象思维具有一定的内隐性。

思维内容的具体形象性，表现在此期儿童往往是依靠事物在头脑中生动的、鲜明的形象来思维的。学前儿童的头脑中往往充满着颜色、形状、声音等生动的形象。比如，公主总是“美丽”的，巫婆总是“丑陋”的，兔子总是“小白兔”，狼总是“大灰狼”，儿子总是“小孩”。因为如此，一位 4 岁的男孩，听到刚从乡下来的爷爷称呼自己爸爸为“儿子”时，很是惊讶。与此相似，虽然此期的儿童已经初步地学会了如何使用语言，但是他们只能够掌握那些现实生活中常见的、代表实际物体的概念，难以掌握抽象概念和抽象的关系。比如，一听到“大米”，南方的小朋友基本上都知道是用来煮饭的食物。但是一听到“纳米”，即便成人耐心解释，小朋友也很难理解。

自我中心性是具体形象思维突出的特征。自我中心性（egocentrism）是皮亚杰通过研究提出来的现象。前文已经提及，所谓自我中心性，是指儿童难以站在他人的角度看问题，认为所有的人都有相同的感受。自我中心性突出表现在思维的不可逆性

(irreversibility)、泛灵论(animism)和中心化(centration)三个方面。

不可逆性,一方面表现在学前儿童此期理解的各种关系基本上是单向的、不可返回的。比如,问一个有姐姐的3岁女孩小荷:“小荷,你有姐姐吗?”小荷答:“有。”“你的姐姐叫什么名字?”小荷答:“小莲。”“小莲有妹妹吗?”小荷答:“没有。”不可逆性的另一个表现是,儿童暂未形成守恒观念。守恒(conservation),是指个体对物体在形态、形状、排列方式、容量等表面上发生改变而实质不变的情况下,对其知觉仍保持不变的心理倾向①。以液体守恒实验为例:第一步,将同样大小的两个杯子A、B装好水,确保液面在同一高度。第二步,询问儿童,两个杯子里的水是否一样多。若儿童认为一样多,则继续第三步,若儿童认为不一样多,则略微调整,直到儿童确认是一样多时才完成。第三步,当着儿童的面,将其中一杯水A倒入另一个高而细的杯子C中,再让儿童比较杯子B和C中的水是否一样多,并说明理由。若儿童认为一样多,则说明儿童已经具有了液体守恒的观念;若认为不一样多,则尚不具备守恒的观念。守恒除了液体守恒,还有长度守恒、面积守恒、数量守恒、体积守恒等等。

泛灵论,是指儿童此期通常认为外界的一切事物都是跟自己一样是有生命、有灵性的。这体现在儿童认为无生命的客体也具有思想、愿望、感情和意图等动物生命体才有的特征。皮亚杰认为,由于幼儿自我中心地把人的意图赋予物理事件,魔幻式思维在幼儿期就表现得较为普遍②。比如,太阳是“太阳公公”,月亮是“月亮姐姐”,春天是“春姑娘”。泛灵论式的思维特征,还体现在此期儿童认为植物具有与人一样的思想和情感。引导案例2-17中的小男孩,此时就表现出泛灵论的特征,他认为树木是有感知、思想和情感的,有母子关系,会流血,会疼痛。

中心化是指儿童只注意到一个情景的某一个方面,而忽视了其他方面,具有片面性、绝对化的特征,缺乏灵活性。引导案例2-18,就表明了此时儿童的思维想问题有绝对化的倾向,非黑即白,难以辩证地看问题。一个人要么是好人,要么是坏人,他们很难理解一个人既有优点又有缺点,有时候有善举,有时候可能表现不佳。又比如,在液体守恒实验中,很多儿童只看到杯子C里的水很高,但是没有注意到杯子C很细长。他们此时往往容易被感知到的外部特征所迷惑。

处于具体形象思维阶段的儿童,在理解事物的时候需要依赖自己的已有经验,容易受自己有限的生活经验所制约。比如,甜是自己吃过的糖果的味道。苦是药和苦瓜的味道。他们难以理解一个人“长得甜”,也难以理解一个人“心里苦”。儿童往往受制于自己有限的经验,以自己为中心思考问题,难以站到对方的角度看问题。所以,他们难以理解自己的左边,就是跟自己面对面站的人的右边——这太难了。因此带操的老师,跟孩子

① 林崇德,杨治良,黄希庭.心理学大辞典.上海:上海教育出版社,2003:1162.

② 劳拉·E.伯克.伯克毕生发展心理学:从0岁到青少年(第4版).陈会昌,译.北京:中国人民大学出版社,2014:240.

面对面时，如果希望孩子出左手，老师往往就出右手。如此就只要清晰地说，“小朋友们，跟老师出一边的方向”，小朋友就理解了。

3. 学前儿童抽象逻辑思维的特点

学前儿童抽象逻辑思维的典型特征是处于刚刚萌芽的较低水平。在适当培养学前儿童思维缜密性和概括性的同时，切不可高估其抽象逻辑思维的发展水平，切忌选择枯燥无味、脱离其生活经验的教育内容和教育方式，而应该兼顾教育内容和教育方式的生动性和趣味性，即幼儿园的教育应该“以游戏为主”。即便到了小学，低年级儿童的抽象逻辑思维发展水平依然较低。小学低年级教材中印制有大量生动的图片，也显示了教材对儿童思维发展水平的贴心关照。

(二) 学前儿童思维基本过程发展的特点

心理学家一般认为分类活动是研究思维过程的一个较好的方法，因为分类操作包括一系列的复杂思维活动，如比较、分析、综合、概括以及种和类的关系等等，由此可以观察到思维发展的不同情况①。因此，学前儿童思维的基本过程中，有关分类的研究较多，对专门研究儿童分析、综合、比较和概括的相对欠缺。根据儿童心理发展从简单到复杂、由低级到高级的发展趋势，可以推测学前儿童分析与综合的发展，将由借助事物具体形象的感知水平的分析与综合，逐渐过渡到借助语词的抽象水平的分析与综合。在比较方面，学前儿童往往先学会找出事物的相应部位，然后学会找出物体的不同之处，再学会找出物体的相同之处，最后学会找出物体的相似之处。在概括方面，学前儿童由表面的、具体的感知经验的概括水平，逐渐发展到开始进行某些内部的、接近本质的概括水平。但是具体在什么年龄出现这些变化，尚有待研究。

我国学者王宪细等人的有关研究表明，4～9 岁儿童分类的发展，大致沿袭了这一顺序：不能分→依感知特点分→依情境分→依功用分→依概念分②。王宪细等人认为，依据感知特点分类，是儿童最初级的综合和概括。因为依据当前感知到的具体属性进行分类的，就意味着离开了感知到的属性就不能归类了。依据情境分类，是指依据生活经验中的具体情境进行分类，比如将医生、药、针具、护士服分成一类。这看起来似乎还是建立在具体感知的基础上，但是它不再是当前直接感知的属性，而是生活经验中曾经发生过的感知印象的再现，稍有进步了。按照功用分类，更是脱离了具体的感知属性，而表现出儿童对事物内在联系的理解，体现了初步概括的能力。比如将锅碗瓢盆和餐桌椅分成一类，表明儿童已经理解这些工具之间的关系，它们都是用来做饭或者吃饭的。那么儿童的分类水平具体是如何发展的呢？王宪细等人发现，4 岁前儿童基本上还不会分类，5～6 岁是分类活动有较大变化的年龄阶段，6～7 岁的儿童开始

---

① 王宪细. 国外有关儿童思维发展的一些研究. 心理科学通讯，1964(2)：36-40.

② 王宪细，刘静和，范存仁. 四至九岁儿童类概念的发展的实验：Ⅱ儿童分类中的概括特点的实验研究. 心理学报，1964(4)：352-360.

逐渐能够依据事物的功用和本质特点来分类。这说明他们抽象概括能力已经发展到一个新的阶段。

另有学者采用自由分类的方法，对 3～7 岁幼儿在只有“形状”和“大小”二维属性条件下的分类情况进行研究。结果表明，3～5 岁幼儿多按照大小进行分类，而 6～7 岁的幼儿多按照形状进行分类。这说明 3～7 岁之间，幼儿体现出由“按大小分类”到“按形状分类”的发展趋势①。

三、学前儿童掌握概念的发展情况

(一) 学前儿童掌握概念的主要方式

概念的掌握是针对个体而言的，它是指儿童掌握社会上业已形成的概念。在整个学前期，儿童主要通过实例逐渐掌握概念，在学前晚期则辅以通过语言理解获得概念。因此，对学前儿童进行概念教育，要注意三个方面：一是从儿童的生活经验出发进行引导；二是为儿童提供反例；三是充分注意所选择例子的代表性。

(二) 学前儿童概念发展的特点

1. 以掌握熟悉的实物概念为主，向掌握抽象概念发展

儿童更容易掌握那些具有适当信息量的、与生活紧密关联的实物概念。信息量过少不利于儿童理解概念，信息量过多又加重儿童的认知负担。因此，儿童最先掌握的往往是信息量适度的基本概念，然后才上行到信息量更少的上位概念和下行到信息量较多的下位概念。具体而言，学前儿童掌握概念，有一个“从中间向两端”的发展倾向。这是什么意思呢？我们试着看这一组概念：生物→植物→水果→西瓜→西瓜瓤→西瓜瓤细胞→西瓜瓤细胞壁。其中，学前儿童就比较难以理解“生物”“西瓜瓤细胞壁”这一组概念的两端，而更容易理解“西瓜”，其次是“水果”和“西瓜瓤”，因为西瓜与学前儿童的生活经验结合得更加紧密，学前儿童更加熟悉，所以也就更好掌握。

除了这一共同特点之外，各年龄段幼儿掌握实物概念还有各自的特点：小班幼儿的实物概念内容，基本上代表幼儿所熟悉的某一个或某一些事物；中班幼儿则能够在概括水平上指出某一些事物比较突出的特征，特别是功用上的特征；大班幼儿开始能够指出某一实物若干特征的总和，但是还只限于所熟悉事物的某些外部和内部的特征，而不能很好地区分本质和非本质特征②。例如问：“什么是狗?”小班幼儿可能答：“狗就是那个大狗(指自己所见过的狗)。”中班幼儿答：“狗是家里养的、可以看家的。”大班幼儿答：“狗是宠物，是动物，会‘汪汪’叫的，狗的嗅觉很灵敏。”

2. 数概念的产生与发展，经历了由具体到抽象的过程

相对而言，数概念比实物概念更加抽象。尽管在生活中成人都比较注重对儿童口头

---

① 阴国恩.材料的几何属性差异对 3—7 岁儿童分类标准影响的研究.心理科学，1996：261-319.

② 朱智贤，林崇德.思维发展心理学.北京：北京师范大学出版社，1986：450-451.

数数的教育，学前儿童接触数量的机会也不少，但是掌握数概念还是有困难，因此也就比掌握实物概念更晚一些。掌握数的概念，意味着儿童理解数的实际意义、数的顺序和数的组成①。

据我国学者的有关研究表明，儿童形成数概念，大致经历口头数数→给物说数→按数取物→掌握数概念四个发展阶段(表 2-4)②。由表 2-4 可知，儿童数概念的形成和发展有明显的年龄特征，其中 2～3 岁和 5～6 岁是儿童形成和发展数概念的两个关键年龄时期。

表 2-4　学前儿童在数概念发展四个水平上达到的平均数目分布表

年龄(岁)	口头数数	给物说数	按数取物	掌握数概念
1～2	1	0	0	0
2～2.5	4	2	2	1
2.5～3	9	5	4	2
3～4	19	15	9	5
4～5	50	39	34	11＋
5～6	88	84	80	23＋
6～7	97	92	87	29＋

备注：达到数目按平均数计算，取整数。

3. 学前儿童掌握概念内涵、外延过程中的特点

学前儿童获得概念的过程中，比较突出的特点是了解、熟悉较多概念的名称，但是却难以真正掌握概念的内涵和外延。他们往往对概念的内涵掌握得不精确，对外延的把握不恰当。

比如，引导案例 2-19 中，儿童认为鸟是会飞的动物，体现了儿童对鸟的内涵掌握得不精确，对鸟的外延把握得不恰当。尽管儿童会煞有介事地使用一些概念，但是这不代表其能准确理解其中的真正含义。比如引导案例 2-20 中，儿童在用“5”这个数字了，但是未必能够真正理解什么是“5”。或许她想表达的就是“我今天吃了很多”的意思，而且她的确也吃了很多。类似地，一些学前儿童会说要和谁结婚，但是这不意味他们知道结婚的真正内涵。他们的表达通常是有情境性的，或许就是喜欢甚至感谢某位小朋友的意思，成人不要因此而要去办一个所谓的集体婚礼——否则便会误导儿童，有可能引发他们性早熟。

此外，学前儿童对概念的掌握，还体现出基本的发展趋势。一是在类概念的发展方面，学前儿童对概念的分类标准和排除依据，由感知特点逐渐向更高级别的物体功能和本质属性过渡。二是概念的定义水平，由不能够下定义，逐渐发展到依据感知特点等表

① 朱智贤，林崇德. 思维发展心理学. 北京：北京师范大学出版社，1986：450-451.

② 朱智贤，林崇德. 思维发展心理学. 北京：北京师范大学出版社，1986：450-452.

面属性进行下定义，再发展到依据概念的本质属性下定义。三是在概念的守恒方面，由完全不能够守恒，发展到能够部分守恒，并且向完全能够守恒发展。

（三）测查学前儿童掌握概念水平的方法

1. 分类法

所谓分类法，就是在儿童面前随机摆好若干张画有他们熟悉的物品的图片（内含几个种类），让儿童把自己认为有共同之处的那几张放在一起，并说明理由。根据儿童图片分类的情况和说出的理由，了解其掌握概念的水平。

2. 排除法

排除法实际上是分类法的一种特殊形式。即在儿童面前放若干组图片，每组 4～5 张。其中有一张与其他几张是非同类关系，要求儿童将这一张找出来，并说明理由。

3. 定义法

定义法也称为解释法，即说出一个儿童熟悉的词（概念），请儿童加以解释。如：请你说说“动物”这个词是什么意思。根据其解释的程度确定对该概念的掌握情况。

4. 守恒法

守恒法是由瑞士心理学家皮亚杰的守恒实验演绎过来的一种方法，目的在于了解儿童是否获得某些数学概念，或者所获得的概念是否具有稳定性。几种典型的守恒实验主要是数量守恒、长度守恒、液体守恒、面积守恒、体积守恒、重量守恒等。

四、学前儿童判断和推理的发展

学前儿童推理发展的一般趋势：推理的独立性、推理内容的正确性、推理过程的概括性及其方式的简约性随年龄的增长而发展。

（一）学前儿童判断的发展

学前儿童判断的发展体现出如下特点：一是判断形式逐渐间接化；二是判断内容逐渐深入化；三是判断根据逐渐客观化；四是判断论据逐渐明确化。

（二）学前儿童推理的发展

1. 学前儿童最初的归纳推理——转导推理

转导推理（transduction），是指从一些特殊的事例到另一些特殊的事例的推理。如儿童某天被告知，A 驼背是因为有病；后来的某天儿童被告知 A 生病了，感冒了；某天又被告知 A 感冒好了。于是儿童得出结论——现在他的驼背没有了。儿童的这种推理形式即是一种转导推理。皮亚杰认为，学前儿童有转导推理的现象。朱智贤和林崇德认为，幼儿并非不能够进行推理，只是缺乏经验，不能发现比较复杂事物内部的、本质的联系，成人也经常发生由于缺乏经验而作出可笑论断的事①。从这个角度而言，以不适合儿童

① 朱智贤，林崇德. 思维发展心理学. 北京：北京师范大学出版社，1986：459-460.

的任务来探测儿童的发展水平，可能就会作出低估儿童能力的结论。

2. 学前儿童的演绎推理

演绎推理是指从一般原理、原则到特殊事例或具体情况的推理。演绎推理包括三段论、关系推理、假言推理、选言推理等形式。

其中三段论推理是以两个含有一个共同项的性质判断作前提，得出一个新的性质判断为结论的演绎推理。三段论是演绎推理的一般模式，包含三个部分：大前提——已知的一般原理；小前提——所研究的特殊情况；结论——根据一般原理，对特殊情况作出判断。比如，前提1：所有木制物品都会漂浮。前提2：这些物品是木制的。结论：所以，这些物品都会漂浮。前苏联心理学家的研究表明，通过专门的教学，中班和大班的幼儿能够进行类似三段论的推理①。

在多种演绎推理中，传递性推理是其中常见而特殊的形式。何为传递性推理呢？它是指在给予前提A∶B和前提B∶C的情况下，要求演绎出A∶C关系的推理。比如，由前提“红木棍比绿木棍长”，“绿木棍比黑木棍长”，然后要求回答“红木棍和黑木棍哪根长、哪根短”。这便是一个传递性推理的问题。早在1958年，Inhelder和Piaget基于多木棍排序任务的研究，提出具体运算阶段的儿童（约7岁）才能掌握“more x”和“less x”这两种逻辑关系和推理的逻辑规则，才能解决传递性推理问题。此观点曾得到普遍认可。现在，这个观点已经被更新。皮尔斯等人在1990年的时候，让儿童以多座两层前提塔呈现的条件搭新塔，在搭之前回答传递性推理问题。结果表明，无记忆训练条件下，4岁儿童也能进行空间传递性推理。2011年，我国学者创设视野阻隔平台，在长度传递性推理任务中，证实了皮尔斯等人在空间传递性推理中的结论，即年仅4岁的幼儿整体上能够通过传递性推理的任务②。

3. 学前儿童的类比推理

类比推理是指对事物或数量之间关系的发现和应用。一般表现形式为“A∶B”，类似于“C∶?”。3～6岁的幼儿具有一定水平的类比推理能力。比如，给幼儿“眼睛：看”，这种他们比较熟悉的前提，由此推论“耳朵”应该是接什么，大班幼儿基本上能够回答“听”。

总的来说，学前儿童推理的独立性、推理过程的概括性、推理方式的简约性、推理结果的正确性，都随年龄的增长而逐渐提高。

五、学前儿童理解的发展

理解是个体运用知识经验去认识事物的联系、关系乃至其本质和规律的思维活动。

---

① 转引自朱智贤，林崇德. 思维发展心理学. 北京：北京师范大学出版社，1986：460-461.

② 莫秀锋，李红，张仲明. 3～5岁幼儿在视野阻隔任务中的长度传递性推理. 心理发展与教育，2011(3)：225-232.

学前儿童对事物的理解，取决于他们的知识经验水平和思维发展水平。一方面，由于知识经验相对缺乏，具体形象思维占主导，学前儿童难以深刻地理解事物；另一方面，学前儿童由于第二信号系统的不断发展，以及在教育的作用下知识经验日渐增加，他们的理解也得以不断提高和深入。在整个学前期，儿童理解的发展趋势体现出如下特点①。

（一）从理解个别事物到理解事物的关系

理解事物的关系比理解个别的事物更复杂，涉及的信息量和需要整合的信息量都比较多，需要儿童很多的心理能量，往往需要更高发展水平的思维才能够实现。因此，儿童通常先能够理解个别的事物，再逐渐过渡到能够理解事物的关系。

在理解事物的关系方面，学前儿童从难以辩证地看待问题到逐渐可以辩证地看待问题。要理解事物之间的辩证关系，对幼儿来说是很困难的。这与学前儿童具体形象思维的特点有关。引导案例 2-18 就鲜明地呈现了儿童此期非黑即白、难以辩证看问题的特点。幼儿在一起玩得好的时候，认为对方是自己的好朋友，发生争执的时候，就会认为对方很坏，不是自己的好朋友了。家长也发现，孩子有时候高兴了，就会说："妈妈最好了！"然后亲妈妈两下。可是有时候被批评了或者愿望没有得到满足，他们可能会嘟囔一句："坏妈妈！"

（二）从理解主要依靠具体形象到依靠词的说明

学前初期，儿童主要依靠具体形象来理解事物。词虽然有一定的指引和调节作用，但是往往不能单独起作用。随着年龄的增长儿童经验不断丰富，他们有可能主要依靠词来理解事物。

（三）从理解比较简单、表面到理解比较复杂、深刻

儿童最初通常只能够表达结论性的观点，而难以列举相应的论据。随着年龄的增长，儿童开始以一些表面现象作为论据支持自己的观点，并且逐渐过渡到能够列举有逻辑联系的论据支持自己的观点。

（四）从理解具有主观情绪性到理解比较客观

学前初期，儿童的认知过程包括受情绪和情感的影响作用较大，随着年龄的增长，儿童的认知过程相对而言更理性一些，理解事物也逐渐客观。

六、学前儿童思维能力的培养

（一）给予儿童生活自理的机会，创设自然的问题情境

儿童的思维，是在问题情境中发生的。这说明，在抚养和教育儿童的过程中，为他们创设成长的空间，是非常必要的。

首先，要给予儿童生活自理的机会，让儿童的思维在生活中获得自然、持续的锻炼。

① 朱智贤，林崇德. 思维发展心理学. 北京：北京师范大学出版社，1986：456.

看似不起眼的生活自理，蕴藏着大量的学习与锻炼的价值。以进餐为例：若儿童已经可以自己吃饭了，成人依然不辞劳苦地喂饭，看起来似乎是关照得很周全，实际上就剥夺了他们本该获得的成长机会。独立进餐，手眼协调方面会得到很好的锻炼，自主精神得到自然的强化，此外他们还可以根据自己的节奏调节夹菜、取饭的速度，对其肠胃的发育也更有利。若他们吃得慢，可以了解是什么原因，采取必要的措施。比如，若是咀嚼比较费力，那么在菜品的准备上，应注意但凡粗纤维的食材，就切得更细碎一些、炖烂一些。若是看电视耽搁了速度，那么吃饭时应去掉分心物。若是嫌其弄脏衣服，除了教予他们方法，还可以适当系个小罩衣。由于生活每天都在继续，因此一旦剥夺儿童生活自理的机会，被剥夺掉的成长机会就是非常惊人的。

其次，除了尽量让儿童生活自理，还应想办法为他们创设一些问题情境，鼓励儿童合作解决问题。可以借鉴瑞吉欧教师的一些做法。如幼儿园的桌椅坏了，让幼儿以志愿的原则去合作完成这个事情。自己测量，写信给木匠，教师只在必要的时候引领。这些过程，不仅有助于幼儿积累生活经验，锻炼合作能力，而且也是非常宝贵的思维锻炼机会。

（二）珍视儿童的疑惑和分歧，提供适应性的支持

首先，从儿童的疑惑和分歧里，捕捉他们的最近发展区。我们从引导案例 2-19 中，可以看到幼儿的疑惑和分歧里，体现了他们关于鸟的不同背景知识。溜溜和童童分别认为“漂亮”“叫声好听”和“会飞”是鸟的特征。小敏和小蓝知道“会飞”的反例——鸵鸟。子悦因为具体形象思维中心化的特点，受小敏和小蓝所列反例的影响，就只注意到了鸵鸟不会飞，而忽视了童童提到的麻雀会飞，体现出片面性和绝对化的特征。此时，如果还有更多的幼儿在场，就还可以让他们继续讨论。固然每个儿童的生活经验是有限的，他们只见过一些鸟的特例，但是不同儿童的生活经验又是有所不同的，这样的讨论，可以起到互补知识经验的作用。

其次，针对儿童的疑惑和分歧，拓展他们的经验。在扩大讨论的过程中，教师要注意观察，哪些问题儿童已经达成了共识，哪些问题还没有达成共识。已经达成共识并且正确的内容，教师就不需要再重复了。达成错误共识的内容，或者不能够达成共识的内容，教师也不要直接告知答案，而是需要有针对性地帮助他们拓展经验。让他们在拓展的经验中继续思考，引领他们追寻问题的答案。比如，若引导案例 2-19 的幼儿在后续讨论中依然无法达成共识，那么教师就可以有针对性地为幼儿提供更多鸟的例子，要注意例子的代表性，更要注意提供他们认定的非本质特征如“会飞”“漂亮”“叫声好听”的更多反例。可以通过图片，也可以通过播放视频来拓展经验。如针对到底会不会飞这个问题，既让他们看到会飞的鸟，也要让他们看到不会飞的鸟，除了部分幼儿已经知道的“鸵鸟”，还让幼儿看到“企鹅”“鸡”“鸭”“鹅”。待解决了到底会不会飞这个问题，就再往下呈现漂亮、叫声好听和不漂亮、叫声不好听相应的代表性例子，让儿童明了鸟不一定都是漂亮、叫声好听的。

待幼儿产生的疑惑和分歧都解决以后，教师再抛出后续的问题，引发新一轮的疑惑与分歧，然后再解决。如教师可以问："鸟妈妈是通过下蛋、孵出鸟宝宝的，还是直接生出鸟宝宝的？"引发新一轮的疑惑与分歧，然后再根据他们讨论的情况，继续呈现各种代表性的例子，有体型大的鸟，又有体型小的鸟，有热带的鸟，也有很冷地区的南极企鹅等等，以继续拓展他们的经验，引领他们再次解决问题。

总之，要培养儿童的思维能力，务必要从生活出发、从儿童的已有经验出发，在这个过程中，教师要珍视儿童的疑惑和分歧，因为疑惑和分歧体现了他们的最近发展区，蕴含着新的生长点。待儿童产生疑惑和分歧之后，教师要克制住随口说出答案的冲动，不要直接告诉儿童答案。而是通过提问、呈现直观材料等方式不断拓展他们的经验，亲切地陪伴他们一起去寻找答案。持之以恒，儿童自然就会拥有良好的思维品质。

拓展阅读 2-14

儿童言语失真现象①

没有说谎的动机，仅仅是由于想象与现实混淆或相关概念的发展水平较低，通常也会导致儿童言语失真的现象，亦即过失说谎。

前文提及的引导案例 2-12，是一个典型的体现儿童想象与现实混淆的案例。对于想象与现实混淆而导致的言语失真现象。可通过一些简单的生活常识，帮助儿童分清楚想象与现实之间的差距。

引导案例 2-20，则是由于尚未准确掌握数概念而导致的言语失真现象。除了数概念，学前儿童由于尚未准确地掌握时间概念、方位概念，他们在逐渐学习使用这些概念的过程中，也可能会因为误用相邻的概念而导致过失说谎。针对这一原因而导致的言语失真，可以在日常生活中渗透概念的教育，以帮助儿童准确地掌握概念。

【本章小结】

1. 思维的概念、分类和结构

思维是人脑对客观现实概括的、间接的反映。思维的概括性，是指思维能够反映事物的本质、能够反映事物之间的本质联系和规律。思维的间接性，是指思维总是通过媒介来反映事物的。

根据思维借助的工具不同而划分，可以将思维分成三类：一是直观动作思维，这是借助具体的动作而进行的思维类型；二是具体形象思维，这是借助表象而进行的思维类型；三是抽象逻辑思维，这是借助语词、数字等抽象符号而进行的思维类型。根据思维的方

① 莫秀锋．儿童说谎研究新进展对诚信教育的启示．教育导刊，2009，420(6)：29-33.

向性来划分,可以将思维分为聚合思维和发散思维。根据思维结果的新颖性来划分,可以将思维分为常规思维和创造性思维。

思维的品质包括:思维的逻辑性和深刻性,即想得深;思维的发散性和广阔性,即想得宽;思维的独立性和批判性,即想得新;思维的敏捷性和流畅性,即想得快。

2. 思维的发生及在学前儿童心理发展中的意义

思维发生的指标是“能否发现事物之间的联系”,以及“能否作间接的、概括的反映”。因此,当学前儿童持续地体现出解决问题的智慧性动作时,就意味着思维萌芽了。思维大致发生在1.5～2岁期间。

思维的发生使儿童的认知过程发生重要质变,思维的产生和发展使儿童的个性开始萌芽。

3. 思维发展的趋势

从思维方式的变化而言,学前儿童将依次出现三种类型的思维:1.5～2岁的学步儿出现直观动作思维,延续到3岁左右;4～5岁的幼儿出现具体形象思维并且开始逐渐占据主导地位;学前晚期出现抽象逻辑思维。这三种思维方式并不是逐一替代的关系,而是明显地体现出并存发展的现象。

在思维工具方面,学前儿童由借助直观动作进行思维,到逐渐借助表象进行思维,再过渡到借助抽象逻辑符号进行思维。

在思维反映内容的变化方面,学前儿童的思维逐渐从反映事物的外部联系和现象,到反映事物的内在联系和本质;逐渐从反映当前的事物到反映未来的事物。

4. 学前儿童掌握概念的发展情况

学前儿童主要通过实例逐渐掌握概念,在学前晚期则辅以通过语言理解获得概念。因此,对学前儿童进行概念教育,要注意三个方面:一是从儿童的生活经验出发进行引导;二是为儿童提供反例;三是充分注意所选择例子的代表性。

学前儿童概念发展的特点体现在三个方面。一是以掌握熟悉的实物概念为主,向掌握抽象概念发展。二是数概念的产生与发展,经历了由具体到抽象的过程。数概念的发展,大致经历口头数数→给物说数→按数取物→掌握数概念这四个发展阶段。

学前儿童掌握概念内涵、外延过程中比较突出的特点是了解、熟悉较多概念的名称,但是对概念的内涵掌握得不精确,对外延的把握不恰当。

测查学前儿童掌握概念水平的方法包括分类法、排除法、定义法和守恒法。

5. 学前儿童判断和推理的发展

学前儿童判断的发展体现出这些特点:一是判断形式逐渐间接化;二是判断内容逐渐深入化;三是判断根据逐渐客观化;四是判断论据逐渐明确化。

总体而言,学前儿童推理的独立性、推理过程的概括性、推理方式的简约性、推理结果的正确性，都随年龄的增长而逐渐发展。具体包括以下方面：一是学前儿童推理的发展中有转导推理的现象，即从一些特殊的事例到另一些特殊的事例的推理；二是在演绎推理方面，通过专门的教学，中班和大班的幼儿能够进行类似三段论的推理，若任务合适，4 岁儿童整体上能够进行空间和长度的传递性推理。

6. 学前儿童理解的发展

理解是个体运用知识经验去认识事物的联系、关系乃至其本质和规律的思维活动。学前儿童对事物的理解，取决于他们的知识经验水平和思维发展水平。一方面，由于知识经验相对缺乏，具体形象思维占主导，学前儿童难以深刻地理解事物；另一方面，学前儿童由于第二信号系统的不断发展，以及在教育的作用下知识经验日渐增加，他们的理解也得以不断提高和深入。

朱智贤和林崇德的研究表明，学前儿童理解的发展具有以下特点：从理解个别事物到理解事物的关系；从理解主要依靠具体形象到依靠词的说明；从理解比较简单表面到理解比较复杂、深刻；从理解具有主观情绪性到理解比较客观。

7. 学前儿童思维能力的培养

给予儿童生活自理的机会，创设自然的问题情境。首先，要确保儿童生活自理的机会，让儿童的思维在生活中获得自然、持续的锻炼。其次，除了尽量让儿童生活自理，还应想办法为他们创设一些问题情境，鼓励儿童合作解决问题。

珍视儿童的疑惑和分歧，提供适应性的支持。首先，从儿童的疑惑和分歧里，捕捉他们的最近发展区。其次，针对儿童的疑惑和分歧，拓展他们的经验。

本 章 检 测

一、思考题

1. 何为思维，有哪些类别，包括哪些基本结构？

2. 判断思维发生的指标有哪些？思维大致发生在什么年龄？思维的发生在学前儿童心理发展中具有哪些意义？

3. 学前儿童直观动作思维、具体形象思维、抽象逻辑思维分别具有哪些特点？

4. 学前儿童思维方式、思维工具和思维反映的内容各体现出哪些发展趋势？

5. 学前儿童的判断和推理具有哪些发展趋势？

6. 学前儿童的理解体现出哪些发展特点？

二、实践应用题

1. 幼儿概念掌握水平的测查研究：小组合作，分别以教材中提及的测查方法，测查小、中、大班各 10 名幼儿，比较其概念掌握的水平。

2. 幼儿概念掌握方式的调查研究：以“什么是鸟”“你是怎么知道的”分别访谈幼儿，分析学前儿童掌握概念的方式有哪些，他们掌握概念表现出何种特点。

第六章

学前儿童情绪和情感的发展

学习目标

1. 了解情绪的分类、学前儿童基本情绪和情感的发展
2. 理解情绪和情感的概念、情绪对学前儿童发展的影响
3. 掌握学前儿童情绪和情感发展的一般趋势
4. 应用学前儿童良好情绪和情感的培养方式

第一节　情绪和情感概述

引导案例 2-21

觉得委屈的小梅

下午离园时,6岁的小梅刚跨出幼儿园大门,就开始了啜泣,妈妈边安慰边了解原因。

原来,小梅今天不小心撞到了小亚,小亚摔倒在地,碰破了一块皮并疼哭了。刘老师带小亚到保健室回来以后,批评小梅在教室里乱跑,并要求她道歉。小梅说在撞到小亚时就道过歉了,只是没人听见,她觉得道歉两次很委屈。

思考:这一案例体现了大班幼儿情绪的哪些特点?

一、情绪和情感的概念

情绪(emotion)是个体对客观事物是否符合自己的生理需要而产生的主观体验。情感(affect)是个体对客观事物是否符合自己的社会性需要而产生的主观体验。

二、情绪和情感对学前儿童发展的影响

(一) 影响学前儿童的生长发育

愉悦的情绪和情感有助于儿童的生长发育,而长期的负面情绪体验,特别是长期被冷落的痛苦经历,可能会导致儿童生长发育缓慢甚至停止,使儿童患上"剥夺性矮小症"。美国耶鲁儿童健康组织的调查研究发现:父母及教师经常嫌弃、训斥、辱骂,甚至歧视、威吓、体罚、虐待儿童,或者家庭不和睦,周围环境剧变,或者持续的分离焦虑比如父母突然或长期离开家去外地工作,如果处于成长发育期的孩子长时间不能适应,等等,都有可能影响儿童的内分泌,抑制其生长激素的正常分泌,从而导致其身材矮小①。

(二) 影响学前儿童性格的形成

婴幼儿在与不同的人、事物的接触中,逐渐形成了对不同人、不同事物的不同的情绪态度。儿童经常、反复受到特定环境刺激的影响,反复体验同一情绪状态,这种状态就会逐渐稳固下来,形成稳定的情绪特征,而情绪特征正是性格的重要组成部分。比如,每天都过得很快乐的儿童,相对于经常不快乐的儿童,更有可能形成积极乐观的性格。

(三) 是学前儿童人际交往的重要手段

情绪和情感是人与人之间进行信息交流的重要工具之一。在婴幼儿与人的交往中,尤占有特殊的、重要的地位。新生儿几乎完全借助于他的面部表情、动作、姿态及不同的声音表情等,与成人进行着信息交流,相互了解,引起其与成人的交往,或者维持、调整交往。在掌握语言之前,婴幼儿主要是以表情作为交际的工具,即使在初步掌握语言之后,表情始终仍是他们重要的交流工具。

(四) 影响学前儿童的心理活动和行为

情绪与学前儿童认知之间关系密切。一方面,情绪是随着儿童认知的发展而分化、发展的;另一方面,情绪对儿童的认知活动及其发展,具有激发、促进的作用,或者产生抑制、延缓的影响。积极的情绪,通常激发学前儿童的心理活动和行为,消极的情绪往往抑制其心理活动与行为。

三、学前儿童情绪和情感发展的一般趋势

(一) 情绪与情感逐渐社会化

随着年龄的增长,引起儿童情绪的社会性动因不断增加,以及儿童情感中社会性交往成分不断增加。具体表现为儿童的情绪、情感逐渐与社会性交往、社会性需要的满足密切联系,幼儿的情绪、情感正日益摆脱同生理需要的联系,而逐渐社会化,其与成人(包括教师、家长)和同伴的交往密切联系。社会性交往、人际关系对儿童情绪影响很大,是

---

① http://www.39yst.com/xinwen/20150211/234006.shtml, 2014-09-26.

左右其情绪和情感产生的最主要动因。

比如，引导案例 2-21，看似两个幼儿都哭了，但是诱因不同。小亚是疼哭的，这是生理性的诱因，而小梅离园时的啜泣，却是因为觉得道歉两次是不公平的，觉得委屈，这是社会性的诱因。随着年龄的增长，社会性诱因引发情绪的现象，会越来越多。

（二）情绪与情感更加丰富和深刻化

情绪和情感的丰富性主要体现为情绪和情感过程日渐分化，情感指向的事物不断增加。情绪和情感的深刻性主要体现为指向事物的性质从表面到内在。

（三）情绪和情感日益自我调节化

主要体现为学前儿童情绪和情感的冲动性逐渐减少，稳定性逐渐提高，并且从外露到逐渐内隐。引导案例 2-21，就体现了大班幼儿的情绪已经具有自我调节的特点。小梅道歉了两次，她觉得委屈，但是她在园的时候，一直克制和忍住自己的委屈，直到离园时才宣泄出来。

拓展阅读 2-15

情绪周期

情绪周期，是指个体的情绪高潮和低谷交替过程所经历的时间。女性的情绪周期比较明显。

女性情绪的低谷约发生在行经前的一个星期或行经期间。此时由于体内荷尔蒙的变化，女性身体通常会感到不舒适，诸如腹胀、便秘、生理性腹泻、肌肉关节痛、食欲增加、容易疲倦、嗜睡、长粉刺暗疮、胸部胀痛、头痛等。同时，女性也往往感到沮丧、情绪低落，易发脾气。平时科学作息、健康饮食、合理锻炼，有助于改善状况。情绪低落时，还可以多做一些轻松快乐的事情，或适当吃一些香蕉、喝莲藕汤等舒缓情绪的食物。

第二节　学前儿童情绪和情感的发展与培养

引导案例 2-22

爱告状的小朋友

李老师工作第二年，小朋友们也由小班升到了中班。不知从哪天开始，李老师发现这些小朋友忽然迷上告状了。有些刚当完原告，很快又成为被告。有些热衷于不断举报。告状的内容也大同小异。

思考：这些幼儿到底怎么啦？

一、学前儿童基本情绪的发展

(一) 学前儿童的哭

学前儿童哭的类型主要有:饥饿的哭、发怒的哭、疼痛的哭、恐惧或惊吓的哭、不称心的哭和招引别人的哭。

随着年龄的增长,学前儿童哭的频率逐渐降低,哭的诱因逐渐变换。在哭的频率方面,一般而言,1 岁特别是 2 岁以后的学步儿已经大为降低。因此,若 1 至 2 岁后的孩子还爱哭,可能原因有:一是因为成人不合理的教养方式,使得儿童已经习得以哭作为对成人的要挟手段;二是儿童身体不适或者是因为受到了成人的忽视。在诱因方面,新生儿期和婴儿期的哭,生理方面的诱因占主导,之后社会性的诱因逐渐增多。

(二) 学前儿童的笑

学前儿童笑的类型主要包括,自发性的笑(也称为内源性、生理性或反射性自发笑)和诱发性的笑(包括反射性诱发笑和社会性诱发笑)。

学前儿童笑的发展特点,体现为笑的类型更加高级、引发笑的原因逐渐与社会性需要相联系。如果学前儿童无自发的微笑,也许与身体疾病有关。特别是学前儿童面部表情冷漠,通常是缺乏关爱与交流或是孤独症的征兆。

(三) 学前儿童的兴趣

学前儿童兴趣的发展阶段包括:先天反射性反映阶段(1～3 个月)、相似性对象的再认阶段(4～9 个月)和新异性探索阶段(9 个月以后)。

学前儿童兴趣的发展特点,主要体现为兴趣比较广泛但是不稳定、兴趣比较肤浅且易变化,以及兴趣体现出年龄差异和个体差异。

学前兴趣发展中的注意事项为,应扩大儿童的兴趣范围,并且在尊重儿童天性的基础上培养中心兴趣。

(四) 学前儿童的恐惧

学前儿童恐惧的类型,主要包括本能的恐惧、与知觉经验相联系的恐惧、怕生和预测性恐惧。

学前儿童恐惧的发展特点,主要体现为想象中的生物和个人安全感的恐惧随年龄的增长逐渐下降。

学前儿童恐惧的克服措施:可以在儿童心理咨询师的指导下,根据儿童本身的实际情况试行对抗性条件作用、系统脱敏法、榜样学习法或者认知疗法以克服恐惧。

二、学前儿童高级情感的发展

(一) 学前儿童道德感的发展

道德感是由自己或他人的举止是否符合社会道德标准而引起的情感。学前儿童的道德感在 3 岁以前萌芽,在 3 岁以后逐渐发展。其中,3～4 岁儿童的道德感,通常由成人的评价而引起，指向个别行为；4～5 岁儿童则掌握了一些概括化的道德标准；5～6 岁儿童的道德感进一步发展和复杂化。

引导案例 2-22 中幼儿的告状行为，其实就是其道德萌芽的一个突出表现。幼儿告状目的为：一方面是出现了认知与现象的失调，需要重新建立平衡；另一方面，自己或目睹他人的权益遭到了侵犯，而对方又不服，所以需要老师裁决。为此，教师应公正地维护道德准则，不可敷衍甚至打击告状行为。可有意识地组织幼儿讨论一些高发的不妥当行为，以及产生原因、解决办法等。老师可以采取集体讨论的方式解决告状问题。因为，集体讨论，一方面有助于幼儿对规则有感同身受的深刻认知，执行起来将比较顺利；另一方面也可以整体上促进儿童道德感的进一步发展。

（二）理智感的发展

理智感是由于是否满足认识的需要而产生的体验，是人类特有的高级情感。学前儿童的理智感约 5 岁发展起来，表现为：爱提问；爱玩智力游戏或者动脑筋、解决问题的活动。

（三）美感的发展

美感是人根据一定的美的评价而产生的、对事物审美的体验。学前儿童美感的发展主要体现为婴儿喜欢鲜艳悦目、整齐清洁的环境，而幼儿在教育、环境的影响下，逐渐形成并且日益提高其审美的标准。

三、学前儿童良好情绪和情感的培养

（一）科学保教，以身作则

首先，确保生活制度合理，生活内容丰富。合理的作息，能够保证充足的睡眠和旺盛的精力。制度合理，还意味着动静有序，有充足的户外活动和室内游戏，充分利用文艺作品和适宜的玩具、游戏，既能够满足儿童的好奇心，又吻合其活泼好动、爱玩游戏的年龄特征。如此，避免儿童枯燥无聊或者过度疲劳，儿童就有了较多积极的情绪体验。

其次，创设温馨舒适的心理氛围，具有良好的情绪示范。无论家长还是幼儿教师，都应努力为儿童创设温馨舒适、安全的环境。要恰当赏罚，耐心引领，不能够简单粗暴地呵斥幼儿。当成人自己出现强烈的负性情绪时，应努力调节，不乱发脾气，给幼儿树立良好的榜样。

（二）提供适应性的支持

首先，要帮助儿童克服不良情绪。要关注儿童的情绪，当他们出现不良情绪的时候，要及时教给他们情绪疏导、调节的方法，避免他们沉浸于消极情绪当中。

其次，准确解读儿童的需要，尽量提供必要而不多余的支持。比如，当儿童提问时，不能压制幼儿的提问，不能推诿或欺骗搪塞，以及不应该解释得太深太难。如此，才能够很好地培养其理智感。

（三）随机渗透与系统培养相结合

首先，要注意随机渗透。即平时就要善于抓住时机，在儿童的日常生活、游戏及其他活动中随时随地培养他们的良好情绪和高级情感。

其次，有意识地在园本教研活动中，将情绪、情感的有关内容开发成园本课程。

拓展阅读 2-16

如何恰当地奖励和责罚？

赏罚都应遵循一个共同的要求：就事论事，即针对具体的行为。

奖励儿童还应注意以下事项。首先，精神奖励应多样化。其次，采取物质奖励的物质要与欲强化的行为或活动有关，亦可适当满足幼儿向往的物质或者活动。比如，“宝宝，下5次围棋，你要是赢爸爸3次以上，就给你买新围棋”，或者“你如果看完这些绘本，妈妈就会给你买新的绘本”。如此，就继续强化了儿童对有益活动的兴趣。坚决不能够说：“你看了这本书，妈妈给你买好吃的。”如此，学习就变成了获得好吃的工具，伤害了儿童对学习本身的兴趣。再次，应以纵向比较的奖励为主。这不仅有助于成人去关注儿童的进步，也有助于儿童关注自己的进步，获得更大成长的动力，而且这也确保每个儿童都有机会获得认可。最后，承诺奖励与随机奖励应相互结合。

责罚幼儿也有一些注意事项。首先，要杜绝体罚。其次，平时要让幼儿明白有哪些规则，理解这些规则的必要性，知道在违规时会有哪些责罚。再次，责罚要简明扼要。最后，在确保安全的情况下，尽量采用自然后果法进行责罚。

【本章小结】

1. 情绪和情感的概念及其对学前儿童发展的影响

情绪是个体对客观事物是否符合自己的生理需要而产生的主观体验。情感是个体对客观事物是否符合自己的社会性需要而产生的主观体验。

情绪和情感影响学前儿童的生长发育，影响学前儿童性格的形成，是学前儿童人际交往的重要手段，影响学前儿童的心理活动和行为。

2. 学前儿童情绪和情感的发展

情绪和情感发展的一般趋势：逐渐社会化，更加丰富和深刻化，日益自我调节化。

学前儿童基本情绪的发展：随着年龄的增长，学前儿童哭的频率逐渐降低，哭的诱因逐渐变换；笑的类型更加高级、引发笑的原因逐渐与社会性需要相联系；兴趣比较广泛但是不稳定、兴趣比较肤浅且易变化，以及兴趣体现出年龄差异和个体差异；想象中的生物和个人安全感的恐惧随年龄的增长逐渐下降。

3. 学前儿童良好情绪和情感的培养

科学保教，以身作则；提供适应性的支持；随机渗透与系统培养相结合。

本 章 检 测

一、思考题

1. 何为情绪和情感？

2. 情绪和情感对学前儿童的发展具有哪些影响？

3. 学前儿童情绪和情感发展的一般趋势是什么？

4. 学前儿童基本情绪和高级情感的发展分别具有哪些特点？

5. 请联系实际，阐述如何培养学前儿童良好的情绪和情感。

二、实践应用题

幼儿负性情绪及其调节策略的观察研究：小组合作，采用自然观察法分别观察小、中、大班幼儿的负性情绪及其调节策略；比较不同年龄幼儿出现负性情绪的频率，以及情绪调节策略的不同；尝试将转移注意等有效的情绪调节策略教给幼儿。

第七章

学前儿童意志的发展

1. 了解意志的品质和意志的特征
2. 理解意志的概念和意志在学前儿童心理发展中的意义
3. 掌握学前儿童意志发展的特点
4. 能够应用学前儿童意志的培养措施

第一节　意 志 概 述

引导案例 2-23

不同情境中的晓辉

4岁的晓辉，在集体教学时间总是坐不住，他东张西望，四处走动。但是在自由活动时，他玩自己喜欢的游戏，却能坚持很久。如搭的积木好几次塌了，他都没有放弃，而是寻找方法重新再搭，表现得很专注。

思考：为何幼儿的坚持性在不同的场合表现不一？

一、意志的概念与特征

（一）意志的概念

意志(will)是指个体自觉地确定目的，并据此支配和调节自己的行动、克服种种困难、实现预定目的的心理过程①。意志是人类特有的高级心理现象，在人类生活中具有举

① 林崇德，杨治良，黄希庭．心理学大辞典．上海：上海教育出版社，2003：1555.

足轻重的作用，人类在改造主客观世界中，都与意志密不可分。

(二) 意志的特征

目的性、克服困难和有意运动是意志的三个互相联系的基本特征。

其中目的是意志行动的前提，克服困难是意志行动的核心，有意运动是意志行动的基础①。如引导案例 2-23 中的小辉，之所以在集体教学时间里没有体现出坚持性，正是因为他没有在其中产生明确的目的，所以也就没有出现意志行动。而自主选择自己喜欢的游戏，比如搭积木，他有明确的目的，所以相应地也就出现了坚持不懈的、克服困难的意志行动。

二、意志的品质

个体在各种意志行动中，通常会体现出某些稳定的特点。意志的品质，是评价一个人意志优劣的多个方面，主要包括自觉性、果断性、坚持性和自制性。良好的意志品质是保证活动顺利进行、实现预定目的的重要条件。

(一) 自觉性

自觉性，是指个体自觉地设立行动的目的，并独立自主地做决定和执行决定的意志品质。自觉性好的人，有主见，既不轻易受外界干扰，又能不骄不躁、批判性地吸收建设性的意见。

与自觉性相反的品质是易受暗示和独断专行。其中，易受暗示是指缺乏主见，依赖他人，容易屈从甚至盲从。独断专行，是指从主观出发，一意孤行，刚愎自用，完全听不进别人中肯、合理的意见。

(二) 果断性

果断性，是指个体在统筹兼顾行动的各个环节和环境的诸多因素的基础上，顾全大局、明辨是非、敢于取舍、当机立断的意志品质。果断的人，既雷厉风行、敢做敢当，又明察秋毫、处事严谨。

与果断性相反的品质是优柔寡断和武断。优柔寡断的人面临选择常犹豫不决，作出决定后又患得患失，踌躇不前。武断是指冲动鲁莽，不加思考、不计后果地草率行事。

(三) 坚持性

坚持性，是指在意志行动中能否坚持最初的行动目的，并坚持不懈地克服困难和障碍，完成既定目的的意志品质。坚持性好的人，既能坚持原则，又能够灵活机动地克服困难，实现初衷。

与坚持性相反的品质是动摇或执拗。动摇的人，在行动之初往往决心大、干劲足，可是一旦遇到困难，就容易灰心丧气、半途而废，属于虎头蛇尾的类型。执拗的人，认准目

① 林崇德，杨治良，黄希庭. 心理学大辞典. 上海：上海教育出版社，2003：1555.

标后，就一成不变地按计划执行，遇到特殊情况，哪怕客观条件发生了变化，也不能够审时度势，而认死理、刻板行事，属于刻舟求剑的类型。

（四）自制性

自制性，是指善于克制自己的情绪、需要，根据需要约束和调控自己行为的意志品质。自制力强的人，有很强的规则意识，情绪稳定，注意力集中，能够抗拒诱惑，既能够发起朝向目标的行为，又能够抑制违背目标的行为。

与自制性相反的品质是任性和怯懦。任性的人比较幼稚，受制于自己的情绪，缺乏理智，常在需要克制冲动的时候放任自己，意气行事。怯懦的人，则在面临挑战时临阵退缩。

三、意志在学前儿童心理发展中的意义

（一）意志有助于增强认知过程的有意性

人类的认知包括有意认知和无意认知，和意志相联系的认识过程是有意认知。目的性是意志的基本特征之一，自觉性是意志的重要品质，所以当意志出现以后，它会影响学前儿童的认知过程，使其认知过程日渐体现出有意性。比如，一些幼儿为了照顾自己种的植物宝宝，能够有意识地记住有关捉虫、拔草、浇水的知识和技能。

（二）意志能够提高心理活动的调节能力

意志是个体自觉地确定目的，并据此支配和调节自己的行动、克服种种困难、实现预定目的的心理过程。因此，当意志出现以后，它不仅能够增强学前儿童认知过程的有意性，而且也能够提高其对情绪和情感、需要、社会性行为的调节能力。如在一场幼儿园的走迷宫比赛中，若想放弃举手就可以退出。但是，大部分幼儿为了获得胜利，即便遇到困难，也努力调整方法、坚持到底。

（三）意志有助于促进个性的形成

意志这一心理过程中，往往伴随着多种动机的斗争，久之形成个体相对稳定的意志品质。而意志品质本身就是个性的重要组成部分。从这个角度而言，意志的发生发展，促进了学前儿童个性的形成。因此，培养学前儿童良好的意志品质，至关重要。

拓展阅读 2-17

意志与成就

伟大的成就，离不开坚强的意志。曹雪芹写《红楼梦》历时 10 年，司马迁写《史记》历时 18 年，司马光编《资治通鉴》历时 19 年，达尔文写《物种起源》历时 28 年，哥白尼写《天体运行论》历时 30 年。理想明确，付诸行动，并锲而不舍，才有可能取得伟大的成就。

第二节 学前儿童意志的发展与培养

引导案例 2-24

棉花糖实验

斯坦福大学米歇尔(Walter Mischel)曾做过一个经典的延迟满足实验,因其所用实验材料是棉花糖,所以也称为棉花糖实验。在实验中,研究者给每位儿童分发了一颗棉花糖,然后告知:“如果马上吃,只能吃一颗;若等我回来再吃,就能吃到两颗。”结果有的儿童急不可待地吃掉了糖,而另一些儿童等到了两颗软糖。之后的追踪研究表明,那些获得两颗软糖的儿童长大后表现出更强的适应性、自信心和独立自主精神,学业和事业更成功;而那些不能够延迟满足的儿童则往往屈服于压力而逃避挑战。

思考:应如何培养学前儿童的意志?

一、学前儿童意志的发展

(一) 意志产生的基础

在前文有关婴儿动作发展的内容里,曾提到婴儿从依赖大量的无条件反射,之后出现有意动作。有意动作,具有一定的目的性,而且需要一定程度的努力,因此它在一定程度上体现了个体的主观能动性。不过,婴儿最初的有意动作,虽然具有一定的努力成分,但是还是比较容易受到干扰。比如,婴儿本想爬过去抓取一个玩具,但是爬行过程中若碰到其他玩具,可能就会被吸引,而忘记了初衷。

意志对个体根据预设的目的,支配和调节自己的行动,有较高的要求。因此,意志必须以大脑皮层的相关部位的成熟为基础,在儿童有意动作实践的前提下,随着言语和认识过程的发展,经过成人的教育指导才能够逐渐形成。

(二) 学前儿童意志发展的特点

学前儿童意志发展的总特点是行为依然带有明显的冲动性,自制力随年龄增长而逐渐增强。具体表现如下:

1. 学前儿童行为目的和动机发展的特点

首先,自觉的行动目的逐渐形成。3 岁之前,儿童的行为主要以成人外加的目的为主。4～5 岁的幼儿,逐渐形成自觉的行动目的。6 岁左右的幼儿,开始能够提出比较明确的行动目的。

其次,逐渐出现间接动机。根据动机与目的之间的关系,可以将动机划分为直接动机(与目的、兴趣一致的动机)和间接动机(与目的、兴趣不一致的动机)。间接动机的实施,往往需要儿童付出更多的意志努力。因此,间接动机的出现,体现了儿童意志的发展。

最后,各种动机之间的主从关系开始形成,优势动机的性质逐渐变化。当同一个行为中有多种动机并存时,总会有些动机是占优势的。优势动机对儿童的行为具有重要影响。随着年龄的增长,学前儿童优势动机的性质也逐渐变化,体现为由成人引发到自发,从直接的、具体的、狭隘的动机,向间接的、较长远的、较广阔的动机变化。

2. 学前儿童坚持性发展的特点

儿童坚持性的发展,是其意志发展的主要标志。但菲和冯璐的研究表明,3～6岁幼儿的坚持性随着年龄的增长而逐渐发展,且4～5岁是幼儿坚持性发展的转折期①。其中,小班幼儿坚持时间最短,其求助行为、溜号行为较多;中班幼儿的坚持时间明显长于小班幼儿,且正处于多种坚持行为发生、发展的关键时期,其求助行为减少,溜号行为表现最少,自语与策略行为有所发展;大班幼儿坚持时间最长,但溜号行为表现最多,求助行为表现最少,自语与策略行为发展最好②。

3. 学前儿童自制力发展的特点

随着年龄的增长,学前儿童抗拒诱惑、延迟满足的能力逐渐提高,并且在5岁左右,延迟满足的有效策略逐渐发展。影响学前儿童自制力的因素较多,有无关干扰、活动的特点、同伴间的比较和成人的强化。一般而言,干扰因素越少,活动越有趣,有同伴在场进行对照,可以及时得到成人的认可和鼓励,学前儿童的自制力就体现得越好。

二、学前儿童意志的培养

(一) 关注儿童的兴趣,提高其坚持性

兴趣是最好的老师。当儿童拥有自己的兴趣时,应注意加以维护。前已述及,不能够轻易打断儿童的无害活动。当儿童沉浸于感兴趣的活动中时,他们的专注精神和坚持性就很自然地得以发展。

当学前儿童不感兴趣时,应想方设法,以游戏激发其兴趣。前苏联的马努依连柯曾做过系列坚持性的实验,结果表明五种条件下,幼儿有意保持特定姿势的时间都随年龄的增长而增长,但是在游戏的情境中,幼儿坚持的时间最长③。游戏中通常蕴含着一定的规则,儿童为了顺利开展游戏,实现角色职责,他们往往能够抗拒各种诱惑,调控自己的行为,体现出较好的坚持性。教师和家长可以设计一些需要耐心和意志才能完成的游戏,比如爬台阶、串珠子、搭建积木等,在游戏中自然地锻炼儿童的意志。

---

① 但菲,冯璐.教师态度与指导方式对幼儿坚持性影响的实验研究.心理发展与教育,2009(1):7-13.

② 但菲,冯璐.教师态度与指导方式对幼儿坚持性影响的实验研究.心理发展与教育,2009(1):7-13.

③ 转引自陈帼眉.学前心理学(第2版).北京:人民教育出版社,2003:331-332.

（二）在生活中培养独立自主的习惯

根据学前儿童的身心发展特点，逐步使之形成“自己的事情自己做”的意识，培养其独立自主的好习惯。比如家庭里要鼓励儿童自己吃饭，自己穿衣，自己整理书包，自己整理房间等等。在幼儿园里，通过值日、争当小帮手等方式，培养幼儿自我服务的意识。比如除了大型器械之外，鼓励幼儿根据自己的兴趣选取玩具，用完之后物归原位。这些习惯，对幼儿独立性和自主性的培养是非常有益的。

同时，只要儿童力所能及地去做了，就要认可其美好初衷和努力。当儿童没有做好时，成人要具体分析原因，可进行一些必要的示范，但是切忌就此放弃锻炼而包办代替。不信任其能力，特别是当着儿童的面，将其做过的事情重做一遍，或者以“我就知道你不行”等贬低性话语进行苛责，都是损害儿童自信心、自主性的错误方式。要知道，成人真诚的赞扬和鼓励犹如一股清泉，滋润着儿童的心灵，不仅有助于儿童成就感和良好意志品质的形成，而且有助于其形成健康友善的与人相处模式。

（三）引导儿童设立切实可行的目标，耐心引领

在儿童活动开始之前，可以根据儿童身心发展的特点，引导其设立难度适宜的目标。目标太难会导致过多的挫折感，太容易不仅难以引发成就感，而且也缺乏发展价值，甚至容易养成自大的性格。

与此同时，当儿童在朝向目标的过程中遇到困难时，所给予的帮助应该要恰当，要给予必要而不多余的适应性支持，包括情感支持、技术支持和物质支持。比如，儿童遇到困难时，成人尽量陪着他们一起探寻答案、寻找方法，耐心引领，鼓励他们通过自己的努力克服困难完成活动。这有利于儿童获得成就感，进一步激励其独立自主的意识。

拓展阅读 2-18

挫折教育的实质①

挫折教育的实质是顺其自然、为所当为、提供适应性的支持。个体一生从来都不缺挫折，因此不要人为地让儿童受挫，而是当儿童遭受挫折时，顺势自然地予以引领——包括给予儿童情感支持，教给他们调节情绪的方法、人际交往的策略、解决问题的思路，引导他们看到负面事件背后的积极意义等等。

【本章小结】

1. 意志的概念、特征和品质

意志是指个体自觉地确定目的，并据此支配和调节自己的行动、克服种种困难、实现

① http://edu.sina.com.cn/zxx/2015-03-10/1554460079.shtml，2015-03-12，有删减。

预定目的的心理过程。目的性、克服困难和有意运动是意志的三个互相联系的基本特征。意志的品质,是评价一个人意志优劣的多个方面,主要包括自觉性、果断性、坚持性和自制性。

2. 意志在学前儿童心理发展中的意义

意志有助于增强认知过程的有意性;意志能够提高心理活动的调节能力;意志有助于促进个性的形成。

3. 意志产生的基础及学前儿童意志的发展

意志必须以大脑皮层的相关部位的成熟为基础,在儿童有意动作实践的前提下,随着言语和认识过程的发展,经过成人的教育指导才能够逐渐形成。

学前儿童意志发展的总特点是行为依然带有明显的冲动性,自制力随年龄增长而逐渐增强。具体表现为:随着年龄的增长,学前儿童行动的目的逐渐形成、逐渐出现间接动机、各种动机之间的主从关系开始形成,优势动机的性质逐渐变化;3～6岁幼儿的坚持性和自制力随着年龄的增长而逐渐发展。

4. 学前儿童意志的培养

关注儿童的兴趣,提高其坚持性;在生活中培养独立自主的习惯;引导儿童设立切实可行的目标,耐心引领。

本 章 检 测

一、思考题

1. 什么是意志?意志分别具有哪些特征和品质?

2. 意志在学前儿童心理发展中具有哪些意义?

3. 学前儿童意志的发展具有哪些特点?

4. 请联系实际,阐述如何培养学前儿童的意志。

二、实践应用题

1. 幼儿延迟满足能力的重复研究:以延迟满足的实验范式,分别研究几名小、中、大班幼儿的延迟满足能力。

2. 自我意识品质的认知与改进:请剖析自己的意志品质,并做出锻炼计划。

第三编

学前儿童注意的发展

第一章

注 意 概 述

学习目标

1. 了解注意的分类、品质，以及注意的发生
2. 理解注意的概念、特征，以及注意在学前儿童心理发展中的意义

第一节　注意及其分类

引导案例 3-1

把牛奶盒当成积木块玩可以吗?

毛毛喜欢收集各种生活废旧物品，如牛奶盒、饼干盒等，家长每次清理之后不久，毛毛不知什么时候又收集一些回来。毛毛对父母买的新玩具似乎并不上心，玩一会就丢一边了，却经常专心致志地探索自己收集的废旧材料，他尤其喜欢把牛奶盒当成积木来玩，并玩出多种花样。

思考：您认为牛奶盒当成积木块玩可以吗?

一、注意的概念及特征

(一) 注意的概念

注意(attention)是指心理活动对一定对象的指向和集中，是人的心理活动的一种能动的、积极的状态。为什么"注意"属于"状态"而不属于心理过程呢？因为，从反映论的角度来看，心理过程总要反映事物及其属性，而注意本身并不反映事物及其属性。

我们平时说一个人在注意着什么，事实上是指他在感知着什么、记忆着什么、思维着什么。即使平常所说的“注意车子”“注意铃声”，并不是指车子、铃声是注意反映的事物，而是由于习惯，把“注意看车子”“注意听铃声”中的“看”和“听”省略了。注意不同于感知觉、思维、想象等心理过程有自己特定的反映内容，它只是伴随心理过程（活动）的一种状态，一种能动的、积极的状态。注意是所有心理过程的共性，它不能够离开心理过程而单独存在。

一般而言，注意的程度越高，某一心理活动的效果也就越好。比如，“走马观花”与“凝视”所体现的注意程度是不一样的，相应地，视觉活动的效果也就有所不同。

（二）注意的特征

注意具有指向性和集中性两个显著的特征。

所谓指向性，是指在某一时刻人的心理活动有选择地反映某个对象，而离开其他对象。注意的这一特征，有助于被指向的对象能够被反映得更加清晰。比如，当教师在教室内讲故事时，本班幼儿的感知觉指向了正在讲故事的教师，而不是窗外的其他班幼儿的喧闹声，这使得本班幼儿能够听得清楚教师所讲的话语、看得清楚教师的神情。

集中性是指心理活动停留在被选择对象上的强度或紧张度，它使得心理活动离开无关事物，并且抑制多余的活动。心理活动在某一对象上的集中程度越高，对这一对象的反映往往也就越深刻。比如，在听故事的时候听得入神的孩子，不仅能够跟上故事的情节，而且更容易理解、记住这个故事。听得入神的时候，可能还会抑制与听故事无关的多余活动。比如，一些平时坐不住的幼儿、喜欢去打扰同伴的幼儿，在聚精会神听故事的时候，这些小动作都不见了。

二、注意的分类

从是否具有预定目的、是否需要意志努力的角度划分，可以将注意划分为无意注意、有意注意和有意后注意。这三种注意类型与预定目的、意志努力的关系，可以借用表 3-1 来形象地表示。

表 3-1　无意注意、有意注意和有意后注意的特征

项　　目	目的	意志努力
无意注意（不随意注意）	×	×
有意注意（随意注意）	√	√
有意后注意（随意后注意）	√	×

无意注意（involuntary attention）是指无既定的目的，也不需要意志努力的注意，也叫不随意注意。有意注意（conscious attention）是指有预定的目的，需要一定意志努力的

注意。有意后注意(postvoluntary attention)是指有预定的目的,但不需要意志努力的注意。有意后注意是注意的一种特殊形式,它和预定目的、任务联系在一起,类似有意注意,但它不需要意志的努力,又类似无意注意。

值得一提的是,从发生上讲,有意后注意是在有意注意的基础上发展起来的。例如,对学前教育专业的同学而言,最初要完成观察儿童的作业,是需要意志努力的,这个时候还处于有意注意的水平。后来,随着对专业、对儿童的兴趣越来越高,即便在老师没有布置观察任务,自己也想办法去见习、去观察儿童,甚至走在路上遇到儿童,都要停下来细细观察,而且乐在其中,丝毫不觉得是需要付出意志努力的。这个时候,就已经达到了有意后注意的水平了。有意后注意既服从于当前的活动目的与任务,又能节省意志的努力,所以对完成长期、持续的任务特别有利。培养有意后注意的关键是发展对活动本身的直接兴趣。所以,培养自己对学前教育的兴趣,热爱学前教育,有助于我们产生与学前教育有关的有意后注意。

第二节 注意的品质与作用

一、注意的品质

注意的品质包括注意的广度、注意的稳定性、注意的分配和注意的转移。

注意的广度是指同一时间内能够清楚地把握对象的数量。一方面,注意的广度受刺激物特点的影响。一般而言,刺激物集中、排列有规律、整体性强,则注意的广度大,反之,则小。另一方面,注意的广度也受个体心理活动的任务与知识经验的影响。任务多,则注意广度小,反之,则大。有关知识经验丰富,则注意广度大,反之,则小。

注意的稳定性,是指注意在同一客体或同一活动上所能够维持的时间。与注意稳定性相对的是注意的起伏和分散。注意的起伏,是指短时间内注意周期性不随意跳跃的现象(平均 8～12 秒)。注意的分散(即分心),是指注意离开了当前应当指向和集中的客体,而指向与当前任务无关的客体的现象。一方面,注意的稳定性受刺激物吸引程度的影响。刺激物越有吸引力,就越不容易分心。另一方面,人的主体状态,如身体、年龄、兴趣等也会影响注意的稳定性。一般而言,正当盛年,精神好、有高度的兴趣,注意的稳定性就越好。

注意的分配,是指在同一时间内,根据需要把注意指向两种或多种不同的客体或活动。注意的分配与分心是不同的。注意的分配,是人有意识地将注意指向需要关注的对象上。分心,则是因为干扰或者疲劳,注意离开了它本应该继续指向和集中的对象。注意分配的条件,取决于同时进行几种活动的复杂程度、自动化程度、相互之间的关系。有些人可以边骑自行车边聊天,边看电视边织毛衣,那是因为聊天、看电视是简单的活动,而骑自行车和织毛衣已经非常熟练了,达到了不需要特别动脑筋的程度。若是需要相左努力的活动,比如同时一手画圆、一手画方,就很少有人能够做到了。

注意的转移,是指人根据新任务的需要,主动地把注意从一个客体转移到另一个客体上(或从一种活动转到另一种活动中)。影响注意转移快慢的条件包括:原来的注意强度、新刺激物的特点、个体高级神经过程的灵活性。原来注意的强度越低,新刺激物越有吸引力、个体高级神经过程灵活性越好,就越容易转移。

了解上述注意的品质,将有助于激发和维持儿童的注意,防止分心。

二、注意在学前儿童心理发展中的作用

注意这种伴随心理活动的一种积极的、能动的状态,具有选择、监督和调节功能。它是有效学习和实践活动顺利进行的重要心理条件。它在学前儿童心理发展中,具有重要作用。

(一) 注意推动学前儿童认知能力的发展

如前所述,认知过程是指学习知识与运用知识的过程,具体包括感知觉、记忆、思维、想象和言语等心理过程。高度的专注,有助于儿童看得更清楚、听得更明白、记得更牢固、理解得更透彻、思考得更深刻、表达得更全面顺畅。因此从短期来看,注意有助于学前儿童获得更清晰丰富的信息,更快提高学习的效率,更容易取得活动的成功,久之即推动了其认知能力的发展。

当然,认知能力的发展反过来也能够提升注意的品质。比如,若儿童能够明白某一活动对自己的重要性,也就有助于他们维持对这一活动的注意。

(二) 注意有助于学前儿童形成良好的个性与社会性

专心致志,既是一种良好的学习品质,也是一种良好的个性。与他人交往时,专注地倾听,不仅是一种受欢迎的行为,而且也有助于儿童理解对方的话语、情绪、情感,从而能够更有效地调整其交流方式。这种调整,使得儿童能够获得更多成功交往的积极体验,如此反过来提升儿童交往的意愿,习得更多交往的经验,由此进入良性循环。因此,注意有助于学前儿童形成良好的个性与社会性。

拓展阅读 3-1

多动症简介

多动症的具体病名是注意缺陷与多动障碍(attention-deficit hyperactivity disorders,简称 ADHD)。多动症是严重影响儿童心智和人格发展的精神疾病,占儿童精神疾病门诊病例的首位。它同时具备多动、冲动及注意障碍三大症状,由此导致工作记忆和联合学习能力低下。多动症通常在 7 岁以前发病,发病率为 1%～3%,症状严重的患儿无法接受学校课堂教育,给家庭带来沉重的精神和经济负担。

长期以来,前额叶和基底神经节多巴胺系统的功能紊乱被认为是多动症的机制①。此外,饮食中毒特别是嗜好铅含量高的食物而导致铅中毒,以及教养不当导致感统失调,也被认为是疑似病因。

【本章小结】

1. 注意的概念、特征、分类和品质

注意,是心理活动对一定对象的指向和集中,是人的心理活动的一种能动的、积极的状态。

注意具有指向性和集中性两个显著的特征。所谓指向性,是指在某一时刻人的心理活动有选择地反映某个对象,而离开其他对象。集中性,心理活动停留在被选择对象上的强度或紧张度,它使得心理活动离开无关事物,并且抑制多余的活动。

从是否具有预定目的、是否需要意志努力的角度划分,可以将注意划分为无意注意、有意注意和有意后注意。无意注意是指无既定的目的,也不需要意志努力的注意。有意注意是指有预定的目的,需要一定意志努力的注意。有意后注意是指有预定的目的,但不需要意志努力的注意。

注意的品质包括注意的广度、注意的稳定性、注意分配和注意的转移。注意的广度是指同一时间内能够清楚地把握对象的数量。注意的稳定性,是指注意在同一客体或同一活动上所能够维持的时间。注意的分配,是指在同一时间内,根据需要把注意指向两种或多种不同的客体或活动。注意的转移,是指人根据新任务的需要,主动地把注意从一个客体转移到另一个客体上(或从一种活动转到另一种活动)。

2. 注意在学前儿童心理发展中的作用

注意推动学前儿童认知能力的发展,注意有助于学前儿童形成良好的个性与社会性。

本章检测

一、思考题

1. 注意是一种什么心理现象,具有哪些基本特征和品质?注意的种类有哪些?

2. 注意在学前儿童心理发展中具有哪些重要作用?

二、实践应用题

注意分配的实验:准备好两支笔、两张纸,分别进行三种尝试。一是两手同时画圆,二是两手同时画方,三是同时一手画方,一手画圆。比较其中的难以程度,然后跟同学讨论影响注意分配的因素。

---

① 李葆明.前额叶皮层 α2 受体与注意力缺损多动症.中南地区第八届生理学学术大会论文摘要汇编,2012-6-12:3.

第二章

学前儿童注意的发展与培养

学习目标

1. 掌握无意注意、有意注意和注意品质的发展趋势及引起两类注意的诱因
2. 应用学前儿童分心的原因和防止措施的有关知识，培养儿童的注意力

第一节　学前儿童注意的发生与发展

引导案例 3-2

容易分心的球球

球球比较容易分心。集体教学活动时，往往不到两分钟，他就转向椅背，用手去触碰旁边的小朋友。老师用眼神示意他坐好。他倒是合作，坐好了，但是不一会儿又跑到黑板面前要画小蚂蚁。老师请他回到座位。他刚坐回到座位，又对着窗户喊叫："看，蝴蝶！"老师很想帮助球球减少分心的现象。

思考：您认为引起幼儿分心的因素主要有哪些，如何防止幼儿分心？

一、注意的发生

（一）无条件定向反射

无条件定向反射是与生俱来的生理反应，也是婴儿最早出现的最初级的注意。例如有声源或光源，婴儿都会将脸转向声音或光线。无条件定向反射，主要由刺激物的特点引起，它是无意注意的最初形式，如外来的强烈刺激会引起新生儿暂时停止哭喊或把头转向刺激物。

(二) 无意注意的萌芽

在介绍感知觉一章曾提过视觉偏好法的简单研究范式。在婴儿清醒的时候,同时在其眼睛正前方并列呈现不同颜色的纸板,或者形状相同颜色不同的物体,不少情况下,可以观察到婴儿更多地将眼睛朝向其中的一个纸板或者物体。这不仅说明婴儿具有视觉偏好,而且也表明婴儿出现了选择性注意——即便以相同的条件引起婴儿的无意注意,他们在无意注意中也体现了自己初步的选择性。

范茨运用更精确的视觉偏好装置(图 3-1),来研究影响新生儿注意的发生和影响婴儿注意的刺激物特征等问题。在这一装置里,平卧于小床上的婴儿可以注视出现在小床上方的两种刺激——两种刺激在呈现时,彼此隔开一定的距离,婴儿无法同时聚焦于两个刺激,只有稍稍偏动头部,某个刺激才能完整地进入视线中。研究者可以从这个特制装置的上方,向下观察婴儿眼中的刺激物映象,一旦发觉婴儿注视某侧的刺激,研究者就按动相应一侧的按钮,以记录婴儿注视该刺激的时间。本方法的假设在于,若婴儿能够在某个刺激物上注视了更长的时间,说明他对该刺激有所"偏爱",也就表明他区分了这两种刺激①。这些系列研究发现,新生儿已经具有选择性注意的能力,他们的视线能固定在外部世界的某种对象上,而且比起杂乱刺激点或线条,他们的视线更多地集中在轮廓相对清晰的图形上。

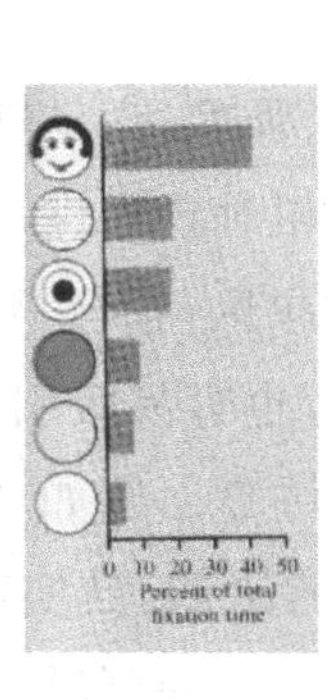

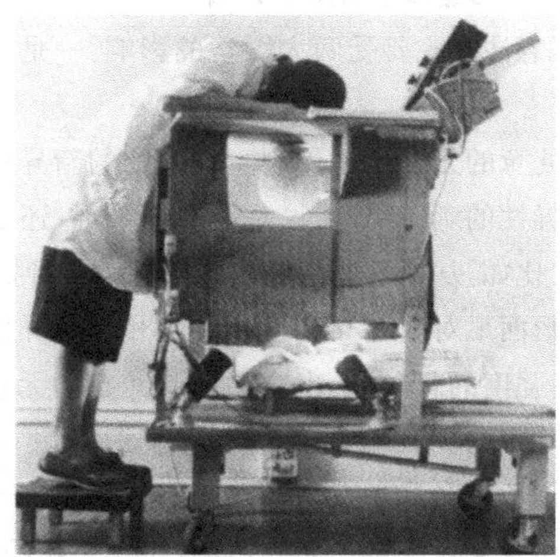

图 3-1 视觉偏好的实验装置②

除了视觉偏好法的研究,有关采用眼动记录仪的研究也发现,婴儿在早期就已经出现了无意注意。

---

① 郭力平.学前儿童心理发展研究方法.上海:上海教育出版社,2002:193-194.

② http://www.docin.com/p-676433544.html? qq-pf-to=pcqq.c2c,2015-12-30.

(三) 有意注意的萌芽

有意注意的萌芽,有一个循序渐进的过程,跟成人的言语指令、手势和儿童本身的言语发展有密切的关系。可以说,成人的言语指令和相应的手势,为儿童有意注意的萌芽提供了必要的环境条件。成人在照料婴儿的时候,会不断地跟婴儿交流,并且时常以言语指令和手势引发婴儿的注意,如:"宝宝,看,这朵花多漂亮呀!"婴儿就在成人的言语指令下,关注到了成人希望他们关注的东西。之后,儿童以出声和不出声的内部言语调节自己的心理活动与行为,为有意注意的形成和发展奠定了重要的内部条件。

在思维出现的时候,有意注意就明确萌芽了。我们知道解决问题的智慧性动作的出现,意味着思维的发生。其实,在智慧性动作发生和进展中,也伴随着有意注意。如引导案例 2-16 中,1 岁 9 个月的芷溪为了得到面包,不仅用手使劲地伸向面包,不断扑腾,而且还会总结这个过程中出现的变化,最终解决问题。在这个案例里,芷溪对面包的注意,有预定的目的,并且付出了意志努力,因此体现的就是有意注意。

二、学前儿童注意的发展

(一) 无意注意在学前期具有优势地位

无意注意是与生俱来的,它比有意注意的发生发展要早,而且在学前期占据优势地位。因此,深入了解引起学前儿童无意注意的诱因和具体发展情况,就显得尤为重要。

1. 引起学前儿童无意注意的主要诱因

学前儿童的无意注意主要受两大因素的影响:一是刺激物的特点,二是儿童本身的状态。

一方面,学前儿童的无意注意受制于刺激物的新异性、强度、活动变化和对比关系。一般而言,具有新异性的刺激物,无论是绝对新异性,还是相对新异性,都容易引发学前儿童的无意注意。比如,从未吃过榴莲的儿童,只要走到水果区,很容易就闻到榴莲特殊的气味。又如,方形西瓜对儿童而言往往具有相对新异性,也容易吸引儿童的眼球。具有绝对强度和相对强度的刺激物,也容易引起儿童的无意注意。例如,窗外突然传来很大的声响,儿童会不由自主地看向窗外。同样,抑扬顿挫的语调,其实制造了相对的强度,它比起平铺直叙也更容易吸引儿童的无意注意。活动变化的刺激物,比起静止不动的刺激物,更容易引发无意注意。此外,具有对比关系的刺激物,如"万绿丛中一点红",也容易引发无意注意。

另一方面,无意注意也受制于学前儿童本身的状态,包括其需要、兴趣和原有知识经验。比如,当儿童饥饿时,有关食物的信息就比较容易受到关注。当幼儿出现了渴望参加成人的各种社会实践活动的新需要时,成人的许多活动,如开汽车、民警维持交通秩序、医生看病、护士打针、银行存钱等活动,都会成为他们无意注意的对象。在兴趣方面,若幼儿喜欢看动画片,那么有关动画片的话题、装饰就容易引发他们的无意注意。若幼儿对洋娃娃感兴趣，不论到何种场合，各种布偶、洋娃娃就容易引起其无意注意。比如，爱看《西游记》电视剧的幼儿，《西游记》主题曲和剧中的有关声音，就容易引发其无意注意。同样，符合幼儿经验水平的教学内容和以游戏形式出现的教学方式，也容易吸引幼儿的注意。比如，相对来说，具有旅游经历的幼儿比起没有旅游经历的幼儿，更容易关注到周边有关旅游的信息。幼儿随着知识经验和认识能力的发展，能够发现许多新奇事物和事物的新颖性。在整个幼儿期，新颖性是引起幼儿注意的重要原因。因此，在幼儿园教学活动中，要用恰当的方式运用新颖的教学手段来吸引幼儿的注意力。此外，学前儿童的情绪状态和精神状态（特殊的情感、期待等）也会影响无意注意。又如，当幼儿的精神疲倦不堪时，很多事情都难以引起其注意。

上述各因素往往是综合起作用，而不是孤立的。无意注意既可以帮助学前儿童对新异事物定向，使他们获得对事物的清晰认识，也可能干扰他们正在进行的有益活动，因而具有积极和消极两个方面的作用。教师要充分发挥无意注意的积极作用，避免其消极作用，以达到优化教育效果的目的。我们在进行环境创设、组织教育活动的时候，应充分考虑上述因素，尽量使那些具有教育价值的信息具备能够引起幼儿无意注意的特征，调动幼儿的已有经验，并且去掉一些无关刺激，以免幼儿分心。具体而言，一方面，我们可以有针对性地在教育活动中，适当使用一些容易引起和维持幼儿无意注意的教玩具。另一方面，我们又要特别注意排除干扰，比如去掉环境中没必要的强烈的声音、鲜明的颜色、生动的形象、活动的物体。比如，如果教师在开展组织教育活动时不停地走来走去，着装过于复杂、活动室环境布置过于花哨缭乱，就容易分散幼儿的注意力。因此，教师应尽量避免不必要的走动，着装舒适得体，活动室的布置以活泼有序为宜。

2. 学前儿童无意注意的发展趋势

随着年龄的增长，学前儿童的无意注意主要体现出以下方面的变化：引发条件发生变化、注意对象的变化和注意稳定性的变化。

引发学前儿童无意注意的条件，逐渐由刺激物的物理特点转变为刺激物对学前儿童的心理意义。刺激物的物理特点，即前文提及的刺激物的新异性、强度、活动变化和对比关系等。最初，具有这些物理特点的刺激物容易引发儿童的无意注意。随着年龄的增长，刺激物越符合儿童需要、兴趣和原有知识经验，即对儿童具有心理意义，就越容易引发其无意注意。

无意注意对象的变化，具体表现为注意范围的扩大和注意对象的复杂化。随着年龄的增长，学前儿童注意的事物逐渐增多，并且注意转向更加复杂的事物。比如，对小班幼儿而言，图片清晰、情节相对简单的绘本更能够引起他们的无意注意。随着年龄的增长，幼儿的理智感逐渐萌芽和发展，这也带来了他们在无意注意方面的发展——复杂一些的绘本、卡通片，才更容易引起和维持他们的无意注意。

此外，学前儿童注意的时间也日渐延长。其实，学前儿童的无意注意，与其动作的发展和认知的发展具有密切的关系。动作发展使得学前儿童更为自由，认知的发展使其经验更为丰富，因而也就自然地扩大了学前儿童注意的范围，改变注意对象的性质，提高其注意的稳定性。

（二）有意注意逐渐萌芽与发展

1. 引起学前儿童有意注意的主要诱因

易于引起、保持有意注意的方式包括：加深对任务的理解；把智力活动与相应的实际操作结合起来；培养间接兴趣①。引起学前儿童有意注意的主要诱因也基本如此。

首先，明确的活动目的和任务易于引起和维持有意注意。在学前期，加深儿童对任务的理解，帮助儿童明确活动目的和任务，尤为重要。若教师在交代任务时，未能向儿童明确说明要求或任务本身表述模糊，都会影响儿童的有意注意，进而会影响后续的活动。

幼儿有意注意的发展需要成人的引导。成人的具体作用包括：其一，帮助儿童明确注意的目的和任务，产生有意注意的动机，即自觉、有目的地控制自己的注意，并且用意志努力去保持注意。若儿童能够在头脑中形成目的和任务的表象，认识到其必要性，就能产生完成有意注意活动的强烈愿望，一切与完成任务有关的事物都能吸引他的注意。例如，在歌唱教学中，教师要求幼儿仔细倾听教师范唱，并在教师提供的图片中，逐一找出歌词中所描述的小动物造型，那么在这个过程中，幼儿可能会对歌曲中那些描述小动物造型的歌词更加关注。其二，用言语引导幼儿的有意注意。成人提出问题，往往能够引导幼儿有意注意的方向，使幼儿有意地去注意某种事物。但是，这个问题要有明确的指向性，能够给予幼儿可供观察或注意的线索。例如，提出“看看这个小动物身体的哪个部位发生了变化”这样的问题，可以引导幼儿去寻找变化的地方。再如，教师在科学活动中可以提出一些问题来引导幼儿做一些小实验，如“冰块是如何变成水的”“雨是怎么来的”。这种前置性的提问，会引发幼儿注意观察实验的过程。还有，可以组织一些竞争性的分组游戏，引导各组幼儿集中注意于商量解决问题的方法，思考如何使自己的小组获胜。

其次，实物活动有助于引起和维持学前儿童的有意注意。我们知道实物活动有助于提高儿童动作的灵活性，以及加深儿童获得对客观事物的深刻认识，促进其认知过程的发展。因此，教师在组织教育活动时，可以有选择地为儿童提供丰富的材料，让其能够充分探究，然后及时予以适应性的物质、情感或技术方面的支持。选择的材料只要符合儿童的身心发展特点、无毒无害、能够引发儿童探究即可，而不必讲究材料本身是否高端、大气、上档次。比如引导案例 3-1 中，幼儿把牛奶盒当成积木玩，也是可以的。我们还可以从中获得启发，了解幼儿最近喜欢探究的材料，然后适当地提供给他们。除了提供材料，还可以有意识地组织游戏活动，让注意对象成为幼儿的直接行动对象，以促进其有意注意的形成和发展。

---

① 林崇德，杨治良，黄希庭．心理学大辞典．上海：上海教育出版社，2003：1592.

再次，间接兴趣和良好的意志品质，也是引起和维持学前儿童有意注意的重要原因。兴趣有直接和间接之分，它们对注意的影响各有侧重。直接兴趣就是对事物本身和活动过程的兴趣；间接兴趣是对活动目的和结果的兴趣。直接兴趣在引起和维持无意注意中具有重要影响作用，而间接兴趣则在引起和维持有意注意中，具有重要作用。幼儿特别是大班幼儿，也会关注活动的结果，这使得他们在活动过程中保持高度的注意。间接兴趣其实在一定程度上也体现了儿童的意志努力。有意注意本身是需要意志努力的，因此自觉性、坚持性、果断性、自制性这些意志品质好的人，有意注意的时间也越长。

最后，活动组织的合理性，有助于引起和维持有意注意。幼儿园一日生活的各个环节常规化、符合幼儿的身心特点，不仅有助于培养幼儿良好的作息习惯，而且也就有助于引起和维持幼儿在活动中的有意注意。

2. 学前儿童有意注意的初步发展

有意注意在 2 岁以后开始萌芽，并且随着言语和其他认识过程有意性的发展，有意注意也得以初步发展。有意注意的发展，使得学前儿童的心理能动性进一步增强。不过，在整个学前期，有意注意处于正在发展的初级阶段，其水平相对较低、稳定性较差，而且依赖成人的组织和引导。

首先，学前儿童的有意注意受大脑发育水平的局限。有意注意是由脑的高级部位——前额叶控制的。前额叶的成熟，使得儿童能够把注意指向必要的刺激物和有关动作，主动寻找所需要的信息，同时抑制对无关刺激的反应，即抑制分心。前额叶大约在 7 岁时才达到基本成熟水平。因此，整个学前期，有意注意只是开始发展，远未完善。

其次，学前儿童的有意注意，是在外界环境特别是成人的要求下发展起来的。在幼儿园里，幼儿必须遵守各种行为规则，完成各种任务，对集体承担一定义务。幼儿逐渐在扩大自己的生活环境和教育环境，所以有意识地让幼儿承担各种任务，对其有意注意的培养是有重要作用的。因此，各种生活制度、行为规则、“工作”任务是幼儿有意注意逐步发展的主要因素。

最后，学前儿童逐渐学会一些注意的方法。由于保持有意注意需要克服一定的困难，因此有意注意要有一定的方法。幼儿在成人的引导下，渐渐能够学会一些组织有意注意的方法。例如，为了将注意维持在阅读上，看到哪里就用手指到哪里；为了避免别人的干扰，把自己的椅子挪到没有人干扰的地方。这些都是用各种动作或行为来保持注意的方法。成人可以引导幼儿关注和讨论自己的哪些行为能够帮助保持有意注意。

(三) 学前儿童注意品质的发展

1. 学前儿童的注意广度

学前儿童眼球跳动的距离比成人短得多，也不善于运用边缘视觉，所以注意的范围较小。随着生理的发展和知识经验的丰富，学前儿童注意的广度逐渐增加，但总的来说，他们注意的广度仍然较小。陈惠芳和程华山采用速示器研究了 4～14 岁儿童的注意广度，结果发现4、5、6岁儿童平均只能够注意4.74、5.45和5.77个点，而14岁的儿童能够注意8.08个点，已经基本接近成人的水平①。针对学前儿童注意广度的发展水平，教师和家长应注意以下问题。

首先，给儿童任务时要明确，且在同一时间不能给予太多需要其注意的信息。不论是提问，还是提醒其需要关注的事物，应清晰、限量，符合其年龄特征。例如，对小班幼儿，可逐一布置任务，每次只布置一个任务；对大班幼儿，一次可布置两个任务，最好不超过三个，否则会导致认知负荷过重，不仅难以关注那么多信息，而且容易引发其不知所措、心情烦躁。

其次，在呈现挂图或直观教具时数目不能太多，应该逐一呈现，而且要给儿童提供引起注意的线索。例如，在“小青蛙找朋友”的游戏中，小青蛙要跳到不同的地方，找了不同的朋友，那么老师在呈现教具时，要一个场景一个场景地出图，而且还要提醒儿童关注不同场景的哪些重要信息，例如找到的这个朋友是什么特征等。

最后，采用儿童感兴趣的方式、方法组织教学活动，帮助儿童获得知识经验，扩大注意范围。儿童喜欢用鲜艳的教具、游戏的方法、直观的动作，在有趣的情境中学习，教师要了解这些情况，以扩大儿童的注意范围。例如，在儿童面前摆放上一些造型各异、形状奇特的图片，请他们仔细观看几秒钟，再让其闭上眼睛，借机拿走一些图片，然后让他们睁开眼睛再认真观察，并说出少了哪几个图片。

2. 学前儿童注意的稳定性

学前儿童注意的稳定性，与注意对象及其自身状态有关，并且随着年龄的增长而增强。3、4、5岁的幼儿平均能够集中注意的时间，分别为3～5分钟、10分钟、15分钟或更长的时间。

就内因而言，学前儿童注意的稳定性受脑发育、第二信号系统和自身状态的影响。一方面，幼儿有意注意的稳定性是幼儿大脑皮层神经细胞工作能力的反映，幼儿有意注意稳定性的发展反映了大脑皮层神经细胞工作能力的发展②。另一方面，随着年龄的增长，学前儿童第二信号系统逐渐发展与完善，儿童可以用语言来调节自己的注意，从而提高自己注意的稳定性。此外，当儿童情绪饱满、兴趣浓厚时，其注意也就更加稳定。例如，游戏是学前儿童最感兴趣的活动形式，在游戏条件下，幼儿注意稳定的时间更长，在游戏中注意持续时间大大超过了幼儿不感兴趣活动的时间。

就外因而言，新颖有趣、适当变化、颜色鲜艳的刺激物，有助于提高儿童注意的稳定性。以语言活动为例，教师有意识地用抑扬顿挫的音调、甜美亲切而富有情感的言语，适当准备丰富新颖、生动形象、适当变化的教玩具，就有助于维持幼儿的注意。例如，在绘本《挤呀挤》阅读活动中，教师准备了一个芭比娃娃作为故事主人公“宝宝”；一条小凳子

① 陈惠芳，程华山. 4～14岁儿童注意广度发展的实验研究. 心理科学通讯，1989(1)：45-47.

② 李洪曾，胡荣查，杜灿珠，等. 五至六岁幼儿有意注意稳定性的实验研究. 心理学报，1983(2)：178-184.

作为“宝宝”的“床”；一条大方巾作为“宝宝”的“被子”，还分别准备了小老鼠、小鸭子、小猫、小狗、小羊等故事中人物的图片，幼儿在活动中的注意较为稳定。

注意的稳定性是非常重要的品质，我们既要充分根据其影响因素维持学前儿童注意的稳定性，又要避免无关干扰。比如，为了确保活动的有趣性、合理性和使儿童处于良好的状态，可以有意识地采用一些相关游戏以培养儿童注意的稳定性，例如木头人游戏等等。值得注意的是，当儿童正在进行无害活动时，成人不要轻易打断。

3. 学前儿童注意的分配

可以根据前文提到的注意分配的条件，从以下几个方面来培养学前儿童注意分配的能力。首先，通过各种活动培养儿童的有意注意和自制力。其次，加强动作或活动练习，使儿童对活动熟练，做起来不必花费太多的注意力和精力。再次，使同时进行的活动在幼儿头脑中形成密切的联系。例如，在探究交通工具的主题活动中，鼓励儿童一边进行探究活动，一边用自己喜欢的方式表述探究成果。这里一方面有对交通工具这一知识的认知，也有如何进行口语表达、与同伴进行互动等要求，这有利于培养幼儿注意的分配能力。

4. 学前儿童注意的转移

注意的集中与转移是一个事物的两个方面，幼儿每天都在这两种状态下生活与学习。幼儿园每天要开展很多活动，而每一个活动是不同的，幼儿需要从这个活动将注意转移到下一个活动，否则会影响学习的效果。因此，学会注意的集中与转移对良好学习习惯的养成是有重要意义的。

研究表明，随着幼儿年龄的增长，其注意转移的水平越来越高，且由于儿童身心发展的影响，注意转移能力的增长速率不一样①。例如，随着年龄的增长，幼儿认知水平逐渐提高，对教师在什么时间作出何种言语提示有了更深的了解，其注意转移水平也就越高。

在良好的教育下，随着儿童活动目的性的提高和言语调节机能的发展，儿童逐渐学会主动转移注意。可以根据注意转移的条件，从以下几个方面培养儿童注意转移的能力：首先，教育教学内容难易适当，符合儿童心理发展水平；其次，教育教学方式要新颖多变；最后，幼儿园大、中、小班的活动时间应该有别，集体活动应该丰富多样，时间安排适当。

第二节　学前儿童分心的原因和防止措施

一、学前儿童分心的原因

分心，是指注意离开了它本应该继续指向和集中的对象。分心使得儿童难以获得清

① 曾彬，吕园. 3～6岁幼儿注意水平研究. 教育导刊，2014(5)：25-28.

晰丰富的信息，影响其感知和学习的效率，不利于良好学习品质的形成。除了某些特殊的病理原因如轻微脑组织损伤、脑内神经递质代谢异常引发多动症，对正常学前儿童而言，导致分心的原因也很多，主要体现如下。

（一）内外无关刺激的干扰

无关刺激可分为外界的无关刺激和内在的无关刺激两大类。这两类无关刺激，都容易引发学前儿童分心。

外界的无关刺激包括：环境布置过于花哨缭乱；灯光强度不适，如太暗或刺眼；气温不适，如过冷或太热；室外的噪音太大；环境中有刺激性气味；教师的衣着打扮过于新奇；教师组织教育活动时，采用了喧宾夺主的繁杂教具；等等。

内在的无关刺激包括：生理上的刺激，如疲劳、生病、饥饿、憋尿等；心理上的刺激，包括产生厌烦情绪，或被老师批评而情绪低落，或者因近期发生较大的负性生活事件而受到刺激；等等。其中，疲劳是一个不可忽视的内在干扰。引起疲劳的原因之一是幼儿神经系统的机能还未完善，兴奋和抑制过程发展不平衡，长时间紧张状态或从事单调活动，便会引起疲劳，出现“保护性抑制”。疲劳起初表现为没精打采，随之出现分心。引起疲劳的另一个原因是缺乏科学有序的作息制度。若不重视儿童的作息制度，特别是晚睡，就会导致睡眠不足，第二天无精打采，难以集中注意力。许多幼儿周末回家后，家长为其安排过多的活动，如上公园、逛商店、访亲友等，破坏了在园的作息规律，幼儿得不到充分休息，而且过分兴奋。这使得幼儿在星期一时注意常常涣散。

（二）活动内容与形式不适合学前儿童

活动内容与形式不适合学前儿童，他们在活动中缺乏兴趣和必要的支持，每每集中注意，都要付出过多的意志努力，就可能会导致他们分心。

首先，活动内容太难或者太容易，难以引发其兴趣，从而难以维持其注意。内容太难、过于抽象，脱离学前儿童的已有经验和认知能力，他们难以理解，也就难以产生兴趣。或者内容过于容易，缺乏必要的挑战，也会让儿童觉得兴味索然，容易分心。

其次，活动组织形式和方法不适合学前儿童，也容易导致分心。主要体现在三个方面：一是活动形式过于单调呆板，教学过程缺少变化，不符合学前儿童爱玩游戏、活泼好动的心理特点，难以引发他们的兴趣，维持他们的注意。二是活动要求不明确，活动过程缺乏清晰的指导或者必要的支持，使得儿童手忙脚乱或者不知所措。比如，当儿童遭遇问题或者瓶颈时，若成人未及时发现，他们缺乏成人必要的物质、技术或情感支持，持续性的受挫可能会导致他们放弃，其注意也就难以为继。

（三）学前儿童注意转移能力较弱

学前儿童注意转移的能力还比较弱，因而常常不能根据活动的需要及时将注意集中在应该注意的事物上，这也是学前儿童分心的一个重要原因。例如，已经开始集体教学活动了，有的幼儿还在想着之前的游戏或玩具而没听见老师的话；老师在提问的时候，个别幼儿还在摆弄手指或衣服而未进入状态。特别是若活动安排得不太合理，把幼儿特别感兴趣的、兴奋程度高的活动安排在前，幼儿就难以把注意转移到后面的活动上去，容易导致其分心。

（四）平时未养成专注的习惯

若儿童平时就没有养成专注的习惯，也比较容易分心。专注习惯的养成，除了成人有意识的言语指导，以及儿童自我内部言语的调节，还有赖于大量的自发活动得以有始有终地完成。前文提及，学前儿童在成长的过程中，有大量的自发活动。这些自发活动，只要是无害的，就不应该轻易被打扰。可是在日常生活中，常有家长做一些随时干扰儿童自发活动的事情。例如，儿童在全身心地拼搭积木，一会儿奶奶端着牛奶过来了，一会儿爷爷又拿着水果让孩子吃，一会儿妈妈说买了新衣服叫其过去看……若儿童无数次被中断活动，他们平时就难以养成专注的习惯，而且也容易养成打扰他人的习惯。

二、防止学前儿童分心的措施

（一）排除内外无关刺激的干扰

首先，保持活动室等周围环境的美观整洁，合理选择和使用教具。为防止无关刺激引起学前儿童分心，一方面要将活动室等儿童周边环境布置得美观、整洁大方，又要避免过于花哨复杂，使人眼花缭乱。可以根据幼儿的已有经验，以及季节或活动主题的变化来布置、美化幼儿园及活动室，这样会使幼儿既受到教育，又获得美感，感到舒适。注意室内玩教具的收纳，分类放置、井井有条，避免凌乱摆放。教师的着装要美观得体，不能奇装异服、浓妆艳抹。教师组织游戏活动时，不要一次呈现过多的刺激物，要根据儿童需要和活动的难易层次依次呈现，及时增减。呈现挂图、图片、教具的时间、顺序等要适当，不用时应即时收起，否则会干扰幼儿关注本次教学活动的重要学习信息。此外，组织集体教学活动时，应适当将与本次教学活动无关的玩教具收放整齐，不要让无关的刺激干扰儿童。

其次，应及时调整好儿童的状态，避免来自幼儿内部因素的干扰。比如，不当众批评儿童，私下批评儿童应就事论事，态度温和，注意方法，耐心引导，避免疾言厉色。若儿童出现厌烦、低落等情绪，应及时疏导。同时，特别注意安排活动的时间，避免在儿童饥饿时组织活动，避免活动时间过长导致疲劳。

（二）确定适当的活动内容和形式

首先，设立难易适中的教学目标，选择刚好处于儿童最近发展区的教学内容，在教学的时候注意激活儿童的已有经验。过难的内容脱离儿童理解的基础，过易的内容会因缺乏新异性而不能吸引儿童，因此那些让儿童“跳一跳，能够摘到桃子”的中等难度的内容，才能够引起和保持儿童的注意。

其次，教师向儿童布置任务和提出要求时应清晰具体，言语应追求精确生动。清晰具体地布置任务和提出要求，有助于儿童有明确的目标，避免左顾右盼、手足无措。言语精确，是指言语指令或提问要准确清晰、不啰嗦，不要有过多无关信息。生动，是指口头言语应亲切、抑扬顿挫、生动形象、富有感染力，使儿童有常听常新之感。肢体言语也应优美准确，动作的幅度力度等要合适。例如，当教师的面部表情有变化时，会引起儿童的注意；在音乐的间奏中，教师微抬小臂，做一个起范儿的动作，孩子们就知道音乐要开始了。因此，教师表达之前应认真设计，不要絮絮叨叨、声嘶力竭地反复强调同一个要求，以避免儿童因为厌听而分心。

最后，幼儿园的教育以游戏为主。符合儿童身心发展特点的活动形式，是防止儿童分心的重要保证。而对学前儿童来说，游戏是他们最需要也是最喜爱的活动。因此，一方面教师要尊重、想方设法地支持儿童的自发游戏；另一方面要设计吸引儿童的教学游戏，寓教于乐。

（三）制定合理的作息制度与流程

合理的作息，能够确保儿童充分的睡眠和休息，从而减少疲劳和分心现象。幼儿园和家庭可以根据儿童的具体年龄和季节，制定出适合儿童身心发展特点的一日生活作息制度。这一制度要注意动静有序、劳逸结合，要确保充足优质的睡眠和户外活动时间。制定并严格执行科学合理的作息制度，儿童的生活有规律，才能够保证儿童得到充分的休息和睡眠，从而才有充沛的精力进行游戏、学习和劳动，减少疲劳，防止分心。若无作息制度，或者作息制度不科学不合理，或者虽然制定了科学合理的作息制度却不执行，都会使得儿童的生活处于无序状态。

除了确保儿童有充足的睡眠、休息和户外活动的时间，幼儿园中一日生活的各个环节，也应当有效衔接，帮助儿童顺利地过渡。每个环节结束和另一个环节开始之前，若有一些相对稳定的提示，能有助于儿童顺利地转移注意。

（四）平时养成专注的习惯

以有趣的活动引起儿童无意注意，再以明确的任务和要求，培养其有意注意，使得无意注意和有意注意交替进行。儿童的书桌、操作区应相对安静。当儿童阅读、游戏或者专注于某项无害活动时，成人不要轻易使唤或打扰他们。即便他们遇到困难，成人欲给予适应性的支持，也要观察时机，切勿随便干预。

活泼好动是学前儿童典型的年龄特征，对于一些尤其好动但是又不属于多动症的儿童，比如引导案例 3-2 中的球球，在组织活动时更要注意引导：一是要有充足的户外活动，以满足其充分活动的需要；二是在游戏中可以适当将一些活动较多的角色分配给他们，同样满足他们爱动的特点。在充分满足其活动的情况下，也要有意识地、循序渐进地训练其自制力。比如，可以在一些游戏中，让其担任哨兵的角色，或者组织“木头人”“速冻冰棒”①等游戏，培养其自制力，以提高其注意的稳定性。一些模仿游戏，如“提线木偶”

① 该游戏跟“木头人”相似。游戏的基本流程是，儿童先自由活动，鼓励做出各种好玩的姿势，然后教师不定时地说“速冻冰棒”，一听到这一指令，儿童立刻保持当下的姿势不动。当再听到“解冻”时，就又可以自由活动了。以此不断循环。

也是很好的训练素材。老师扮演提线人，幼儿扮演木偶，提线人做什么，木偶要跟着做什么。这类游戏需要幼儿的注意高度集中，要仔细观察提线人的动作运动轨迹，方能做出木偶需要配合的动作。此外，还可以适当进行轻声教育，训练其专注倾听的能力。

拓展阅读 3-2

电子游戏对儿童注意的伤害①

每天玩两小时以上游戏的孩子，约有67%会出现容易分心的问题。据美国儿科学会的官方杂志报道，通过对1 323位小学生的调查，结果发现长时间玩电子游戏会对儿童注意的持续能力产生严重的不良影响，看电视时间过长也会有同样的伤害。这是因为电子游戏和电视过快的节奏和过量的声色，对儿童的感官刺激过度，使得他们无法长时间将注意集中在现实世界里，这导致他们难以安静地阅读或者从事一些需要专注的活动。

报告中同时指出，那些热衷于电视节目和电子游戏的孩子出现注意力不集中的问题，可能是因为已经遭受伤害。爱荷华州立大学Edward Swing博士认为："如果那些出现注意力不集中问题的孩子热衷于这种视频媒体娱乐，一点也不会让我惊讶，而正是这些娱乐方式加重了孩子们的问题。"

【本章小结】

1. 学前儿童注意的发展

(1) 无意注意在学前期具有优势地位

引起学前儿童无意注意的主要诱因，一是刺激物的特点，二是儿童本身的状态。一方面，学前儿童的无意注意受制于刺激物的新异性、强度、活动变化和对比关系。具有新异性的刺激物，无论是绝对新异性，还是相对新异性，都容易引发学前儿童的无意注意。另一方面，无意注意也受制于学前儿童本身的状态，包括其需要、兴趣和原有知识经验。

随着年龄的增长，学前儿童的无意注意主要体现出以下方面的变化：引发条件发生变化、注意对象的变化和注意稳定性的变化。具体表现为，引发学前儿童无意注意的条件，逐渐由刺激物的物理特点转变为刺激物对学前儿童的心理意义。无意注意对象的变化，具体表现为注意范围的扩大和注意对象的复杂化。

(2) 有意注意逐渐萌芽与发展

易于引起、保持学前儿童有意注意的方式包括：加深对任务的理解；把智力活动与相应的实际操作结合起来；培养间接兴趣。

有意注意在2岁以后开始萌芽，并且随着言语和其他认识过程有意性的发展，有意

① http://www.3dmgame.com/news/201007/17574.html，2014-12-26，有删减。

注意也得以初步发展。表现在三个方面：首先，学前儿童的有意注意受大脑发育水平的局限。其次，学前儿童的有意注意，是在外界环境特别是成人的要求下发展起来的。最后，学前儿童逐渐学会一些注意的方法。有意注意的发展，使得学前儿童的心理能动性进一步增强。不过，在整个学前期，有意注意处于正在发展的初级阶段，其水平相对较低、稳定性较差，而且依赖成人的组织和引导。

(3) 学前儿童注意品质的发展

主要表现为注意的稳定性不断提高，注意的范围不断扩大，注意的分配能力不断增强，以及转移能力不断增强。

2. 学前儿童分心的原因和防止措施

分心，是指注意离开了它本应该继续指向和集中的对象。分心使得儿童难以获得清晰丰富的信息，影响其感知和学习的效率，不利于良好学习品质的形成。

引起分心的主要原因：内外无关刺激的干扰；活动内容与形式不适合学前儿童，如活动内容太难或太容易，活动组织形式和方法不适合学前儿童；学前儿童注意转移能力较弱；平时未养成专注的习惯。

防止措施：排除内外无关刺激的干扰；确定适当的活动内容和形式；制定合理的作息制度与流程；平时养成专注的习惯。

本章检测

一、思考题

1. 学前儿童无意注意和有意注意的主要诱因有哪些？

2. 学前儿童无意注意和有意注意，以及注意品质的发展，分别体现出哪些趋势？

二、实践应用题

1. 注意的观察研究：小组合作，分别观察小、中、大班幼儿专注与分心的现象；分别比较不同年龄幼儿专注和分心的持续时间、所在场景；思考讨论幼儿分心的原因和防止措施。

2. 教学行为的观察研究：在幼儿园里做一次观察，试比较引起和维持幼儿注意以及导致幼儿分心的教学行为，各有哪些特征。

第四编

学前儿童个性与社会性的发展

第一章

学前儿童个性的发展

学习目标

1. 了解个性的结构与特征，以及能力、气质、性格的类型与能力的测量
2. 理解个性、能力、气质、性格、需要、动机和自我意识的概念
3. 能够准确地解读儿童的需要，并且能够理性地引导
4. 初步应用良好个性心理特征和自我意识的培养措施

第一节　个 性 概 述

引导案例 4-1

现在的小孩好有个性哦！

一些成人每每在谈论儿童的时候，一旦提到儿童某些不寻常的行为，或者逆反或者另类，往往就会加上一句类似的话语："年代不同了，现在的小孩呀，好有个性哦！"

思考：您认为什么是个性？个性是某些人特有的呢，还是每一个人都有的？

一、个性的含义

(一) 个性的概念

个性(individuality，又译为个别性)，是指将一个人与他人区别开来的那些特征之总称，即人格的差异性或独特性[①]。个性是在生物遗传的基础上，通过个人的生活经历而形成的。人们的遗传基础不同，生活经历不同，这就形成了人与人之间的差异，即形成了每

① 林崇德，杨治良，黄希庭．心理学大辞典．上海：上海教育出版社，2003：410.

一个人独特的个性。

现实生活中，常常会听到人们关于个性的一些评价，如引导案例 4-1 中“现在的小孩呀，好有个性哦”，也会听到“他没什么个性”。其实，通俗而言，个性是一个人总的精神面貌。每一个人都有自己总的精神面貌，因此每一个人都有自己的个性。只是有些人的个性非常鲜明，一看就跟其他人不同。而有些人的个性，似乎不太鲜明，跟其他人大同小异，区别不是很明显。因此，确切而言，“好有个性”是指个性非常鲜明，“没什么个性”是指个性不是很突出。但是，个性是每一个人都有的，并非某些人特有的。

（二）个性的心理结构

个性的心理结构包含着多维度、多水平、多功能、多关联的复杂成分。可以大致将个性划分为个性心理特征、个性倾向性和自我三个主要的子系统。

1. 个性心理特征

个性心理特征，是个性中稳定的类型差异，是个体经常、稳定地表现出来的心理特点，包括能力、气质与性格。

能力（ability），是指使人能成功地完成某种活动所需的个性心理特征①。能力通常在活动中表现出来。有些人聪慧，有些人愚钝，这体现的是能力上的差异。能力与知识和技能密切相关，但是三者并不相同。能力是人在从事某种活动中表现出来的多种心理特征的概括化，而知识则是来自于人类社会历史经验的总结和概括，是对客观事物的规律性的认识。技能是人在自己的心智活动及生活实践中经过反复尝试和练习而逐渐习惯化了的、熟练的行为方式。能力是掌握知识、技能不可缺少的前提——人们依靠自己的感知能力获得各种丰富的感性知识，并在抽象、概括、判断和推理能力的基础上，去领会和掌握各种理性知识。能力的高低影响着掌握知识、技能的难度、速度和程度，并影响对知识、技能的运用。知识、技能的掌握也会对能力的发展起到促进作用。因此，能力、知识和技能紧密相连，三者相互促进②。

气质（temperament），是个人生来就具有的心理活动的动力特征。它使人的整个心理活动带上个人独特的色彩，是表现心理活动的强度、速度和灵活性方面的典型的、稳定的心理特征。有些人生来就很灵活，有些人则很刻板，有些人易于冲动，有些人天生稳重，这就是气质上的差异。气质是由先天生理机制决定的，具有极大的稳定性，无好坏之分，但是在后天的教育与环境当中，也具有一定程度的可塑性。

性格（character）③，是指个人对现实的稳定的态度和习惯化了的行为方式，它是与社会道德评价相联系的个性特征。如有些人爱贪小便宜，有些人慷慨大方、乐于助人，有些

---

① 林崇德，杨治良，黄希庭. 心理学大辞典. 上海：上海教育出版社，2003：868.

② 钱峰，汪乃铭. 学前心理学(第 2 版). 上海：复旦大学出版社，2012：174.

③ 当代美国心理学文献中不常用 character，在西欧心理学文献中，character 和 personality 混同使用，引自林崇德，杨治良，黄希庭. 心理学大辞典. 上海：上海教育出版社，2003：1461.

人损人利己，有些人大公无私，这便是性格上的差异。

性格与能力之间关系密切。一方面，良好的性格促进能力的发展，不良的性格会阻碍能力的发展。另一方面，在能力的形成和发展过程中，相应的性格特征也发展起来。

性格与气质之间也密切相连、相互渗透、相互制约。具体表现为：一方面，不同气质类型可以形成相同的性格特征，相同气质类型也可以形成不同的性格特征。另一方面，性格与气质之间虽然都同属于个性，但是它们彼此之间存在较大的差异。差异之一：从起源看，气质是先天的，性格是后天形成的。差异之二：从可塑性看，气质的变化极其缓慢、可塑性较小，性格的可塑性较大。差异之三：从道德层面来看，气质是行为的动力特征，而不是行为本身，因此无好坏善恶之分；性格则指向行为的内容，表现为个体与环境之间的关系，因此有好坏之分。

2. 个性倾向性

个性倾向性是推动人进行活动的动力系统，是个性结构中最活跃的因素[①]。个性倾向性包括需要、动机、兴趣、理想、信念、价值观和世界观等。个性倾向性的这些心理成分，决定着人对周围世界认识和态度的选择和趋向，决定着他想要什么、追求什么，什么对他来说是最有用、有价值的。

个性并不是社会环境的消极产物。人在掌握社会经验和改造周围现实的活动中，总是积极地通过动机、兴趣、理想、信念、价值观和世界观等内部世界去实现的，这些“内部世界”中的各种因素使人以不同的态度，并用不同程度的积极性，组织自己的行动，有目的、有选择地对客观现实进行反应，支配行为方向。因此，个性倾向性在客观现实中产生，又反作用于客观现实，在很大程度上体现了人的主观能动性。

3. 自我

自我即自我意识(self-consciousness)，是个体对作为一个整体的自己的意识和体验相对稳定的观念系统[②]。换言之，自我意识是人对自己心理和行为的觉知、调节、控制系统。自我意识包括自我认知、自我体验和自我控制，它使人的活动具有目的性、自觉性、计划性和能动性。其中，自我认知包括自我观察、自我概念和自我评价等，涉及的内容包括“我有何优缺点”“我为何会是这样的人”等问题。自我体验主要涉及“我是否觉得自己可爱”“我是否满意自己”等问题，由此可能产生自爱、自尊、自卑、义务感等体验。自我控制主要指对自己言行态度的调节，涉及的内容包括“我如何克制自己”“我如何改变自己”等问题。

自我意识既是个性形成和发展的前提，也是个性发展和成熟的重要标志。它是个性的调节控制系统，具有制约个性发展的重要机制，即协调、组织、监督、校正、控制个性的发展。

---

① 黄希庭.心理学导论.北京：人民教育出版社，1991：6.

② 林崇德，杨治良，黄希庭.心理学大辞典.上海：上海教育出版社，2003：1766.

二、个性的基本特征

个性是指一个人全部心理活动的总和，或者说是具有一定倾向性的各种心理特点或品质的独特组合。个性具有整体性、稳定性、独特性和社会性的特征，以下分别进行阐述。

（一）整体性

个性是一个人整体的心理面貌。它是由个性心理特征、个性倾向性和自我组成的多层次、多水平的统一体。每个人个性中的组成要素都不是孤立的，而是相互联系、相互制约、相互依存的。

比如，一个人具有绘画的才能（即个性心理特征中的能力），往往反映了这个人对绘画有浓厚的兴趣（从属于个性倾向性）；一个人自我调控能力较强（从属于自我意识），就会在实践中不断校正自己的气质、性格中的不足之处（气质与性格都从属于个性心理特征），使个性趋于成熟。正是通过这种彼此相依的复杂交互作用，各要素组成一个人完整的个性，使每个人行为的各个方面都体现出统一的特征。

（二）稳定性

一个人在不同的时间、地点、场合的行为都会有非常相似的表现，是比较稳定的。所谓“江山易改，本性难移”就形象地说明了个性的稳定性。人的偶然行为不能代表其真正的个性。只有比较稳定的、在行为中经常表现出来的个性心理特征、个性倾向性和自我，才能代表一个人的个性。比如说，一个处事稳重的人，偶然表现出轻率的举动，不能由此说他具有轻率的性格特征。

不过，个性是稳定性和可变性的统一。即个性的稳定性并不意味着个性是一成不变的，它依然具有一定的可塑性。因为现实生活非常复杂，现实生活的多样性和多变性带来了个性的可变性。可以说，个性在主客观条件相互作用过程中发展起来，同时又在主客观条件相互作用过程中发生变化。具体而言，个性会随着环境、年龄的变化而不断地发展变化，从而体现出明显的年龄特征。例如，刚出生的新生儿没有自我意识，大约到了2岁时，才产生了人生第一次自我分化。到了幼儿阶段，他们才能把主体和客体分开，意识到自我的存在，表现出强烈的自我意识。到了四五岁时，幼儿才有了自我控制，但这时幼儿自我调节水平还很低。青少年时期，其自我意识又发生了第二次自我分化，“理想的我”与“现实的我”，“社会的我”与“主体的我”的矛盾斗争，促进了青少年个性的发展。他们以理想为目标不断完善自我，自我调节的水平显著提高。

（三）独特性

从个性的概念即可看出，个性反映的是人与人之间的差异性或独特性。前文提到，有些人的个性特别鲜明，显得与众不同；有些人的个性不太鲜明，似乎与别人大同小异。但是，“人心不同，各如其面”，即便是大同小异，也是存在差异的。人与人之间没有完全相同的心理面貌。即使是同卵双生子，他们的心理面貌也会存在差异。因为个性是在遗传、环境、成熟和学习等许多因素影响下发展起来的，这些因素和这些因素之间的相互关系都不可能是完全相同的。

不过，个性的独特性并不是说人与人之间在个性上毫无共同之处。个性是一个人整体的心理面貌，它既含有人与人之间在心理面貌上的不同方面（差异性），也包括了人与人之间在心理面貌上的相同方面（共同性）。进一步来说，个性既包括每个人与其他人不同的心理特点，也包含有人类共同的心理特点、民族共同的心理特点，甚至某一团体共同的心理特点。因此，个性实际上是独特性和共同性的统一。

（四）社会性

个性具有社会性的特征，主要体现在两个方面。

一方面，个性是在遗传、环境、成熟和学习等诸多因素的复杂交互作用中形成和发展起来的。生物因素给个性的发展提供了可能性，社会因素促使这一可能成为现实。个性的形成与发展，和一个人所处的社会生活环境及其所受的教育密切相关，个性的本质是由人的社会关系决定的。人在社会交往中，逐渐形成和发展自己的个性。若离开了人类的社会生活，人的正常心理包括个性就无法形成和发展。

另一方面，个性中也含有人所在群体的一些共同的特征，折射出所在群体的社会性质。换言之，人的个性中含有的人类共同的心理特点、民族共同的心理特点、团体共同的心理特点，便是个性中社会性的重要体现。

拓展阅读 4-1

良好个性品质对个体身心发展的重要意义

良好的个性品质，是指心理特征、个性倾向性和自我都偏向于积极一端的品质。比如，能力偏向聪慧一端；气质上体现出既灵活又专注的特点等；性格方面体现出好奇好学、认真负责、稳重果断、正直善良、乐于助人、心态平和等特点；在实现自己的需要时体现出理性；自我意识准确清晰，并且能够不断改进和完善自己；等等。良好的个性品质对个体具有深远的意义。其一，有助于保持和增进身心健康；其二，在人际交往中受欢迎，能够与重要他人建立良好的亲密关系；其三，有助于在学习、生活和事业方面取得成功。

拓展阅读 4-2

学前儿童个性与幼儿社会性发展的关系

学前儿童个性和社会性的发展都是儿童社会化的产物，它们之间相辅相成。例如，儿童在同伴交往与师幼互动中若常常获得成功，其自信心便会逐渐增强，社会交往能力日渐提高，就会逐渐形成活泼开朗的性格。反过来，活泼开朗的性格又能使儿童更好地适应社会，社会交往能力得到更好的提高。因此，儿童的个性与社会性具有互补功能，体现出相依相存的关系。

第二节 学前儿童个性心理特征的发展与培养

引导案例 4-2

2 岁的天才女童

英国女童埃莉斯 2006 年 12 月 16 日出生于伦敦，她不满 5 个月就会喊“爸爸”，8 个月时学会走路；10 个月时会跑；18 个月时就可以从 1 数到 20，会唱童谣，认识音标字母表，可以说出 6 个国家首都的名字。她 2 岁时智商竟然高达 156。英国教育心理学专家琼·弗里曼给埃莉斯做过一次智商测试，45 分钟测试的结论是：她是高智商群体组织中年龄最小的一名会员。

思考：请问，您怎么看待超常儿童？若有超常儿童在您所在的班，您会如何教育？

一、学前儿童能力的发展

（一）学前儿童的基本能力

1. 一般能力和特殊能力

一般能力，也称为智力，是在许多基本活动中都表现出来的、绝大多数活动都必须具备的能力。一般能力可以保证人们比较容易和有效地掌握知识，包括一般的运动，操作能力和智力。记忆力、观察力、注意力、想象力和思维力都是一般能力。

特殊能力，是指在某种专业活动中表现出来的能力。如音乐能力、绘画能力、数学能力、组织能力等。特殊能力往往需要经过长期练习才能凸显，一些由遗传带来的除外。成功地完成某种专业活动，需要多种能力的结合，我们把多种能力的有机结合称为才能。如，一些儿童在学前期就初步显露出领导的才能，善于组织和团结小朋友进行活动。

2. 运动、操作能力和认知能力

运动能力是一种与生俱来的能力，新生儿的大多数无条件反射都伴随着相应的运动。在学前儿童能力的发展中，运动能力和操作能力占据重要地位。“抬头→翻身→坐→爬→站→走→跑→跳”是学前儿童大动作的发展顺序，也是相应运动能力的发展顺序。之后，精细动作也发展起来，于是就出现了更为精细的、体现出手眼协调特点的操作能力。例如使用筷子吃饭、扣纽扣、系鞋带等。

认知能力是学习知识与运用知识的能力。运动和操作能力的发展与认知能力的发展是相辅相成、密不可分的。一方面，儿童大小动作的发展，不仅带来运动能力的增强，而且也提高了儿童的认知水平。另一方面，运动和操作的发展水平越高，越是依靠认知能力的支配。

3. 主导能力和非主导能力

主导能力又称优势能力，非主导能力又称非优势能力。在一个人各种能力的有机结合中，往往有一种能力起主要作用，另一些能力处于从属地位。例如同样是有音乐才能的儿童，有的在区分旋律和表达情绪色彩的能力方面较强，有的则在感受音乐的节奏感方面较强。

4. 模仿能力和创造能力

模仿能力，是指仿照他人的言行，使自己言行与之相同的能力。喜欢模仿是学前儿童的年龄特征之一，不过就模仿能力而言，他们存在个体差异。

创造能力，是指产生新颖(首创)且有价值的产品的能力。对于成年人而言，新颖产品的价值要体现出社会价值；而对学前儿童而言，则要适当降低要求，多关注个人成长的价值。即儿童的言语、作品、活动结果是其之前从未尝试过的、从未展示过的，就体现了新颖性，就具有个人成长价值。

(二) 学前儿童能力发展的趋势

1. 多种能力相继凸显并逐渐发展

(1) 运动与操作能力逐渐发展

运动能力是与生俱来的。胎儿就已经有了最初步的运动能力，从四个月开始有微微的胎动，到七八个月便在子宫内伸腿、伸胳膊等。

婴儿半岁左右，四肢和身体的运动能力逐步发展。婴儿手的运动能力也开始发展成为操作物体的能力，即操作能力。从1岁开始，儿童的操作能力日益增强，他们喜欢操作各种实物，并进行各种游戏活动。同时，儿童走、跑、跳等能力逐步完善。到了幼儿期，各种游戏在一日生活中逐渐占据主要地位，幼儿的操作和运动能力也逐渐增强。

(2) 言语能力快速发展

言语能力是学前儿童重要的能力之一。通过言语发展一章的学习可知，学前儿童言语的萌芽和发展的速度是非常惊人的。经过0～1岁的言语准备，儿童在1～3岁期间即初步习得言语。之后，儿童言语结构和言语功能快速发展，其言语的连贯性、完整性和逻辑性不断提高，不仅为其学习和交往创造了良好的条件，而且也直接提高了其多种认知能力。

(3) 模仿能力迅速增强

观察模仿学习是学前儿童重要的学习方式之一。因此，模仿能力是学前儿童心理发展的重要能力。在新生儿有关章节中提到，新生儿已经具有初步的表情模仿能力。一项关于母婴交流的研究发现，其实在婴儿早期，母亲模仿婴儿的次数/频率，会比婴儿模仿母亲更多，直到8～9个月时，婴儿对母亲的模仿才成为主导①。这说明，儿童模仿能力的发展，与早期的亲子交流密切相关。

“18～24个月的学步儿，开始出现延迟模仿。儿童的延迟模仿既体现在言语发展当中，也体现在动作发展当中。”幼儿更是喜欢模仿，而模仿能力也比之前的年龄段更强。幼儿言语的习得，以及社会行为和动作技能的学习，较大程度上都源于模仿。

(4) 认知能力显著提高

感知、记忆、言语、想象、思维能力都属于认知能力。这些心理成分的发生发展速度是很快的。其中，感知能力是与生俱来的能力，它是学前儿童认识世界的基础。儿童通过感知觉获得了多种经验，又通过随后发展的记忆积累和保持这些经验。言语、想象和思维在感知和记忆的基础上萌芽，并且迅速发展。可以说，虽然学前儿童的心理发展遵循从简单到复杂、由低级到高级的发展顺序，但是一些紧密相依的认知成分，通常是彼此交错、并驾齐驱地向前发展的，由此提升了学前儿童的认知能力。

(5) 特殊才能初现端倪

有些特殊才能，如在音乐、绘画、体育、数学、语言等方面的才能，在学前期就已经初现端倪。其中，音乐才能在学前期出现的概率，比以后各年龄段更多。因此，学前期是发现和培养儿童特殊才能的重要时期。

教师和家长需严格遵照《幼儿园教育指导纲要(试行)》和《3—6岁儿童学习与发展指南》等学前领域的国家文件精神，认真观察儿童，进行悉心教育，很好地保护、引领、培养儿童的特殊才能。值得一提的是，儿童的创造力在言语、游戏和艺术活动中，业已初露头角，尤其需要珍视。不要以写实主义的成人标准随意评价儿童的作品，应多提供机会让儿童观察自然，多提供机会让儿童表述自己的作品。

2. 智力的发展趋势

学前期是智力发展迅速的重要时期。智力作为一种综合的能力，同其他心理成分一样，都是通过大脑成熟和经验的复杂交互作用得以发展的。

就大脑成熟而言，新生儿脑重量为390～400克，相当于成人脑重的1/4；婴儿6个月时，脑重增长到700～800克，约为成人脑重的一半；7岁儿童脑重约1 280克，已经接近成人的脑重。同时，儿童脑结构也相应地发生积极的变化，如神经细胞体增大，神经纤维迅速髓鞘化，脑皮质皱褶、沟回增多，日趋成熟，7岁儿童的各脑区已经接近成人脑的水平。脑重的增加和脑结构的积极变化，带来了脑功能的质的变化——各种认知能力快速发展，智力迅猛增长。布鲁姆的有关研究表明，4岁幼儿即可达到未来成人时智力(按100%计)的50%，8岁时可达到80%，8岁至成年发展剩下的20%②。7岁前儿童脑科学的研究也证明了学前期是儿童智力发展的关键时期。

---

① 玛利亚·鲁宾逊.0～8岁儿童的脑、认知发展与教育.李燕芳，等，译.上海：上海教育出版社，2013：78.

② 张春兴.教育心理学.杭州：浙江教育出版社，1998：354.

儿童智力结构也随着年龄的增长而优化，其趋势体现为复杂化、复合化和抽象化，不同智力因素有各自迅速发展的年龄段。这意味着要根据不同年龄儿童心理的特点，在不同阶段对儿童智力培养的内容上有所侧重。如在幼儿期，应该特别重视观察力、注意力及创造力的培养。

（三）学前儿童能力的差异性

1. 能力类型的差异

个体间的能力差异是一个普遍的现象。人们通过运用各种能力与客观的环境建立联系，而每个人在运用能力时有各自的特点。能力类型的个体差异，在学前期已经体现出来。如有的儿童理解能力较好，他们很容易就能够理解故事的内容、计划的方法；有的记忆力较强，很长的儿歌、歌词等，很快就能够记住；有的操作能力较强，穿衣、叠被、整理衣物做得很好；有的绘画能力突出；有的具有音乐天分；等等。单从某一维度来看，儿童能力也体现出一些差异。例如记忆，有的儿童善于视觉记忆；有的长于听觉记忆。从能力结构的组成来看，儿童之间也是存在个体差异的。如有的儿童操作能力强，搭积木、运用劳动工具等比较灵巧，但是可能言语能力比较弱；有的儿童言语能力好，说话清晰连贯，能够完整地表达自己的思想，但是大、小肌肉动作发展都比较慢。

此外，学前儿童也出现了主导能力的差异。成人应注意分析儿童的能力特点，发挥其主导能力，适当加强对其较弱能力的培养。

2. 能力发展水平的差异

儿童在能力发展水平上也存在不均衡现象，呈现正态分布的态势，即中等水平的人居多，处在极高或极低水平上的人数较少（表 4-1）。其中，有两类儿童需要特别关注：一类是超常儿童，另一类是智力落后的儿童。

超常儿童（supernonmal children，又称为天才儿童 gifted children），是指资赋优异、智慧或技艺超常并有高度负责潜能的儿童①。美国心理学家推孟运用斯坦福-比纳智力测验提出，超常儿童是智商在 140 分以上的儿童（表 4-2），如引导案例 4-2 中智商高达 156 的两岁女童，就是超常儿童。这类儿童通常说话早、走路早，社会适应能力强，精细动作发展迅速，其智力发展水平显著地超越了同龄正常儿童的发展水平。他们往往体现出以下心理特点：有浓厚的学习兴趣，旺盛的求知欲，好问并不断地追问，对新鲜的事物总是不停地探究；有较好的记忆力和敏锐的观察力，比如复杂的歌词、儿歌可能两三遍就能完全记住；分析概括能力、理解能力强，思维敏捷，比如两三岁就能分辨汉字音形的细微差异，三四岁已能区别上下左右等方位；主动性强，有独创精神，比如乐于参与集体活动，主动承担责任并完成任务；全神贯注，专心入迷，比如在集体教学活动中，集中注意的时间比较长；进取心强，有坚持性，遇到困难锲而不舍，积极探寻多种办法，并坚持完

① 林崇德，杨治良，黄希庭. 心理学大辞典. 上海：上海教育出版社，2003：1234.

成。这表明超常儿童不仅智力超常，而且在非智力因素方面也具有很多优点，这使得他们在学习、操作等活动中表现优异。

智力落后儿童的智力发展水平，明显低于同龄正常儿童的发展水平。他们通常具有以下表现：观察事物时感知迟钝，内容贫乏；记忆力差，识记困难，所记住的东西错误多，且又难于回忆；言语出现迟、发展慢，词义含糊，词汇量小，言语表达缺乏连贯性；思维能力异常，分析综合水平低，不能区分意义相近的概念，不能发现事物的本质特点，常常根据一些偶然的、表面的特征进行分类概括，更不能解决新问题、适应新环境。

表 4-1　韦克斯勒根据智商分布所列的智力等级①

IQ	类别	百分比	
		理论正态曲线	实际样组
130 及以上	极优秀	2.2	2.3
120～129	优秀	6.7	7.4
110～119	中上(聪颖)	16.1	16.5
90～109	中等(一般)	50.0	49.4
80～89	中下(迟钝)	16.1	16.2
70～79	低能边缘	6.7	6.0
69 及以下	智力缺陷	2.2	2.2

表 4-2　推孟按智商高低将智力划分为九类②

智商	类别	智商	类别
140 以上	天才(genius)	70～80	近愚(borderline case)
120～140	极优(very superior)	50～70	愚鲁(moron)
110～120	优秀(superior)	25～50	痴愚(imbecile)
90～110	中智(average intelligence)	25 以下	白痴(idiot)
80～90	迟钝(dull)		

3. 能力表现早晚的差异

早慧儿童、中年成才、大器晚成，这些描述体现了能力表现早晚的差异。智力超常儿童往往在年幼时就展现出非凡的能力，因此也称为早慧儿童。超常儿童所占的比例很少(表 4-1)，不过他们因为早慧而尤其引人瞩目。一些人在音乐、绘画、体育、数学、语言等领域才能在学前期就开始显露锋芒，他们若能够得到良好的教育，之后可能成就卓著。

---

① 钱峰，汪乃铭. 学前心理学(第 2 版). 上海：复旦大学出版社，2012：136.

② 钱峰，汪乃铭. 学前心理学(第 2 版). 上海：复旦大学出版社，2012：135.

古今中外均有这样的例子,如莫扎特5岁开始作曲,8岁写作交响乐;我国诗人杜甫5岁就能作诗,等等。若教育不佳,最终可能就像"方仲永"一样沦落为普通人了。成人既要关注超常儿童的早慧之处,也要多关注普通孩子身上的闪光点,既要因材施教,也要关注整体发展。同时,还要特别关注所有儿童的心理健康,这将是他们之后立足社会、可持续发展的重要基础。

(四) 加德纳的多元智力理论及其对学前教育的启示

美国著名教育心理学家加德纳(Gardner)于1983年提出了多元智力理论(theory of multiple intelligence)。

加德纳认为传统智力测验所界定的智力,已窄化到只适于书本知识的学习能力,这对智力的理解是很有局限的。他认为智力是人在特定情景中解决问题并有所创造的能力,并且强调在人类的能力中,至少应该包括七种智力:语文智力,即学习与使用语言文字的能力;数理智力,即数学运算及逻辑思维推理的能力;空间智力,即凭知觉辨识距离、判断方向的能力;音乐智力,即对音律节奏之欣赏及表达的能力;体能智力,即支配肢体以完成精密作业的能力;社交智力,即与人交往且能和睦相处的能力;自知智力,即认识自己并选择自己生活方向的能力。

加德纳多元智力理论与学前教育五大领域的培养目标比较吻合。不仅如此,这一理论对学前教育还有以下启示:一是尊重儿童能力的个体差异;二是充分认识每位儿童的优势能力和非优势能力,不要限定幼儿发展的可能性,适当地扬其所长、补其所短,促进儿童的全面发展。

(五) 学前儿童能力的测量

能力的测量属于心理测量。要进行心理测量,必须具备以下基本条件:一是要有信度,即确保测量所得分数的可靠性或稳定性;二是要有效度,即确保测量所得分数的有效性;三是要有常模,即在编制测验时所建立的、解释原始分数的参照标准;四是要有施测的规范程序及记分方法。

有关学前儿童能力的测量中,智力测验是一种已经比较成熟的方式。提及智力测验,需要了解一些基本概念。一是心理年龄。智力测验的结果通常用心理年龄(mental age)来表示。心理年龄也叫智力年龄,它是以被试能通过哪一年龄组的测验项目来计算的。心理年龄虽然可以对同一年龄的儿童的智力发展水平进行比较,但是不能比较不同年龄儿童的智力发展水平。二是智力商数(intelligence quotient,简称IQ)。为了便于比较不同年龄儿童的智力,W. Stern(1911)最先提出心理商数的概念,即智商。智商是心理年龄与实足年龄之比。即智商(IQ)=[心理年龄(MA)/实足年龄(CA)]×100%。

目前常用的智力测验工具有斯坦福—比纳智力量表和韦克斯勒智力量表。

斯坦福—比纳智力量表由比纳—西蒙量表演变而来。世界上第一个实用的智力测验工具,是上世纪初法国政府为鉴别低能儿而聘请心理学家比纳(A. Binet)和他的同事西蒙(T. Simon)编制的。最初的30道题于1905年发表。1908年和1911年作过两次修订。之后迅速引发多国翻译、多国修订。其中以斯坦福大学L. M. Terman教授先后四次(1916年、1937年、1960年、1972年)修订而成的斯坦福—比纳量表最为有名。斯坦福—比纳量表适合对象是儿童和青少年。

韦克斯勒智力量表,是由美国医学心理学家韦克斯勒编制的。他是继法国比纳之后对智力测验研究贡献最大的人,其所编的多种智力量表(韦氏成人智力量表、韦氏儿童智力量表、韦氏学龄前和学龄初期儿童智力量表等),至今依然是世界最具权威的智力测验。

对学前儿童的智力测验,要持审慎的态度。首先,对学前儿童进行智力测验,必须要得到监护人即家长的知情同意。其次,必须有测验的必要,避免不必要的测验。何为测验的必要呢?即通过观察认为某些儿童可能是超常儿童或者特殊儿童,或者是为了检验可能有助于发展的某种新的教育教学方式等。再次,要具备心理测量的所有条件,规范施测。最后,以发展的眼光对待测验的结果。即测验的目的是为了提供适应性的支持、促进发展,而不是遴选、筛选儿童。

二、学前儿童气质的发展

(一) 气质类型的有关学说

气质类型是指表现在人身上的一类共同的或相似的心理活动特性的典型结合。

1. 气质的体液学说

古希腊医生希波克拉底认为,人体内的体液有四种,即血液汁、黏液汁、黄胆汁、黑胆汁。他根据每一种体液在人体内所占的优势,将人分为四种类型:多血质、黏液质、胆汁质、抑郁质①。

多血质温而润,似春天。该类个体感受性低,反应性、兴奋性、平衡性很强,可塑性大,活泼好动,善于交往,不甘寂寞,感情丰富但是不够深刻,灵活多变,很容易适应环境,属于典型的外趋型。

胆汁质干而热,似夏天。该类个体风风火火、直率热情、脾气暴躁、易于冲动、反应迅速、精力旺盛、情绪明显表露于外,但持续性不强,具有很高的兴奋性,行为表现不均衡,智慧敏捷,正确性往往较差,这种人的学习与工作带有明显的周期性,属于典型的外趋型。

抑郁质冷而干,似秋天。这类个体行为孤僻,多愁善感,体验深刻,感受性高,能够觉察到别人不易觉察的事物,但是耐力差,敏感多疑。

黏液质寒和湿,冷酷,似冬天。该类个体安静稳重,沉默寡言,情绪不易外露,善于克

① 黄希庭. 心理学导论. 北京:人民教育出版社,1991:662.

制自己，注意很坚定但是也不易转移，他们往往埋头苦干，意志坚定，神经均衡，属于典型的内趋型。

这种由四种体液而形成相应气质类型的观点，已经不被采纳，但是四种气质类型的名称及其特点却得以沿用。比如，若儿童表现出比较热情、灵活多变、聪明活泼、自信、善于交往的特征，他可能是偏向于多血质这种气质类型的。胆汁质的儿童则情绪易激动，反应迅速，他们性急、易爆发而不能自制。黏液质的儿童一般都比较安静，冷静、稳重、抑制力强，他们各方面发展比较均衡，对别人批评或表扬反应比较淡漠。而抑郁质儿童比较胆小，不爱讲话，不爱与人交往；受到表扬和批评时，就会表现出情绪的高涨或低落；他们离开亲人会撕心裂肺，见到亲人又会泪流满面，比较多愁善感。

2. 高级神经活动类型说

巴甫洛夫是俄国生理学家、心理学家、医师和高级神经活动学说的创始人。他用条件反射实验探讨高级神经活动基本过程（即兴奋过程和抑制过程）的三个特性：强度、均衡性和灵活性；并且根据高级神经活动基本特性的不同结合，提出四种高级神经活动类型（表 4-3）。由表 4-3 可见，活泼型、安静型、兴奋型和弱型的心理表现分别与希波克拉底提出的多血质、黏液质、胆汁质和抑郁质有相似之处。

表 4-3 气质类型与高级神经活动类型的关系①

高级神经活动类型	神经活动过程的特性	心理表现
兴奋型	强、不平衡	反应快、易冲动、难约束
安静型	强、平衡、灵活性低	安静、迟缓、有耐性
活泼型	强、平衡、灵活性高	活泼、灵活、好交际
弱型	弱	敏感、畏缩、孤僻

3. 托马斯—切斯的气质类型学说②

托马斯和切斯曾追踪研究了 141 名婴儿，并且分析婴儿在以下九个方面的心理与行为表现。

活动水平：指睡眠、进食、穿衣、游戏等过程中，身体活动的数量。

生理机能的规律性：指睡眠、饥饿、大小便等生理机能活动是否有一定的规律。

对新刺激反应的敏捷性：指对陌生人和新环境的适应水平，常规或外界要求变化后，对其接受的难易程度。

对日常变化的适应性：指对新情景、新刺激、新食物、新玩具、新程序等是接近还是退缩。

① 黄希庭. 心理学导论. 北京：人民教育出版社，1991. 666-667.

② 劳拉・E. 伯克. 伯克毕生发展心理学：从 0 岁到青少年（第 4 版）. 陈会昌，译. 北京：中国人民大学出版社，2014：199-200.

反应的强度：指对事物、人等反应的能量大小，高低或者适度。

反应的阈限：指对噪声、亮光和其他感觉刺激的敏感性，刺激量多少（如声音的大小）或周围变化达到多大程度，才引起反应。

心境的情况：指愉快或不愉快情绪的一般情况。愉快或不愉快行为表现经常出现还是多变。

分心的情况：指注意力分散情况。外界刺激对正在进行中的行为干扰的程度。

注意的坚持性：指在有或没有外界障碍时，特定活动的持续时间。

托马斯和切斯结合婴儿在上述九个方面的表现情况，将婴儿的气质类型划分为容易护理型、困难型、迟缓型。

容易护理型：大多数孩子属于此类，约占样本的40%，他们吃、睡等生理机制都有一定的节律，喜欢探究新事物，对环境的变化很易适应，他们总是情绪愉快，爱玩，对成人招呼反应性强。

困难型：这类孩子占很少数，约占样本的10%，他们的活动没有节律，对新生活很难适应，遇到新奇的事物或人容易产生退缩行为，心境消极，容易表现不寻常的紧张反应，例如大哭大叫、发脾气等。

迟缓型：这类孩子约占样本的15%，他们常常是安静地退缩，对新事物适应慢。如果坚持和他积极接触，他们会逐渐产生良好的反应，在没有压力的情况下，对新刺激缓慢地产生兴趣。

此外，占样本约35%的孩子，他们的气质属于混合类型，不能够单独划分为上述的任一类型。

（二）学前儿童气质的稳定性和发展变化

气质是与生俱来的，具有较强的稳定性。俗话说“江山易改，本性难移”，指的就是气质的稳定性特点。气质的稳定性有两层含义：一是指气质一般不受个人活动的目的、动机、内容的影响，在不同性质的活动中，一个人的气质往往表现出相对稳定的特点；二是随着年龄的增长，个体的气质相对稳定，不容易发生变化。

不过，气质的稳定性并非绝对的，而是相对的。随着儿童年龄的增长和环境的变化，气质也逐渐体现出一定的适应性。学前儿童的神经系统正处在发育过程中，其气质类型虽然主要取决于先天的遗传，但是其具体表现也在一定程度上受后天环境和教育的影响。

一方面，儿童体现出早期形成的气质类型的某些消极特征，如胆小、多愁善感，入园后，在家园合作、进行有针对性共育的情况下，这些特点逐渐得以改进。换言之，儿童天生带来的某些活动或行为模式，通过后天的教育是可以改变的。例如胆汁质幼儿的急躁、任性，黏液质幼儿的孤独、畏怯，往往在教师的指导和集体生活的影响下逐渐改变。

另一方面，幼儿气质类型的各种积极特征，例如行动的敏捷性、注意的稳定性、乐于和别人交往等，往往由于成人的认可而得以进一步巩固和发扬。

总之，个体的气质，在遗传、教育和其他社会环境的复杂影响之下，随着年龄的增长而发生一些具有规律性的变化。一项针对中国儿童青少年的研究发现，随着儿童年龄的增长，胆汁质气质类型的个体，其气质特征的表现逐渐趋向"非典型化"转变，多血质这一气质类型的得分有所提高，黏液质在大学阶段表现更为突出，抑郁质则显得最为稳定①。虽说气质是与生俱来的，本身没有好坏之分，各自都有其长处和不足，但是，在社会交往中，不同气质类型将会得到的他人反馈是不同的。研究者认为，胆汁质个体往往表现出急躁、爱发脾气、难以自制等特点，这容易引起引起他人的不满，因而这种"外界不满"较易进入自我意识，引起个体的反思，并逐渐学会将这些缺陷掩盖起来；而其他三种气质类型的缺陷，则较少造成对他人的伤害，因而也较少引起他人的不满，因而变化不像胆汁质那么明显②。

三、学前儿童性格的发展

(一) 性格的基本特征

由性格的概念可知，性格具有两个基本特征：一是对现实稳定的态度。比如，有些人一直热爱生活、信任他人，即便身处逆境，依然不改初衷。二是惯常的行为方式。所谓惯常的行为方式，就是持续体现出来的行为方式，而不是一时的、偶然的行为方式。如某个人行事一向勇敢坚强，只是在某个偶然的场合怯场，不能据此就说他有怯懦的性格特征。这两个基本特征是统一的：人对现实的态度决定其行为方式，而惯常的行为方式又体现着人对现实的态度。

(二) 性格的基本结构

性格是包含多个维度、多个层次、多个水平、非常复杂的心理现象。可以从静态和动态两个维度去探讨其基本结构。其中，性格的静态结构，是指人与人之间在不同心理成分中体现出来的个别差异，包括性格的认知、情绪、情感、态度、意志和注意等方面的特征。

1. 性格的认知特征

性格的认知特征，也称为人的认知风格，是指人与人之间在感知、记忆、言语、思维、想象等认知过程中所体现出来的个别差异。例如，一些人耳聪目明，观察敏锐，既能够看清整体，又善于捕捉细节，观察结果很精确；而一些人观察时容易受环境刺激的影响，显得被动、粗枝大叶。记忆方面，一些人记得快、记得准、记得牢、记得活，一些人记得快、忘得快，一些人记得慢、记得准、记得牢、记得活，一些人记得慢、记不准、忘得快、用的时候更难以提取出来，等等。一些人口齿伶俐、善于表达、风趣幽默；一些人寡言少语、不善言

① 刘明. 中国儿童青少年的气质分布与发展研究. 心理发展与教育，1990(3)：180-184.

② 刘明. 中国儿童青少年的气质分布与发展研究. 心理发展与教育，1990(3)：180-184.

辞；一些人心直口快、言辞犀利，甚至辛辣刺耳。一些人思维流畅、深刻、新颖，富有批判性；一些人的思维则比较迟滞、肤浅、墨守成规。一些人富有想象力，一些人则没有什么想象力。性格的认知特征，将人们学习知识与运用知识中的个别差异充分展现出来。这些认知特征中，有一些品质较好，有一些品质则需要改进。

2. 性格的态度特征

性格的态度特征，是指人们对待社会现实所体现出来的个别差异。主要包括个人对社会、对集体、对他人、对自己以及对待学习、工作、劳动的态度中所表现出来的性格特征①。如一些人有集体主义精神，正直、诚实、富有同情心，对自己自信、自强，对待学习、工作和劳动则认真勤奋等。一般而言，对社会、对集体所表现出来的性格特征，决定着人对其他事物的态度。例如，有社会责任感的人通常为人正直、诚恳、认真负责。

3. 性格的意志特征

性格的意志特征主要表现在意志品质即自觉性、果断性、坚持性和自制力方面的个体差异。在有关意志的章节中，已经有较多的描述，比如有些人在这些品质上都很不错，而有些人次之甚至都较差。

4. 性格的情绪和情感特征

性格的情绪、情感特征主要是指性格在情绪和情感的四个维度即强度、稳定性、持久性和愉悦性方面的个体差异。一些人很容易产生强烈的情绪，一些人则较为平静；一些人经常表现出积极情绪，一些人则容易产生消极情绪；一些人情绪比较稳定，一些人则喜怒无常。

5. 性格的注意特征

性格的注意特征，是指人在注意品质方面表现出的个体差异。在相同条件下，一些人注意的广度大、很专注、注意分配和转移能力都强，一些人则在其中一些品质上表现得好，另一些品质上表现得较差，还有些人在注意的四个品质上都表现不佳。

此外，还可以从动态的角度来理解性格的结构。一方面，性格并非是静止不变的，而是不断形成与发展的。另一方面，组成性格的各种要素是密切联系、相互制约的。

（三）性格的萌芽

学前儿童的性格是在幼儿与周围环境相互作用过程中形成的。成人的抚养方式和教育在幼儿性格的最初形成中具有决定性意义。2 岁左右，随着各种心理成分的发展，出现了最初性格的萌芽。具体表现在合群性、独立性、自制力和活动性四个方面。

1. 合群性

在儿童与同伴的关系中，可以看出其合群与否。有的儿童比较随和，富有同情心，看到小伙伴哭了会主动上前安慰，发生争执时较容易让步；而有一些儿童存在明显的攻击行为，爱咬人、打人、掐人、抢玩具。

---

① 黄希庭. 心理学导论. 北京：人民教育出版社，1991：691.

2. 独立性

独立性是婴儿期发展较快的一种性格特征。独立性的表现大约在 2～3 岁变得明显。独立性较强的儿童已经可以独立做很多事情，如一些 2 岁多的儿童独立进餐、独立入睡。而有些儿童已经 6 岁了，还要成人追着喂饭、抱着入睡的，表现出很强的依赖性。

3. 自制力

在正确的教育下，一些 3 岁的幼儿，已经掌握了初步的行为规范，并学会了自我控制。比如，不随便要东西，不抢别人的玩具，当要求得不到满足时也不会无休止地哭闹。而另一些幼儿则不能控制自己，当要求得不到满足时，就以哭闹为手段，要挟成人。

4. 活动性

活动性是学前儿童最为明显的性格表现。有的儿童活泼好动，手脚不停，对任何事物都表现出很强的兴趣且精力充沛；而有的儿童则好静，喜欢做安静的游戏，一个人看书或看电视等。

儿童最初的性格差异还表现在坚持性、好奇心及情绪等方面。进入幼儿期后，在正常的教育条件下，这些萌芽逐渐成为儿童稳定的个性特点。

（四）幼儿性格的年龄特点

1. 活泼好动

活泼好动是幼儿的天性，也是幼儿期性格最明显的、大多数幼儿共有的年龄特征之一。他们总是不停地活动，不停地变换活动方式。幼儿通常并不因为自己的持续活动感到疲劳，却往往因为活动过于单调和枯燥而感到厌倦。健康的幼儿若在活动方面得到满足，则易形成良好、愉快的情绪状态。好动的性格特征，在幼儿期逐渐和其他品质相结合。

2. 好奇好问

幼儿有着强烈的好奇心和求知欲。他们对什么都要看看、摸摸，许多事情对幼儿来说都是新奇的。好奇心是求知欲旺盛的表现，是幼儿理智感发展的重要标志。幼儿的好奇心往往表现在探索行为和提出问题两个方面。在好奇心的驱使下，幼儿渴望试试自己的力量，试着去做大人所做的事情。一些被禁止的事情，幼儿往往也要去试试看。

幼儿的探索行为比较外露，一般不仅用眼睛来回地观察，而且还要用手去摆弄。他们经常会用手触摸各种各样的物体，包括有潜在危险的东西，例如电源线、插座等。因此，家长在保护幼儿好奇心的同时，也要注意安全。

好问是幼儿好奇心的一种突出表现。幼儿天真幼稚，对于提问口无遮拦、毫无顾虑。他们经常要问许多个“是什么”和“为什么”，甚至连续追问，例如“树叶为什么是绿色的”“天空怎么下雨了”等等。他们总想试探着去认识世界，弄清究竟。幼儿好奇好问的特征，若得到正确引导，较容易发展成为勤奋好学、进取心强的良好性格特征。反之，如果指责或约束过多，甚至对幼儿的提问采取冷漠或讥讽的态度，则会扼杀良好性格特征的幼芽。

3. 爱模仿

爱模仿也是幼儿性格中明显的年龄特征。幼儿喜欢模仿别人的动作和行为，小班幼儿表现尤为突出。幼儿模仿的对象可以是成人，也可以是同伴。对成人模仿更多的是对教师或父母的模仿，希望通过对成人行为的模仿而尽快长大，进入成人的世界。因此，家长和教师一定要以身作则，做好幼儿模仿的好榜样。幼儿之间的模仿内容有社会性行为、知识技能、交往技能等。

幼儿为何喜欢模仿呢？首先，幼儿好模仿与他们的能力发展有密切的关系。模仿可以分为动作模仿和言语模仿。动作的模仿在婴儿期已经发生。随着动作水平的不断发展，幼儿所模仿的动作也逐渐复杂化。幼儿期的多种多样的模仿动作和其运动能力的发展有关。言语的模仿是较高级的模仿。其次，幼儿的模仿和他们的受暗示性有关。整体而言，幼儿往往缺乏坚定的、明确的主见，常常受外界环境影响而改变自己的意见，受暗示性强。最后，幼儿喜欢模仿也和他们的自信心不足有关。小班幼儿更常常表现为胆小，甚至在陌生人或全班小朋友面前不敢大声说话。

幼儿教师利用幼儿喜欢模仿的特点因势利导，往往颇有成效。例如老师一句“某某小朋友坐得真好呀”，全班幼儿都会效仿。但是，由于幼儿好模仿和易受暗示，他们有时也会模仿一些负面榜样。因此，成人应以身作则，不能成为负面榜样，否则可能引发不良后果。

4. 易冲动

幼儿易冲动主要体现在两个方面。一是幼儿情绪易变化，自制力不强，其行为容易受其情绪的影响。在强烈的情绪之下，他们往往冲动行事，不计后果。比如，正在搭建积木的幼儿，其作品若是被小朋友撞倒了，他们往往会立刻大声质问：“你干什么呀？”而不会先弄清楚对方到底是故意的还是无意的。一些性子更急的幼儿，甚至会因为作品被损坏而愤怒地攻击对方。二是幼儿行事往往急于求成，显得较为马虎草率。他们爱做事情，但是往往还没有听清楚老师的要求，就不管三七二十一地先动手了，不太计较成果的质量。

因为易冲动，所以幼儿的喜怒哀乐几乎皆形于色。做事莽撞也体现了他们天真幼稚的年龄特点。易冲动固然有其不足，但是也体现了幼儿对人真诚、坦率、诚实、不虚伪。教师若注意观察，并且进行正确的引导，将有助于培养幼儿既思虑周全又胸怀坦荡的性格特征。

(五) 学前儿童性格的稳定性与变化性

学前儿童性格已经开始形成。性格在具有稳定性的同时，在环境的影响下也会逐渐发展变化。可见，最初形成的性格对幼儿的个性形成具有重要影响。最初的性格虽未定型，但它是未来性格形成的基础，具有很强的可塑性。例如，性格比较顺从的幼儿，容易遵照成人的吩咐和集体规则行事，以后可能会形成与人和睦相处、守纪律的性格；比较任性的幼儿，要求别人处处依从自己的意愿，成人若无原则地迁就他，日后可能会发生许多麻烦和不愉快，任性的性格特征也将日益巩固而最终定型。

需要强调的是，如果环境和教育条件发生重大变化，幼儿的性格也可能会发生较大的变化。例如，突然遭遇家庭变故，可能会使活泼开朗的幼儿变得沉默寡言。因此，确保儿童物质和心理环境的安全，是非常重要的。

四、学前儿童心理特征的影响因素与培养

(一) 心理特征的影响因素

在学前儿童的心理特征形成与发展的有关内容中，已经多次提及遗传、生理成熟、环境和教育的影响。可以说，学前儿童的心理特征，如其他很多心理成分一样，其形成与发展过程，是内因(儿童心理的内部矛盾)和外因(遗传、生理成熟、环境与教育)复杂交互作用的过程。

1. 遗传和生理成熟是儿童心理特征形成与发展的生理基础

就能力而言，智力以及特殊能力，在很大程度上源于先天的遗传基础。格塞尔的双生子爬梯实验，就有力地说明了生理成熟对学习和能力发展的重要影响。

就气质而言，先天的神经活动类型，基本上确定了个体的气质类型。生理成熟也使得气质的外显表现有所变化。比如，前额叶是负责执行功能和注意力的脑区，随着前额叶的成熟，即便是胆汁质的儿童，行为的冲动性也稍有降低，自制力有所提高。

性格受很多遗传因素的影响，比如身高、外貌、性别、神经系统等等，这些遗传因素与社会文化交互作用，影响个体性格的形成与发展。当下，过分关注外貌的现象令人忧虑。媒体也动辄用“萝莉”“男神”“女神”“颜值爆表”等这些词语影响受众。在这种情况下，与个子矮小、长相普通的儿童相比，那些长相清秀俊美的儿童，往往因相貌得到赞赏，可能就表现得更加自信甚至骄傲。又如，儿童性别不同，成人的教育方式往往有异，因此这也会影响儿童能力和性格的发展。

2. 环境和教育为儿童心理特征的发展提供了必要条件

家庭是儿童出生后最先接触并长期生活的场所。家庭的经济水平、家庭氛围、家长的文化程度、性格、教养方式等，会使家长对儿童成长成才的价值观、对儿童的发展规划、对亲子关系的态度表现得各不相同，从而使儿童在知识能力、自我调控、自我管理、意志水平、与人交往模式、亲社会行为等方面表现出个体差异。

除了家庭环境，幼儿园的制度、课程、教师、同伴和环境，对幼儿能力、气质和性格的形成和发展也具有重要影响作用。此外，社区环境和影视作品、手机等媒介也是影响儿童的重要环境因素。比如，良好的影视节目，对儿童知识能力的增长，以及对其亲社会行

为、勇敢品质的培养都大有裨益。而暴力血腥的影视镜头，则在一定程度上引发儿童的攻击性行为。

因此，家庭、幼儿园、社区、媒介等因素共同组成了儿童心理特征发展的环境因素，为儿童心理特征的发展提供了必要条件。

3. 儿童心理的内部矛盾是其心理特征发展的动力

儿童心理的内部矛盾，对其心理特征的形成和发展具有重要的动力作用。近年来，社会化过程中儿童本身的能动作用日渐受到重视。在儿童社会化过程中，成人和儿童之间的影响被认为是双向的，即儿童对家长的教养方式和对教师的教育行为具有一定的影响作用。

有研究表明，3～5 岁幼儿的气质会影响母亲的教养方式，其中包括引发正面影响的积极气质因素和引发负面影响的消极气质因素。如，较高的适应性、积极乐观的心境和专注就是积极的气质因素，易于引发母亲民主的教养方式，最后养成幼儿积极主动、自尊、自信、自制、独立创新的良好个性品质①。而乱发脾气、适应性弱、易分心、淘气鲁莽、爱搞恶作剧等消极的气质因素，往往导致专制、放任、混乱的教养方式。

幼儿的气质类型也会影响师幼交往。比如，偏向胆汁质的幼儿好动，喜欢吵闹并且难以自制，不自觉，难以遵守纪律，让教师感到十分头疼，教师通常会严加管教，有时甚至体现出高控行为。偏向抑郁质的幼儿性格过于敏感、孤僻，不善于交流，爱哭，让教师感到有心无力。偏向多血质的幼儿很乖巧且善于察言观色，经常主动跟教师交流，很受教师喜爱，教师也会不自觉地与这类幼儿主动互动。偏向黏液质的幼儿行动迟缓，在群体活动中显得过于安静，他们很少主动跟教师交流，教师也难以想起与他们互动，处于被忽视的状态。

伴随着自我意识的萌芽和发展，儿童还会越来越多地自己“教育”自己，自己“塑造”自己。而且，随着年龄的增长，儿童自我教育、自我塑造的力量会越来越强。可以说，儿童本身是其心理特征发展的重要内因。

（二）儿童良好心理特征的培养

1. 深入了解儿童，因材施教

深入了解儿童，是科学教育儿童的基础。了解儿童的心理特征及其发展现状，才能够有针对性为其制定个性化培养方案，以促进儿童心理特征的发展。

一方面，要深入了解每一个儿童各种能力的最近发展区，以在原有基础上促进其相应能力的发展。比如，当儿童正处于大动作向精细动作过渡阶段时，可多提供锻炼手指灵活性的各类游戏。又比如，若儿童观察事物总是毫无章法，则可以教给其观察方法以提升其观察力。还要特别注意，根据《3—6 岁儿童学习与发展指南》等国家文件精神，应尊重和接纳儿童能力的个体差异，予以针对性的促进和提升。比如，能力强的幼儿，要准

① 杨丽珠，杨春卿. 幼儿气质与母亲教养方式的选择. 心理科学，1998(21)：43-46.

确判断他们的最近发展区，适当布置有挑战性的任务，以满足他们的求知欲。对于能力较弱的儿童，则要给予特殊的帮助，循序渐进地耐心教导。总之，既尊重和接纳幼儿的个体差异，又要在其各自原有的基础上提高他们的能力。

另一方面，教师和家长在深入了解儿童气质和性格的基础上，应采取有针对性的、科学的教育方式，理性引领。仅仅是因人而异的教育并非因材施教，因人而异并且科学的教育，才是因材施教。这意味着，成人首先要觉察和努力克服自己对儿童气质的偏爱或嫌弃，给予不同气质类型和性格的儿童高度的关注和喜爱。要以欣赏的态度对待儿童，多关注他们的优点，以鼓励为主。当他们有不足时，对他们的引领要富有教育智慧，以他们乐于接受的方式进行教育。其次，以合理规则引领儿童，以符合儿童身心发展特点的方式进行教育。比如，若在法律公德、科学作息、安全卫生三大范畴建立了合理的规则，那么即便儿童看起来再淘气，若他某一时刻并没有违反三大范畴的规则，那便是无害活动，就应该多包容、多理解，而不是想当然地去阻止和侵扰他们。最后，有针对性地根据儿童的气质和性格进行理性引领。每个儿童的气质和性格都有各自的长处和不足，成人要辩证清晰地意识到这一点，然后有针对性地扬长补短或者扬长避短。例如，偏向胆汁质的幼儿，要多提供锻炼自制力和调节情绪的机会，以培养专注、坚持等良好的学习品质。如可以组织其多玩木头人的游戏，排演哑剧，或者让其适当担任游戏中哨兵、卧底等需要安静、自制的角色，也可以教给他们调节情绪的策略，如着急的时候可以怎么做，有想法举手示意等等。对于偏向抑郁质的幼儿，要以鼓励为主，当其情绪不佳时，要及时转移他们的注意力，多引导他们参加愉悦的游戏和一些较容易挑战的体育游戏，以培养其乐观、勇敢、果断的性格。对于偏向多血质的幼儿，教师要培养其决策能力和锲而不舍的精神。对于偏向黏液质的幼儿，要激发他们的积极性，提高其行为效率，也可以适当让他帮助分发物品，多提供其与人交往的机会。

此外，可以多提供小组学习的机会，经常随机组队，让不同能力水平和不同气质、性格的儿童都有协商合作的机会，以提高他们与人交往的能力，让他们理解每个人都有优点和不足，相互虚心学习。

2. 鼓励参与实践，因势利导

集体生活和实践活动是形成和发展幼儿能力、气质和性格的重要途径。在集体生活和实践活动中，幼儿通过游戏、学习和劳动掌握规则，并以规则调节自己的行为，形成新的态度和行为方式，巩固性格中的积极方面，纠正消极的方面，使性格趋于完善。比如，让儿童参与体育锻炼，有助于提高他们的走、跑、跳、平衡等能力，若组织具有团体竞赛性质的活动，还有助于培养他们的协商能力与合作精神；鼓励儿童参加绘画、音乐、戏剧等艺术活动，则有助于促进他们感受美、发现美和创造美的能力，陶冶他们的情操。幼儿园提供的集体生活，蕴含有大量的师幼互动和同伴交往的机会。而且，每个班集体的要求、舆论、评价和活动等，对幼儿心理特征的形成与发展，也具有积极的促进作用。因此，应根据儿童心理特征的现状，多为其创设各种适宜的集体教学活动和丰富多彩的区域活动。

同时，儿童心理的内部矛盾是心理特征发展的重要内因，所以还可以人为地适当创设机会，有效引发儿童心理的内部矛盾，以促进能力、气质和性格的正向发展。比如，当儿童开始咿呀学语时，若成人适当引导儿童学说话，并给予适当奖励。此时，原有的言语表达能力不能够满足新的需要，心理就出现了内部矛盾。儿童为了满足自己的需要，不少情况下，他们努力模仿说出来，因此促进了自己言语表达能力的发展。

因势利导，追根究底是指提供一种适应性的支持，即必要而不多余的支持。如感知觉一章引导案例 2-3 中的黄老师，之后对阳阳灵活提供了物质、技术和情感支持，因此很好地促进了阳阳观察力、数学能力和言语表达能力的发展，也培养了阳阳的专注精神、坚持性等良好的学习品质——这是积极性格的重要组成部分。

3. 创设良好环境，家园共育

良好的环境不仅包括安全、富有教育意义的物质环境，还包括温馨舒适的心理氛围。

首先，幼儿园要根据学前教育领域的国家文件精神，认真审视教育方针、课程内容、教育教学方法、幼儿园的文化传统、规章制度、师幼关系、团队生活、游戏活动等，确保给幼儿提供良好的物质和心理环境。特别是教师要以身作则，不断成长，树立良好的榜样。幼儿教师的能力水平、气质类型和性格影响着幼儿的能力、气质与性格的发展，因此幼儿教师要立志于专业成长，以便更好地促进幼儿身心健康和全面发展。

其次，家庭对儿童潜移默化和直接影响作用非常深远，所以家长本身也要不断成长。首先，家长们要检视自己身上是否有坏习惯，比如爱吃垃圾食品、酗酒、作息无序、乱发脾气等，若有就要改正，努力培养一些健康良好的习惯。其次，家庭成员之间要学会和睦相处，有矛盾要友好协商解决，保持教育的一致性，否则儿童就会无所适从、缺乏安全感，形成不良的交往模式，出现较多的问题行为。再次，家长要积极工作、积极生活，以正面形象引发孩子的效仿。比如若家长自己光有理想，却没有勇气自己去实现，而将自己的理想强加给孩子，不仅是不公平的，也容易导致孩子产生逆反、厌倦心理。最后，家长要不断学习、不断反思，努力成为更富有教育智慧、更称职的家长。比如，家长也要多学习《3—6 岁儿童学习与发展指南》，多学习育儿知识，避免采取简单粗暴的教育方式。

最后，家庭和幼儿园之间要经常交流，以保持教育的同步和一致，形成教育合力。比如，幼儿园鼓励儿童独立自主，那么家长也应多鼓励儿童生活自理、做一些力所能及的家务劳动，多带孩子参加适合的社会实践活动。否则，孩子在园能够独立进餐、穿脱衣服，知道了不该闯红灯等等，回到家，家长又是喂饭，又是帮孩子穿脱衣服，又带着孩子闯红灯，教育效果就大打折扣了。家园共育，不仅是培养儿童良好心理特征所必需的，也是儿童身心健康成长所必需的。

拓展阅读 4-3

心理测量取向的智力理论

心理测量取向的智力理论主要包括以下三种理论。

其一，智力二因素理论，代表人物有斯皮尔曼、卡特尔和桑代克。核心观点：智力由“一般能力”（G 因素）和“特殊能力”（S 因素）构成。其中，G 因素是所有智力活动普遍具有的，而 S 因素是某一智力活动所特有的。人要完成任何一种活动，都需要 G 因素和 S 因素的结合。

其二，智力群因论，代表人物是塞斯顿。核心观点：智力包括 7 种平等的基本能力，即词的理解能力、言语流畅性能力、数字计算能力、空间知觉能力、记忆能力、知觉速度、推理能力等，这 7 种能力的不同搭配，便构成每一个独特的智力结构。之后，塞斯顿发现各种能力之间存在不同程度的相关，这似乎表明群因素之外还有一般因素，因此群因论也称为“群因—一般因素理论”。

其三，智力三维结构模型，代表人物是吉儿福特等。核心观点：智力结构应该以操作、内容、产品这三个维度去思考，共组成 150 种智力因素。

第三节　学前儿童个性倾向性的发展与培养

引导案例 4-3

幼儿园给 100 多名幼儿举办“集体婚礼”

2013 年 1 月 11 日，郑州一家幼儿园给 100 多名幼儿举办了一场“集体婚礼”，婚礼完全按照成人婚礼的程序和仪式进行，教师和家长代表担任主婚人，甚至还包括了爱的宣誓环节。此事引发了激烈的讨论，有人认为这就是一个升级版的“过家家”，有人认为这是缺乏审慎的行为，可能带来多种隐患。

思考：您认为完全按照成人的程序和仪式给幼儿举办“集体婚礼”，合适吗？为什么？

一、学前儿童需要的发展

（一）需要的概念

需要（need）是机体内部的某种缺乏或不平衡状态①。需要反映了有机体生存和发展

① 林崇德，杨治良，黄希庭．心理学大辞典．上海：上海教育出版社，2003：1473.

对客观条件的依赖性，是有机体活动积极性的源泉。需要具有对象性、紧张性、动力性的特征。需要具有对象性，如口渴了就有解渴的需要，其对象是水。需要具有紧张性，当个体的缺失需要不能得到满足时，就会产生一种内部的紧张状态。需要具有动力性，需要是产生动机的基础，而动机会直接推动个体采取行动。

（二）需要的种类

1. 生理性需要和社会性需要

根据需要的起源，可以把需要划分为生理性需要和社会性需要。

其中，生理性需要，是指个体为维持生命和延续后代而产生的需要，包括吃、喝、拉、撒、睡、运动、性、趋利避害等需要。

社会性需要，是指人类在社会生活中形成的为维护社会的存在和发展而产生的需要，如劳动、交往、友谊、求知、美、道德、公正等需要。

人与动物的大多数生理性需要是相似的，比如都有维持生命和延续后代的需要。但是，人与动物的需要也存在一些本质的不同。其一，人的需要对象和满足方式受具体社会条件的制约，具有社会性。即便是进食这种生理性的需要，人们也要注重餐桌礼仪，体现了社会性。其二，人有意识能动性，能够调节和控制自己的需要。比如，成年人在大巴上有尿意了，而附近又没有服务区，就会稍加忍耐和控制。

2. 物质需要和精神需要

根据需要的对象划分，可以将需要划分为物质需要和精神需要。

物质需要，是指个体对物质，如衣食住行和日常用品的需要。物质需要既包括生理性需要，也包括社会性需要。如生日时，渴望收到亲朋好友的礼物，礼物固然是物质，但是这明显又是涉及“交往”“友谊”等的社会性需要。又比如，一些人感觉对方侵害了自己某个方面的权利，起诉对方，索赔一元钱。一元钱固然是物质，但是它承载的是被尊重的社会性需要。

精神需要，是指人对精神文化对象的需要。包括认知、审美、道德、创造、亲合等。精神需要往往也涉及社会性的需要。比如道德的需要，就既属于人的社会性需要，也属于人的精神需要。

因此，根据需要的起源和对象进行划分，只是相对的，二者的划分具有交叉之处。

（三）马斯洛的需要层次理论及其对学前教育的启示

美国著名人本主义心理学家马斯洛（Abraham H. Maslow）1943 年在他的著作《人类动机理论》一书中提出了需要层次理论①。

1. 核心观点

马斯洛认为，人的一切行为都是由于需要引起的，人的各种需要是一个由强弱和出

---

① 林崇德，杨治良，黄希庭. 心理学大辞典. 上海：上海教育出版社，2003. 1474.

现先后排列成等级的系统，是分层次的。其强弱和先后出现的次序是：生理需要、安全需要、归属和爱的需要、尊重的需要和自我实现的需要。

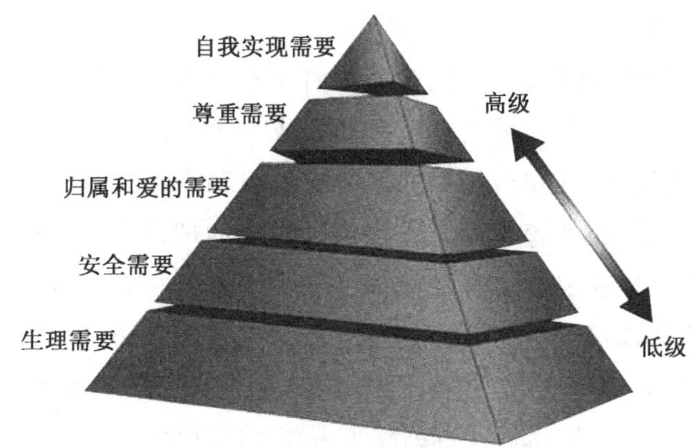

图 4-1 马斯洛需要层次模型图①

第一，生理需要。人为了生存，首先需要饮食、空气、配偶、排泄、睡眠等。这是人类最原始、最基本的需要。这些需要得不到满足就会影响人的生存延续。

第二，安全需要。即人们对稳定、安全、受到保护、有秩序、能免除恐惧和焦虑等的需要。其目的是降低生活中的不确定性，保障个体生活在一个免遭危险的环境中。例如，人们要求有安身之处、有稳定的工作和社会场所、人际关系可靠等。

第三，归属与爱的需要。指人们希望得到亲朋好友和同事的关爱，希望归属于一定的群体，得到群体接纳和认同，否则就会感到失落、空虚。

第四，尊重的需要。包括自尊和受到尊重两个方面。自尊得到满足会使人相信自己的力量和价值，从而有利于发挥自己的潜能，否则会使人自卑，使人丧失信心去处理面临的问题；受到他人尊重，是指需要他人给予名誉、地位、权力、赏识。

第五，自我实现的需要。这种需要表现为个人充分发挥自己的潜力，不断充实与完善自己，趋于完美的境地。自我实现的需要，是人生追求的最高境界。

这五种需要不是并列的，是按层次逐级上升的。其中，生理和安全需要为低级需要，人和动物共有。自我实现的需要为人类所特有，但是并非所有成人都能自我实现。低级需要关系到个体生存，因而也称为匮乏性需要。高级需要也称为成长性需要。人类的需要由低向高发展，低级需要未满足，就不会产生高一级的需要。

2. 对学前教育的启示

儿童的需要折射出儿童的匮乏信息，有利于成人理解儿童、调适养育的策略与行为，从而能够更好地促进儿童的身心健康发展。同时，需要是引发儿童积极活动的内在条件，有利于儿童探索世界、锻炼身体、发展心理。

---

① http://blog.sina.com.cn/s/blog_6a5c6eb00100k31b.html，2015-12-20.

马斯洛把人的需要看成一个连续系统，提出了人的需要由低向高发展的趋向，以及需要和行为之间的关系，兼具学理价值与实践意义。对于我们理解和对待学前儿童需要方面，更具有借鉴意义。

参照马斯洛的需要层次理论，我们知道学前儿童的需要是复杂的多层次系统，不仅具有生理需要，还有诸多的心理需要。这有助于成人多关注儿童的心理需要，从而更好地促进儿童身心健康发展。同时，儿童的需要有低级和高级之分，低级需要往往是高级需要的基础，这给幼儿园的教育教学工作提供了重要的理论支持。例如，面对陌生的教学内容，要幼儿产生创造和表达的需要，首先应满足其基本的认知需要，让他们先熟悉内容，打好基础。又比如，若某位幼儿特别胆小，教师想锻炼其胆量，也应该充分考虑其心理安全的需要。不应立刻要求幼儿独自当众表现，而应先让幼儿参与诸如小组合唱等对个人要求不是太突出的活动，然后才逐渐减少表现时同伴的个数，慢慢过渡到个人表现。

不过马斯洛认为低级需要满足以后，才能产生高级需要，则未认识到人们特别是成年人高级需要对低级需要的调控作用，因此对其理论也要持扬弃的态度。

(四) 学前儿童需要的结构与发展特点

1. 学前儿童需要的结构

参照需要的分类和马斯洛的需要层次理论，学前儿童的需要主要有如下几个方面。

(1) 生理需要，主要体现为对饮食、睡眠、休息等的需要。年龄越小生理需要占据的地位越突出。若儿童的生理需要得不到满足，他们会焦躁不安，甚至会哭闹。成人应及时适当地满足此类需要，以建立儿童对成人的信任感。在今后教育的影响下，儿童将逐步学会控制自己，养成良好的习惯，并能以文明的行为方式满足自己的生理需要。

(2) 安全的需要。学前儿童具有强烈的安全需要，年龄越低体现得越明显。例如，儿童在陌生环境会表现出胆怯，妈妈不在时会不安，见到陌生人会哭等。

(3) 交往与爱的需要。学前儿童往往不喜欢一个人独处，而喜欢与人交往。他们喜欢和亲人在一起，和同龄儿童共同游戏。在交往中，他们获得了爱抚和友谊，也学会关心别人、关心集体等。

(4) 活动与求知探索的需要。学前儿童具有强烈的活动需要。比如喜欢操作、拼拆各类实物，喜欢各种游戏。他们参加唱歌活动、绘画活动、捉迷藏、玩沙、玩水等。他们在活动中，增加了对周围世界的认识，激发了娱乐的情感，锻炼了良好的个性品质。学前儿童在投身于各种活动的同时，也体现出强烈的求知探索的需要。他们好奇好问，喜欢绘本，喜欢听故事，喜欢探索究竟，等等。

(5) 自尊和受人尊重的需要。随着儿童自我意识的发展，他们希望受到成人或同伴的赞扬和尊重。当他们被嘲笑、呵斥、责骂，甚至被体罚时，“自尊心”便受到损伤，会感到委屈，甚至哭闹，有暴力反抗的倾向。

(6) 欣赏美和表现美的需要。学前儿童在社会生活和成人教育的影响下，形成了欣赏美和表现美的需要。他们喜爱美丽的图画、优美的歌曲、动人的故事、漂亮的衣服。此外,绚丽多彩的自然景色、和谐多变的舞蹈、体操以及整洁优美的环境布置,也能引起儿童的愉悦感,满足他们欣赏美的需要。幼儿园的美术、音乐、语言和体育等活动,承担着满足幼儿欣赏美和表现美这一需要的重任。

2. 学前儿童需要的发展特点

学前儿童占主导地位的优势需要由几种强度较大的需要组成,同时,每种需要在整体中所占的地位,会随着年龄的增长而发生变化。

学前儿童年龄越小,生理需要越占主导地位。比如新生儿的生理需要就占有绝对主导的地位。他们渴了、饿了、想睡觉了就用哭闹的方式来向抚养者传递信息。婴儿期虽然生理需要依然占有主导地位,但是婴儿开始出现了明显的社会交往需要。婴儿对重要教养人的依恋,便是有力的例证。到了 1～3 岁期间,学步儿的社会性需要进一步增加,出现了对成人活动的模仿、喜欢玩亲子游戏、喜欢大量的实物活动等等。到了幼儿期,社会性需要更加突出,不仅出现了初步的友谊,道德意识也开始萌芽,希望得到尊重的需要已经比较强烈。

因此,总的来说,学前儿童的需要,体现出以生理性需要为主、社会性需要逐渐发展的态势。

(五) 学前儿童需要的引导

1. 深入了解儿童的需要,科学满足合理的需要

首先,幼儿教师与家长应深入了解学前儿童需要的结构与发展的特点,充分关注和正确解读儿童的需要,切不可想当然地误读或者以自己的想法替代儿童的需要。比如,“过家家”是学前儿童喜闻乐见的角色游戏,它具备游戏的基本结构。儿童在其中可以自行协商角色的分配和游戏的进程,可以经常自由地更换玩伴,伴随其中有大量的以物代物、以人代人、以人代物和以物代人的想象,因而它能够满足儿童的多种心理需要,促进儿童言语、想象、交往能力、责任感等多方面的发展。可是,引导案例 4-3 中,完全按照成人仪式举办的所谓的“集体婚礼”,它就变味了——玩伴是固定的,儿童穿真正的婚纱礼服,没有与同伴协商的空间,更无想象的空间,只是任由成人摆布,按要求走完成人制订的流程——这并非升级版的“过家家”,它丧失了游戏的基本结构,硬生生地变成了演习。这场演习,体现的是成人多种复杂的需要,而不是幼儿的真正需要。它带来的隐患是误导儿童,并有可能催生性早熟。

其次,对于学前儿童的合理需要,应以符合学前儿童身心特点的方式,予以科学的满足。例如,我们都知道学前儿童具有进食的需要。问题在于,应如何科学满足学前儿童进食的生理需要呢?这就要明白他们生长发育快速、胃容量较小、牙齿咀嚼能力有限、胃肠消化能力没有成人强、神经系统发育尚未成熟等诸多的生理特点。针对这些特点,给他们提供的膳食应营养充足均衡、粗细搭配,应设计少吃多餐的进食制度,食物中不能够

含有酒类，此外还要避免垃圾食品。又如，正常的儿童，天生就体现出社会交往的倾向和需要：新生儿都喜欢看人的面孔，婴儿喜欢对着父母和抚养者“啊哦咿”地发音，1 岁左右开始咿呀学语，能够行走时就会追随家里的亲人，并与他们互动。3 岁幼儿尤其喜欢与家长一起做游戏，要求家长给他讲故事、看图书。4 岁以后，儿童明显地表现出对同伴交往的兴趣。那么，应如何满足儿童交往与爱的需要呢？前文提及，应给学前儿童提供积极的应答性环境，充分地关注他们交往的需要，多提供多种适宜的交往机会，并且在其中渗透交往策略和礼仪的教育。如此，学前儿童在交往需要得到充分满足的同时，将逐渐学会待人接物的礼貌行为，学会表达自己的情感和意见，学会调节自己与他人的关系，形成活泼开朗、乐于交往的性格。再比如，学前儿童有求知的欲望，那么满足其欲望的方式，也同样应该符合其身心发展的特点，以游戏为主，而不能够出现小学化的倾向。

科学地满足儿童的合理需要，有助于培养学前儿童良好的饮食习惯、作息习惯、卫生习惯，形成良好的学习品质和良好的性格，从而更好地促进其身心健康发展。

2. 纠正不合理的需要，避免形成不良的性格

在某些情况下，学前儿童可能也会产生一些不合理的需要。比如，要过量地摄取冷饮、不肯走路要求成人抱、违反出门前的约定要求购买更多玩具、要独占玩具，等等。这些不合理的需要若得到满足，可能会伤害儿童的身体，而且可能会强化其不良行为，以至于形成不良的习惯与性格。因此，当儿童出现不合理需要时，成人一方面要坚持教育原则，不能够不加分辨地予以满足。另一方面，也要帮助儿童冷静下来，之后再进行通俗易懂的、有针对性的教育。比如，对于要吃过量冷饮的儿童，之后想办法查找相应的动画片或者寻找消化系统的挂图，帮助其明白过量地吃雪糕、冰淇淋等冰冷的东西，就容易肚子疼；而不肯走路，总要大人抱或者背，应引导其明白可能的后果，如会导致自己身体不健壮，还有可能会引发小朋友们笑话，大人也会很累。相似地，也要晓之以理：没有计划地乱花钱，可能会导致哪些问题；独占玩具，就没有好朋友，等等。总之，即便儿童出现了不合理的需要，也要耐心引领，不能够冷漠地置之不理，甚至责骂，否则可能会危及儿童对心理安全和爱的需要。

值得一提的是，若儿童经常出现不合理的需要，并且未能满足就大发脾气，成人就要反思对儿童的教育中是否存在不一致的现象，或者检视环境中是否持续存在不良诱因。排查原因，保持教育的一致性，才能够避免儿童形成故意说谎、乱发脾气、任性等不良的习惯与性格。

3. 引发新的积极需要，促进良好性格的发展

需要是有机体活动积极性的源泉，具有动力性，因此教师和家长在满足学前儿童合理需要的同时，也要引导儿童形成新的积极需要，以形成新的生长点。

教师可以根据儿童的情况，循序渐进地提出新的任务，使儿童习惯成自然以后由他人提出要求转变为自己主动需要。如教师对于初入幼儿园的幼儿，要求他们自己吃饭、

自己穿衣服等;对于中班幼儿,不仅要求他们自己能做的事情自己做,而且还要求他们能为同伴做些好事;对于大班幼儿,则要求他们认真地、有始有终地做自己能做的事,且为同伴、班集体服务。如此,幼儿最初是在教师的引导下生活自理的,久之,幼儿会因为能够自理而感到自豪,此时自理就成为自己的需要,其自主性和独立性也就得到了发展。同样,幼儿最开始是应教师的要求去帮助同伴、服务集体,久之,助人和服务集体之后因为得到同伴或教师的感谢、认可而产生积极体验,此时助人和服务集体就成人了自己的需要,并逐渐形成乐于助人、乐于服务的良好性格。同理,在生活自理和家务劳动方面,家长也可以进行相似的引导。

总之,教师和家长应当正确对待学前儿童的各种需要,满足其合理的需要,预防和纠正其不合理需要,引导儿童形成新的积极需要,从而促进他们身心健康,特别是良好个性的形成与发展。

二、学前儿童动机的发展

(一) 动机的概念

动机(motivation),是激发和维持有机体的行为,并使该行为朝向一定目标的心理倾向或内部驱力①。动机和需要是有区别的,主要体现为:需要是人积极性的基础和根源,动机是推动人们活动的直接原因。但是二者又密切联系,体现为需要是产生动机的基础,而动机会促使个体采取一定的行动,使自己的需要得以满足。

不过,并非所有的需要都能够转化为动机,需要能否转化为动机,必须满足两个条件。一是需要具有一定的强度,使得个体迫切要求得到满足。二是有能够满足需要的目标(即适当的诱因)。当个体产生较强烈的需要而未得到满足时,会产生一种紧张不安的状态,此时若遇到能够满足需要的目标(即适当的诱因),这种紧张的心理状态就会转化为动机。动机激发和维持个体的行为,并且使得这一行为朝向能够满足需要的目标,最终使得需要得以满足,解除机体内部的不平衡状态。例如,一位5岁幼儿听妈妈讲了一个有趣的故事,随即产生了强烈的分享需要。但是因为全家人都同时听到了这个故事,暂时没有听众人选,他只好忍耐。第二天入园时,他远远看见老师,此时,强烈的分享需要就转化成了动机。他来不及向家长道别,就迫不及待地跑向老师,然后立刻讲给老师听。待他讲完,老师夸赞这个故事有趣,夸赞他讲得很流利时,他就产生了需要得以满足的愉悦感。

(二) 动机的分类

1. 内部动机和外部动机

根据引发动机的诱因来源,即是源于活动本身还是源于活动外部的因素,可以将动机分为内部动机和外部动机。

---

① 林崇德,杨治良,黄希庭.心理学大辞典.上海:上海教育出版社,2003:223.

其中，内部动机是指引发动机的诱因来自于活动本身的动机。比如，幼儿在户外自己去观察蚂蚁，是因为自己想弄清楚蚂蚁的一些生活习性，此时幼儿观察蚂蚁的动机便是内部动机。

如果老师要求幼儿去观察蚂蚁，并且说待会儿看谁观察得仔细就奖励给谁一颗棒棒糖，某位幼儿为了得到那颗棒棒糖而仔细观察，他此时观察蚂蚁的动机就是外部动机。

2. 直接近景性动机和间接远景性动机

根据动机推动的行为与目标的远近关系进行划分，可以将动机划分为直接近景性动机和间接远景性动机。其中，直接近景性动机，是指动机推动的行为与近期目标相联系的动机。间接远景性动机，是指动机推动的行为与长远目标和富有社会意义的目标相联系的动机。

3. 主导动机和从属动机

根据动机在行为中所起作用的不同，可以将动机划分为主导动机和从属动机。其中，主导动机在行为的发展过程中作用最大，支配着行为发生的方向和强度。从属动机在行为动机中处于附属地位，所起的作用较弱。在特定条件下，多种动机在一系列行为中的主从关系是可以相互转化的。

(三) 学前儿童动机发展的特点

1. 从外部动机占优势到内部动机逐渐发展

3岁以前以及幼儿初期的动机，主要由外来影响，并且通常是为了获得成人的奖励而产生的，比较被动。一直到5岁之前，学前儿童的外部动机都占据优势。5岁左右，学前儿童的理智感开始发展起来，此时儿童的求知欲望特别旺盛，好奇好问、喜欢探个究竟的年龄特征特别突出，兴趣的作用逐渐增强，他们活动的内部动机也因此逐渐发展起来。例如中班幼儿做值日生的动机，有63.3%是因为对值日生劳动的某个环节或内容本身感兴趣①，可见参与劳动的内部动机已经占据重要地位。

2. 从直接近景性动机占优势到间接远景性动机逐渐发展

若从动机推动的行为与目标的远近关系来看，儿童4岁以前，其行为的动机基本上以直接近景性动机为主，之后随着学前儿童年龄的增长，逐渐出现间接的远景性动机。

比如，小班幼儿做值日生的动机往往是值日生可以带上袖章，或者可重复洗已经洗干净的抹布。大班幼儿在做值日生的时候，已经出现一些间接的远景性动机——做值日生是要为别人、为班级做好事，以助人为乐，更加关注值日生这个工作的成果和质量。中班幼儿处于过渡阶段。

3. 从动机互不相干到形成动机之间的主从关系

3岁前儿童动机的稳定性很差，经常变化，其动机的产生主要受身体状态和情境的影

---

① 于美荣.关于中班幼儿值日生劳动态度的研究.学前教育研究，2007，147(3)：25-27.

响。比如,婴儿甚至在完成选择一个玩具这样简单的任务时,也难以形成动机间的主从关系。他们翻来覆去地看每样玩具,拿起一个放回去,又拿起另一个,似乎觉得每个玩具都好,都想要,难以决定到底要哪一个。如果告诉他们,选好了一个玩具之后,就要到另一个屋子里去,他们听到要求后,马上又将手里的玩具放回原处,继续挑选。可见,婴儿各种动机往往是互不相干的,尚未形成主从关系。

与3岁之前相比,幼儿动机的稳定性有所发展。幼儿动机所驱使的行为,举棋不定的情况有所降低。不过,小班幼儿若出现几种动机的冲突时,那些眼前目标或者低难度目标引发的动机,还是会占据主导地位的。大班幼儿则日渐摆脱一些低难度目标的干扰,不时能够看到一些更有价值的目标,动机的主从关系日趋稳定。然而,在整个学前期,动机的稳定性还是会体现出一定的情境性,在某些情况下,多种动机的主从地位会发生互换。前苏联心理学家列昂节夫曾用实验说明了学前儿童主从动机的互换情况①。实验者要求儿童设法拿到远处的东西,同时要求他不能够从自己的座位上站起来。隐蔽式的观察发现:儿童多次尝试都失败以后,他站起来拿到了东西,然后又悄悄坐回原位。这时,实验者回到儿童身边,表扬他成功了,并奖励糖果。但是儿童拒绝接受奖励的糖果。可见,在实验中,儿童既有取物的动机,又有遵守规则的动机。最初,取物的动机非常强烈,遵守规则的动机处于从属地位。强烈的取物动机,驱使儿童在多次尝试失败之后,违规去拿东西。再次见到实验者时,遵守规则的动机旋即占据主导地位。这使得儿童意识到自己已经违规,因而拒绝奖励,似乎实验者给的糖是“苦”的。

(四) 学前儿童良好动机的培养

学前儿童的动机主要和自己的需要、直接兴趣有关。学前儿童动机的培养不是孤立的,应放在整个个性的整体结构之中。学前儿童动机培养有几个方法可以作为参考。

1. 重视儿童的外部动机,更要激发和强化其内部动机

虽然内部动机和外部动机都具有激发和维持儿童行为,并且使得行为朝向一定目标的作用,但是一般情况下,内部动机的强度大、时间持续长,外部动机持续时间短、往往带有一定的强制性。因此,在教育中要注意两种动机的特点,区别对待。

一方面,要重视外部动机的作用。当学前儿童尚未产生内部动机之前,可以适当激发他们的外部动机,以调动其合作的积极性。比如,户外活动回来以后,幼儿持续跑动、喧闹了十多分钟。教师担心过高的噪音会影响幼儿的听力。于是,当看到小雨已经坐好时,教师立刻说:“我看到小雨安静地坐在位置上了,真好!”旁边的薇薇听到了,立刻坐到位置上去,也得到了教师的认可。很快,其他幼儿也纷纷坐好了,活动室的喧闹声减小了很多。

另一方面,要想方设法地激发和强化儿童的内部动机。首先,要努力培养儿童的兴趣。“兴趣是最好的老师”,它与内部动机关系紧密。那些儿童感兴趣的目标,往往能够

① 转引自岑国桢.列昂节夫的个性理论.心理学探新,1983(2):67-71.

诱发他们宝贵的内部动机。其次，多鼓励儿童。试图用批评、惩罚来培养幼儿动机的方法是不可行的。鼓励才能够引发儿童积极的情绪，使儿童感受到教师的期望，从而充满信心。最后，予以适时适当的支持，让儿童体验活动的成功，引发其后续学习的动机。当儿童在活动中遇到困难时，教师要密切关注、准确研判。若儿童已经出现畏难情绪，教师就要给予必要而不多余的物质、情感或技术支持。不能够置之不理，否则儿童可能会因为产生挫败感而中途放弃。也不能够包办代替，否则便剥夺了儿童自主探究的机会。适时适当的支持，让儿童体验到经过自己努力之后获得成功的快乐，有助于强化其后续学习的动机。

此外，当儿童已经产生内部动机时，切不可以滥用物质奖励，以免导致宝贵的内部动机转化为外部动机。比如，一位实习教师在组织语言活动“爱吃苹果的鼠小弟”时，随着活动的推进，幼儿已经沉浸于言语表达的快乐当中——教师已经成功地引发了幼儿的内部动机。谁知，她突然倒出一大堆零食，然后说：“小朋友们，如果你们说‘要是我有……就好了’这样的句子，就可以得到这些好吃的饼干和糖果了。”结果，幼儿愣了一下之后，立刻盯着零食，争先恐后地抢，喊叫声一片。言语活动瞬间演变成了争抢活动。这堆零食和相应的指导语，便是将内部动机转化为外部动机的画蛇添足之笔。

2. 珍视儿童的直接近景性动机，培养间接远景性动机

当儿童因为直接近景性动机而参与活动时，也要珍视他们的参与，然后略加引导。比如，当儿童看到老师叠被子，觉得好玩而去叠被子时，可以这么说：“哟，丁丁第一次叠被子，就能够叠起来了，不错哟！嗯，要是上面这个角再搭上去一点，就更整齐了，你看呢？”千万不能够嫌他们碍手碍脚或者说他们“帮倒忙”，更不能够当着他们的面，将他们做过的事情再做一遍，否则会打击他们的积极性。

与此同时，可以在教育教学和生活中渗透间接远景性动机的培养。比如，当儿童因为觉得洗抹布很好玩，而将一块已经洗干净的抹布反复冲洗时，可以这么引领：“宝贝，这块抹布你已经洗干净了，可以拿去晾了哦。地上还有一些垃圾，如果你能够扫一下，咱们班的教室就更干净了，我们就有一个更舒服的环境了哦！”如此，就可以逐渐培养出儿童助人为乐的动机和相应的情感。

3. 以自然后果法启发儿童处理动机的冲突，学会取舍

当儿童面临动机冲突时，成人可以帮助儿童分析不同选择的可能后果，鼓励其自主选择。比如，当甜甜又想看动画片又想吃饭时，可以如此启发：“甜甜，你现在有两个选择。一，你可以先跟我们一起吃饭，吃完饭以后，要是动画片放完了，妈妈从电脑上给你在线播放来看。二，你可以继续看动画片，但是吃饭的时间过了以后，就没有饭吃了。你选择哪一种？”然后可以让甜甜复述一遍，以确保甜甜听懂了。待选择之后，就执行相应的结果。比如，若甜甜选择继续看动画片而错过了吃饭的时间，待其饥饿时，不要责备她，而是在安慰她的同时，坚持原则，让其承担自己选择的后果。在本案例中，就可以这么说：“哦，甜甜饿了，妈妈很同情。不过没关系，下一餐就可以吃了！要不，你喝点水吧？”然后，可以暗中

将下一餐适当提前半个小时或一个小时。这样的自然后果法，有助于儿童明了今后面临类似的动机冲突时，做出更加合理的选择，从而学会为自己的选择负责。

不过，自然后果法的使用，要注意这几个事项：一是务必以儿童的安全为前提，不同选择及其后果都是儿童可以承担的，而不会导致伤残或者留下心理阴影；二是在儿童面临势均力敌的动机冲突时选用；三是帮助儿童分析面临的不同选择及其可能后果，并且确保儿童理解；四是待儿童做出选择之后，要尊重其选择，并坚持原则，让其承担相应选择的后果；五是儿童在承担后果时，若情绪波动较大，成人的态度务必平和，杜绝责备；六是以安全为前提，自然后果是儿童可以承担的。比如，儿童因为不肯吃饭饿一顿，这是他们可以承担的后果，但是如果他们想从很高的地方往硬地上跳，这就太危险了。但凡伴随危险后果的情况，都不适合采用自然后果法。

拓展阅读 4-4

对当下国内儿童真人秀节目的反思

当前国内儿童真人秀节目颇为火热，歌唱类、舞蹈类、运动竞技类等不同领域的内容相继被开发，在形式上则有儿童脱口秀、才艺秀、实践秀和亲子互动秀，给观众带来了消遣和娱乐。

但是，这些节目需要反思。首先，这些节目虽然以儿童参与为主，但是主要受众并非儿童，而是成人①。儿童实际上成了节目的道具和让观众猎奇的元素。更令人忧虑的是，由于缺乏或者漠视有关学前教育的专业知识，这些节目在所谓创新和变味之间界线不清。比如，参与节目的儿童着装打扮、言行举止的方式等都愈来愈成人化，综艺节目中也经常能看到连话都说不清楚的孩子大声唱着情歌②，更有甚者，一些主持人还以低俗的话去挑逗孩子。这可能会导致儿童性早熟，误导其价值取向。

童年，应该被珍视、被审慎对待，不应该为收视率而随意消费。

第四节　学前儿童自我意识的发展与培养

引导案例 4-4

我不睡午觉也是乖孩子！

周末在家，6 岁的卷卷不肯睡午觉。妈妈哄劝无效之后，略带批评地说："不睡午觉的行为是不乖的哦。卷卷，你不睡午觉就不乖了哟。"卷卷不高兴地说："不公平，我不睡午

---

① 张玲.对当下国内儿童真人秀节目的反思.新闻世界，2014(3)：68-69.

② 张玲.对当下国内儿童真人秀节目的反思.新闻世界，2014(3)：68-69.

觉也是乖孩子!”

思考:大班幼儿的自我评价,具有哪些特点?

一、学前儿童自我意识的萌芽和发展

“人贵有自知之明”,说明了自我意识的重要性。自我意识是个性的调节控制系统,协调、组织、监督、校正、控制着人们个性的发展。因此,了解学前儿童自我意识的发生和发展,对学前儿童自我意识的培养具有重要意义。

自我意识有几种考查方式,包括前文提及的点红测验,以及看儿童能否用“我”来指代自己。其中,若儿童能够通过点红测验,则说明他们具备了视觉自我认知的能力,即从此时开始他们已经能够从镜子、照片等媒介物中识别自己。掌握代词“我”,是儿童自我意识萌芽的最重要标志,它表明儿童具备了言语自我认知的能力。

在学步儿期,儿童日渐关注到自己的想法,逐渐有自己的主见,并且越来越多地表达自己的意见,表现出“爱做事”和“闹独立”的特点,也开始比较稳定地使用“我”来指代自己。这正是儿童自我意识萌芽而带来的变化。若能够及时关注并且改进教育方式适应儿童的变化,就可以顺利地化解所谓的第一个“危机期”。

自我意识萌芽之后,我国学前儿童自我意识的发展体现出以下总的特点:其一,自我意识的各因素(自我评价、自我体验、自我控制)都是随年龄的发展而发展的;其二,各因素的发生时间比较接近,基本上是不同步的,其中,自我评价开始发生于3～4岁,自我体验开始发生于4岁左右;其三,各因素的发展,在3至3岁半、4至4岁半、5至5岁半、6至6岁半这四个年龄组间多体现出显著差异①。

(一) 自我认知的发生

自我认知(self-recognition)指个体认为自己是区别于他人和物体的独立个体,是个体与他人在互动的过程中形成的关于“我是谁”的概念,是个体对自己的生理、心理、社会等方面的认识②。阿姆斯特丹(Amsterdam)以点红测验,研究了3～24个月的88名儿童。结果发现,儿童自我认知的发生要经历以下三个不同的阶段③。

1. 第一阶段:游戏伙伴阶段

该阶段的主要特点是婴儿看到镜中自己的映像后,对着映像微笑、发声、拍打镜中映像,还会到镜子后面去找那个不存在的人。

2. 第二阶段:退缩阶段

该阶段的主要特点是婴儿见到镜中的映像似乎感到害怕,从镜前退缩。这一现象也

① 韩进之,杨丽珠.我国学前期儿童自我意识发展初探.心理发展与教育,1986(3):1-13.
② 刘凌,杨丽珠.婴儿自我认知发生再探.心理学探,2010,30(3):29-32.
③ 石筠弢.婴儿期自我认知的发展,心理发展与教育,1989(4):50-54.

被一些学者认为是婴儿的自我认知迹象已初露端倪。有的婴儿见到映像似乎显得害羞、窘迫，有的像是在自我赞赏。但阿姆斯特丹认为，婴儿的这些表现很可能是在模仿成人照镜子时的模样，不能说就有了自我意识。

3. 第三阶段：自我认知出现

该阶段的主要特点是婴儿一见到镜中的映像立刻去摸自己鼻子上的红点，而不去碰镜子中映像的鼻子。24 个月的婴儿几乎都有这样的表现①。

我国学者采用点红测验和观察、访谈等方式进行研究，结果发现：儿童自我认知在 15～24 个月间发生，并且随着年龄的增长而逐渐发展。其中，视觉自我认知一般发生于第 17 个月，言语自我认知一般发生于第 21 个月；视觉自我认知对言语自我认知有正向预测作用，视觉自我认知发生早的婴儿，言语自我认知发生得也早②。这与阿姆斯特丹的研究结果基本一致。

还可以从对身体、行为和心理活动的认知这个角度来探讨儿童自我认知的发展。就身体认知而言，1 岁以前的婴儿尚未意识到自己的存在，难以将自己与客体区分开来。之后，由于神经系统、动作发展和成人的教导，儿童逐渐能够认识到身体的各个部分，然后约在 17 个月时，能够从媒介物中识别自己，在 21 个月时能够用“我”来指代自己。就行为认知而言，1 岁左右的儿童通过偶然性的动作，逐渐能够将自己的动作和动作的对象区分开来，并且初步体会到自己的动作和物体的关系。另一个表现是较多学步儿出现最初的独立性，什么都想自己动手。比如有婴儿车不坐，要自己推，然后一边步履蹒跚地推车，一边说：“推车车，动！”约 2 岁时，儿童能够初步意识到身体的内部状态，如能够说：“肚肚疼”或者“要尿尿”等。就心理活动认知而言，1 岁 6 个月左右，儿童能够认识和描绘自己的典型情绪、强烈愿望等；约 3 岁时，能够逐渐地意识和表达自己更多的心理活动，比如记住的内容等；4 岁以后，开始出现对自己多项认知活动和言语的认识。不过，总体而言，学前儿童往往难以意识到心理活动的具体过程，通常只能意识到心理活动的结果，也难以意识到自己判断中的矛盾。

（二）自我评价的发展

自我评价(self-evaluation)，是指个体对自己的生理、心理和社会特征及行为的某一方面或整体的评价过程③。自我评价是自我认知的重要组成部分。儿童自我评价的发展，体现出如下趋势。

1. 评价的独立性和稳定性逐渐提高

前文提到，自我评价开始发生于 3～4 岁。此时，幼儿的自我评价主要依从于成人，直接以成人的评价当作自己的评价。例如，当评价自己是好孩子之后，若问及原因，3～4

① 杨丽珠，吴文菊. 幼儿社会性发展与教育. 沈阳：辽宁师范大学出版社，2000：78-79.

② 刘凌，杨丽珠. 婴儿自我认知发生再探. 心理学探，2010，30(3)：29-32.

③ 林崇德，杨治良，黄希庭. 心理学大辞典. 上海：上海教育出版社，2003：1771.

岁的幼儿会回答说,“因为妈妈说我是好孩子”“因为老师说我是好孩子”等。依从性评价受制于情境和情绪,不稳定。比如,刚得到表扬的幼儿,情绪好,此时的自我评价往往是积极的。若是被批评过,情绪低落,其自我评价就体现出消极的特点。

4～5 岁时,幼儿初步内化了一些研判行为的标准,自我评价的独立性和稳定性有所提高。此时的幼儿,逐步知道了哪些行为是好的,哪些行为是不好的,并以此进行自我评价。比如,面临类似上述的问题时,5 岁幼儿会说,“因为我扫地很干净”“因为我帮妈妈洗碗”“因为我帮助了小朋友”“因为我的画很漂亮”。

约 6 岁时,幼儿的自我评价体现出更强的独立性和稳定性,情境和情绪的制约作用降低。他们有时甚至会质疑成人的评判,比如经常以“不公平”抗议成人的评价。如引导案例 4-4 中,卷卷就不同意妈妈的观点,认为即便自己不睡午觉也是乖孩子。

2. 评价的广泛性和恰当性逐步提高

随着年龄的增长,幼儿的自我评价体现出由单一向多元、由局部向整体的发展趋势,评价内容的广泛性逐渐提高。其中,3～4 岁是依从性评价占主导的年龄段,尚不涉及评价的实质内容。4～5 岁幼儿虽然已经初步具备了研判行为的标准,但是自我评价的内容还比较单一、片面。6 岁幼儿自我评价的内容,通常突破了单一性和片面性。比如,询问 6 岁幼儿:“为什么你认为自己很能干呢?”其回答往往包含两个以上的依据。他们可能会说:“因为我会收拾玩具,我也会帮老师搬椅子,我会唱很多歌,会讲故事……”或者“我能够自己一个人睡觉,我给自己洗澡,我还会给外婆倒水喝……”可见,6 岁幼儿的自我评价,已经体现出多元、全面的特点。若在成人的启发性提问下,如询问“还有吗?”一些幼儿还能够列举出更多的内容来。

与此同时,幼儿自我评价的恰当性也逐步提高。我国学者仇佩英的有关研究表明:3 岁幼儿倾向于自评过高;随着年龄的增长自评恰当率提高,过高率下降,4 岁幼儿恰当自评开始占主要地位;5 岁幼儿恰当自评已占主导地位,自评过低率有一定增加,与评价过高率趋于一致①。仇佩英的研究还发现,幼儿自我评价的恰当性,因内容不同而体现出差异性。对于那些有明确具体客观标准作参照的项目,如跳远,幼儿的自评水平最高;对能力等较为抽象的内容,自评水平最低;而对纪律行为、一般行为等的自评水平居中。

3. 评价内容由表及里、由具体到抽象

幼儿的自我评价,主要还停留在对自己外部行为的评价上,同时也表现出从外部行为向内心品质转化的倾向②。以有关道德内容的评价为例:中班幼儿能够初步运用一定的道德行为规则来评价自己和他人行为的好坏,但是评价带有一定的情绪性。大班幼儿能够自觉模仿成人,从社会意义上来评价道德行为的好坏,但对道德概念的理解还是很肤浅的,比较笼统,还不能很好地理解道德概念。

① 仇佩英. 幼儿自我评价恰当性的研究. 心理科学,1991(3):12-16.

② 韩进之,杨丽珠. 我国学前期儿童自我意识发展初探. 心理发展与教育,1986(3):1-13.

与此同时，幼儿的自我评价还体现出由具体到抽象的特点。比如，身体好坏是比身体的高矮更抽象、更概括的内容，幼儿基本上能正确地评价自己身体的高矮，但是难以全面地、概括地评价自己身体的好坏。让幼儿回答自己身体好坏的原因时，3 岁幼儿基本上答不出，4 岁幼儿能够从吃饭的多少来评价自己的身体好坏，5 岁幼儿能够从身体的胖瘦来评价，6 岁幼儿能从自身的能力和身体的健康方面来评价①。这说明幼儿自我评价的内容由具体的、局部的到抽象的、概括的方向发展。

（三）自我体验的发展

自我体验（self-experience），是指个体是否满足或悦纳自己的情绪②。自我体验有积极和消极之分。其中，自爱、自信、自尊等便属于积极的自我体验，自负、自卑、自弃等便属于消极的自我体验。自爱、自信、自尊等积极的自我体验，是个体成长和成才都不可或缺的素质。

自我体验是在自我认知的基础上，在社会化的过程中，特别是在成人的评价、引导和暗示过程中发展起来的。韩进之等人以 3～6 岁的 480 名幼儿为对象展开研究，结果发现，3 至 3 岁半、4 至 4 岁半、5 至 5 岁半、6 至 6 岁半的幼儿，出现自我体验的人数分别占各组人数的 23.33%、48.33%、75.00%和 83.33%，而且自我体验的平均得分也呈现出由低到高的发展趋势，在年龄组间差异显著③。由此可知，自我体验开始发生于 4 岁左右，到 6 岁时，绝大部分幼儿已经出现了自我体验。因为自我体验的形成和发展受成人的影响，因此应该予以儿童积极的引导，进行正面的教育。

（四）自我控制的发展

自我控制（self-control），是指个体对自己的生理和心理活动、思想观念和行为的调节和控制④。自我控制是自我意识的重要组成部分，它有助于个体适应环境、符合相应情境的要求。具体而言，它是个体自觉地选择目标，在没有外界监督的情况下，适时地监控自己的行为，克制冲动，抵制诱惑，延迟满足，坚持不懈地确保目标实现的一种综合能力。以此可知，自我控制主要包括自觉性、坚持性、自制力和自我延迟满足四个要素。

自我控制最早发生于出生后 12～18 个月，其早期最典型的表现是儿童对母亲指示的服从和延迟满足⑤。自我控制的形成与发展是内外因复杂交互作用的过程，3 岁之前是形成和发展的重要年龄段。一方面，随着大脑皮质的迅速发育，其抑制机能也逐渐发展起来，这给儿童控制自己的动作和抑制多种冲动提供了重要的生理前提。另一方面，在社会化的过程中，重要教养人不断根据情境特点，给儿童提出相应的要求，这也提高了儿童根据外界要求调控自己行为的能力。这两方面因素的复杂交互作用，使得 3 岁以前

---

① 韩进之，杨丽珠. 我国学前期儿童自我意识发展初探. 心理发展与教育，1986(3):1-13.

② 林崇德，杨治良，黄希庭. 心理学大辞典. 上海：上海教育出版社，2003:1773.

③ 韩进之，杨丽珠. 我国学前期儿童自我意识发展初探. 心理发展与教育，1986(3):1-13.

④ 林崇德，杨治良，黄希庭. 心理学大辞典. 上海：上海教育出版社，2003:1769.

⑤ 陈伟民，桑标. 儿童自我控制研究述评. 心理科学进展，2002(1):1-6.

儿童的自我控制能力，随着年龄的增长而显著提高。3岁之后，幼儿的皮质抑制机能进一步增强，而且在社会化的过程中，各种行为规则也逐渐内化，因此自我控制能力得以进一步提高。研究还普遍发现，女童的自我控制能力在多个方面均显著高于男童。

二、学前儿童良好自我意识的培养

（一）提供充足的交往机会，营造温馨的交往氛围

自我意识是儿童在社会化的过程中逐渐形成和发展的，因此给学前儿童提供充足的亲子交往、师幼交往和同伴交往的机会，并且营造温馨的交往氛围，对其自我意识的形成和发展，具有举足轻重的作用。亲子交往和师幼交往是一种垂直交往，学前儿童在其中不仅获得生活上的悉心照顾、习得言语和大量的生活常识与技能，而且也体会到交往的乐趣，潜移默化地遵循了大量的行为规范。同伴交往，则是另一种不可或缺的交往类型。学前儿童在与身心发展水平和知识经验相似的同伴交往中，更能够内化一些行为准则，习得交往的技能。那么，如何提供充足的交往机会、营造良好的交往氛围呢？

首先，教师和家长多有意识地与儿童进行交往。教师即便再忙，也尽量关照到每一位幼儿。除了口头言语的交流，还可以充分利用眼神、微笑等面部表情和体态言语进行"全面覆盖"的交流。在集体活动中，尽量使每位幼儿都有在教师面前表现自己的机会。在幼儿园一日生活的其他各个环节中，在注意幼儿安全的同时，也多对幼儿进行个别化的观察和指导。在家庭里，父母要多陪伴孩子，多进行亲子游戏、亲子阅读等活动，对孩进行高质量的培养，与孩子进行交往。

其次，多创设机会，鼓励儿童与同伴进行交往。教师可以对幼儿进行随机分组，使幼儿能有机会与不同气质类型、不同能力水平的幼儿交往。还可以有意识地让一些善于交往的幼儿和不善交往的幼儿搭对子合作，以促进不善交往幼儿的交往水平。家长方面，则可以多带孩子到户外跟小朋友一起玩，鼓励孩子邀请小朋友到家里玩等，为孩子提供与同伴交往的机会。当儿童在同伴交往中出现纠纷时，教师和家长都要及时关注，若是小纠纷，尽量鼓励、启发儿童自己解决，以提高其交往的技能。

（二）进行科学的规则教育，认可和鼓励积极行为

首先，为儿童建立合理而必要的规则，培养其规则意识，是其进行自我控制和进行正确的自我评价的重要前提。因此，应该为儿童建立有关法律公德、科学作息和安全卫生的规则，理性地进行规则教育，以帮助儿童在生活中充分地了解和清晰地理解行为规范，遵守规则和内化规则。所谓理性地进行规则教育，是指要让儿童明了有哪些规则、让儿童明了遵守和违反相应的规则会有什么结果，并且在儿童违反规则的时候，执行相应的结果。需要注意的是，规则教育在注意安全的情况下，可以多采用前文提及的自然后果法，要杜绝体罚，要关照儿童的情绪和情感。如此，儿童就能够明辨是非、活泼有序，形成良好的习惯与性格，能够依据清晰的规则指导自己的行为、评价自己和他人的行为。

其次，认可儿童出现的积极行为，有助于及时强化其积极行为，维护其自信心。《幼儿园教师专业标准（试行）》强调教师要“关注幼儿日常表现，及时发现和赏识每个幼儿的点滴进步，注重激发和保护幼儿的积极性、自信心”“有效运用观察、谈话、家园联系、作品分析等多种方法，客观地、全面地了解和评价幼儿”“有效运用评价结果，指导下一步教育活动的开展”①。儿童最初自我评价的特点就是依赖、依从他人尤其是成人的评价。幼儿的自我评价水平较低，具有很强的他律性，他们往往是以别人的评价为依据来评价自己，年龄越小的幼儿受成人评价的影响越大。即使到了大班，幼儿自我评价的独立性还是有待加强的，所以成人的评价是他们认识自己的重要依据。因此，成人要给予幼儿积极的正面评价，使他们充满自信。

最后，鼓励儿童尝试力所能及的积极行为，这有助于儿童获得成功的体验，从而获得独立性和自我控制能力。在儿童遵守法律公德、科学作息和安全卫生三大范畴规则的情况下，要确保儿童有充足的自由和自主，鼓励他们做力所能及的事情。其实，当儿童自我意识萌芽的时候，他们就开始强烈地要求自己做事，他们对周围世界总是喜欢用自己独特的方式去认识、探索，偶有所得，便会欢呼雀跃。一段时间里，他们甚至会拒绝成人给予的一些帮助，任何事情都愿意自己尝试，借以表现自己的创造才能，显示他们的独立性。例如，自己拿勺吃饭，自己穿脱衣服，自己刷牙、如厕、洗澡、洗手绢，自己搭积木等。虽然他们刚开始可能做得不够好，却乐此不疲。此时，成人应当鼓励和支持这种独立意愿，保护其主动性和积极性，这是培养儿童自信心的重要基础。儿童自己学着穿衣服，自己系纽扣、系鞋带、铺床、叠被、搬椅子、收拾玩具、帮助老师和家长做事时，成人要及时鼓励、适当表扬。儿童学会做这些事情，其内心本身就会感到无比自豪，逐渐就会相信自己的能力，进而慢慢形成主动感。成人的积极回应，还有助于他们获得积极的自我体验，从而获得了后续前进的动力。若成人低估儿童，包办代替、干涉太多或压制太多，就会导致儿童产生精神负担，过于压抑，久之，就会使儿童成为习惯依赖他人、坐享其成、墨守成规、缺乏独立自主和创新精神的人。所以教师和家长要以最大的信任、必要的指导和最低限度的帮助，有的放矢地促进孩子自信心的发展。要知道，当儿童出现越来越多的积极行为，他们必然获得成人和同伴更多积极的回应，也就有助于形成良好的自我认知、自我评价、自我体验和自我控制。

（三）提供良好的榜样示范，避免简单的横向比较

良好的榜样示范，有助于儿童形成良好的自我控制。学前儿童爱模仿，成人的一言一行、处事方式、情绪、情感等，对儿童都具有潜移默化的影响。因此教师和家长应明白“身教重于言教”的道理，以身作则，给儿童树立良好的榜样。儿童还喜欢模仿影视作品，所以成人还要注意为其选择优秀的影视作品，避免暴力影视的消极影响。此外，还可以

① 幼儿园教师专业标准（试行）. 2012-10-15.

适当以同伴作为榜样。比如，教师可以说："丫丫把玩具放回玩具箱了，真棒！"其他幼儿会以此为榜样，将玩具收放整齐。

值得注意的是，在以同伴作为榜样时，要注意尊重和接纳儿童的个体差异，不要进行简单的横向比较，以免影响儿童的自我认知、自我评价、自我体验和自我控制。即适当地以行为和态度作为榜样教育的内容，而不进行天分和相貌的简单比较，更要杜绝攀比。比如，可以说："点点和妙妙把教室打扫得很干净，桌椅也放得很整齐，大家要多向他们学习！"而不能够说："如果大家都像丁丁这么聪明就好了！"因为行为和态度是可以效仿和学习的，天分和相貌是不可以效仿和学习的。以儿童难以改变的生理特征、天分等进行横向比较，可能会让极少部分在比较中占优势的儿童产生骄傲自大的心理，而威胁到大多数占劣势儿童的心理安全，使其产生自卑或者嫉妒心理。在平时的教育中，要少用个人间的比赛，少说"我看谁第一个坐到位置上"等引发攀比和不必要压力的话语。若组织比赛，尽量采用小组比赛的方式，因为小组比赛有助于培养儿童的合作意识和团队精神，提升其正确进行自我评价的能力。

（四）教予自主管理的策略，提高自我控制的能力

在不少情况下，儿童理解规则的必要性，理解自己行为的后果，但是最终还是未能遵守规则，通常是因为缺乏行为调控的策略。若适当地教予学前儿童一些符合其身心发展特点的自主管理策略，将有助于提高其自我控制的能力。

首先，教给儿童情绪调节的策略，成为自己情绪的主人。学前儿童的行为容易受制于情绪，因此教给他们情绪调节的策略，特别是克服不良情绪的策略，将有助于降低不良情绪对其行为的影响。

其次，教给儿童抗拒诱惑的策略，提高其延迟满足的能力。在意志一章中提及的引导案例 2-24，那些能够等到第二颗糖的孩子，在面对棉花糖的诱惑时，都有一定的转移注意的策略，如唱歌、跺脚、趴在桌子上不看着棉花糖，等等。可以将这些转移注意的策略教给那些难以等待的儿童。同时，还可以教给儿童自我积极暗示的策略，将目标具体化。比如，在类似棉花糖的情境中，可以不断告诉自己："我只要再等一下，就可以得两颗糖了。"让儿童以积极的自我暗示，将克服困难的好处具体化，有助于其克服面临的困难。

最后，启发儿童创设合适的环境，避免分心。比如，可以和儿童讨论：什么样的环境有助于阅读绘本时更专注？然后启发他们自己动手创设这样的环境。同理，也可以如此创设需要专注的区域活动环境。让儿童理解并参与这些环境的创设，有助于他们之后在这些活动中更为专注，同时也有助于形成不打扰他人的好习惯。

拓展阅读 4-5

自我意识产生的神经基础

中科院昆明动物所 2011 年宣布，发现了灵长类大脑前额叶背侧部涉及与"自我"相关的信息处理，这可能是人类自我意识产生的神经基础①。

【本章小结】

1. 个性概念、特征及心理结构

个性，是指将一个人与他人区别开来的那些特征之总称，即人格的差异性或独特性。个性具有整体性、稳定性、独特性和社会性的特征。

个性的心理结构包括个性心理特征、个性倾向性和自我。个性心理特征，是个性中稳定的类型差异，是个体经常、稳定地表现出来的心理特点，包括能力、气质与性格。其中，能力是指使人能成功地完成某种活动所需的个性心理特征。气质是个人生来就具有的心理活动的动力特征。性格是指个人对现实的稳定的态度和习惯化了的行为方式，它是与社会道德评价相联系的个性特征。个性倾向性是推动人进行活动的动力系统，是个性结构中最活跃的因素，包括需要、动机、价值观等。自我即自我意识，是个体对作为一个整体的自己的意识和体验相对稳定的观念系统。

2. 学前儿童心理特征的发展

(1) 学前儿童能力的发展趋势

学前儿童能力的发展，体现出以下趋势：多种能力相继凸显并逐渐发展，运动与操作能力逐渐发展，言语能力快速发展，模仿能力迅速增强，认知能力显著提高，特殊才能初现端倪。

学前期是儿童智力发展的关键时期。儿童智力结构也随着年龄的增长而优化，其趋势体现为复杂化、复合化和抽象化，不同智力因素有各自迅速发展的年龄段。

(2) 加德纳的多元智力理论及其对学前教育的启示

加德纳认为智力是人在特定情景中解决问题并有所创造的能力，并且强调在人类的能力中，至少应该包括七种智力：语文智力，即学习与使用语言文字的能力；数理智力，即数学运算及逻辑思维推理的能力；空间智力，即凭知觉辨识距离判断方向的能力；音乐智力，即对音律节奏之欣赏及表达的能力；体能智力，即支配肢体以完成精密作业的能力；社交智力，即与人交往且能和睦相处的能力；自知智力，即认识自己并选择自己生活方向的能力。

加德纳多元智力理论与学前教育五大领域的培养目标比较吻合。不仅如此，这一理论对学前教育还有以下启示：一是尊重儿童能力的个体差异；二是充分认识每位儿童的优势能力和非优势能力，不要限定幼儿发展的可能性，适当地扬其所长、补其所短，促进儿童的全面发展。

---

① http://news.163.com/11/0525/03/74SAQVFV00014AED.html，2014-05-21.

(3) 学前儿童能力的测量

能力的测量必须具备以下基本条件：一是要有信度，即确保测量所得分数的可靠性或稳定性；二是要有效度，即确保测量所得分数的有效性；三是要有常模，即在编制测验时所建立的、解释原始分数的参照标准；四是要有施测的规范程序及记分方法。

对学前儿童的智力测验，要持审慎的态度。首先，对学前儿童进行智力测验，必须要得到监护人即家长的知情同意。其次，必须有测验的必要，避免不必要的测验。再次，要具备心理测量的所有条件，规范施测。最后，以发展的眼光对待测验的结果。即测验的目的是为了提供适应性的支持、促进发展，而不是遴选、筛选儿童。

(4) 学前儿童气质的发展

气质类型是指表现在人身上的一类共同的或相似的心理活动特性的典型结合。有关气质类型的学说，主要有希波克拉底的气质体液学说、巴普洛夫的高级神经活动类型说和托马斯—切斯的气质类型学说。

学前气质是与生俱来的，具有较强的稳定性。但是随着儿童年龄的增长和环境的变化，气质也逐渐体现出一定的适应性。

(5) 学前儿童性格的发展

性格具有两个基本特征：一是对现实稳定的态度；二是惯常的行为方式。

性格的静态结构，是指人与人之间在不同心理成分中体现出来的个别差异，包括性格的认知、情绪、情感、态度、意志和注意等方面的特征。

幼儿性格的年龄特点：活泼好动，好奇好问，爱模仿，易冲动。

(6) 学前儿童心理特征的影响因素与培养

心理特征的影响因素：遗传和生理成熟是儿童心理特征形成与发展的生理基础；环境和教育为儿童心理特征的发展提供了必要条件；儿童心理的内部矛盾是其心理特征发展的动力。

对学前儿童良好心理特征的培养包括：深入了解儿童，因材施教；鼓励参与实践，因势利导；创设良好环境，家园共育。

3. 学前儿童个性倾向性的发展

(1) 学前儿童需要的发展

需要是机体内部的某种缺乏或不平衡状态。

参照马斯洛的需要层次理论，学前儿童需要的结构包括：生理需要，主要体现为对饮食、睡眠、休息等的需要；安全的需要；交往与爱的需要；活动与求知探索的需要；自尊和受人尊重的需要；欣赏美和表现美的需要。

学前儿童需要的发展特点：总的来说，学前儿童的需要，体现出以生理性需要为主，社会性需要逐渐发展的态势。

学前儿童需要的引导：深入了解儿童的需要，科学满足合理的需要；纠正不合理的需要，避免形成不良的性格；引发新的积极需要，促进良好性格的发展。

(2) 学前儿童动机的发展

动机是激发和维持有机体的行为，并使该行为朝向一定目标的心理倾向或内部驱力。

学前儿童动机发展的特点：从外部动机占优势到内部动机逐渐发展；从直接近景性动机占优势到间接远景性动机逐渐发展；从动机互不相干到形成动机之间的主从关系。

学前儿童良好动机的培养包括：重视儿童的外部动机，更要激发和强化其内部动机；珍视儿童的直接近景性动机，培养间接远景性动机；以自然后果法启发儿童处理动机的冲突，学会取舍。

4. 学前儿童自我意识的发展

(1) 自我意识发展的总趋势

在学步儿期，儿童日渐关注到自己的想法，逐渐有自己的主见，并且越来越多地表达自己的意见，表现出“爱做事”和“闹独立”的特点，也开始比较稳定地使用“我”来指代自己。

我国学前儿童自我意识的发展体现出以下总的特点：其一，自我意识的各因素(自我评价、自我体验、自我控制)都是随年龄的发展而发展的；其二，各因素的发生时间比较接近，基本上是不同步的，其中，自我评价开始发生于3～4岁，自我体验开始发生于4岁左右；其三，各因素的发展，在3至3岁半、4至4岁半、5至5岁半、6至6岁半这四个年龄组间多体现出显著差异。

(2) 学前儿童良好自我意识的培养

提供充足的交往机会，营造温馨的交往氛围；进行科学的规则教育，认可和鼓励积极行为；提供良好的榜样示范，避免简单的横向比较；教予自主管理的策略，提高自我控制的能力。

本 章 检 测

一、思考题

1. 什么是个性？个性具有哪些基本特征与心理结构？
2. 学前儿童能力的发展具有哪些趋势？
3. 加德纳多元智力理论的核心观点是什么？对学前教育有何启示？
4. 能力的测量必须具备哪些条件？应如何看待幼儿的智力测验？
5. 有关学前儿童气质类型的学说有哪些，有哪些核心观点？
6. 学前儿童的能力、气质与性格等心理特征有哪些影响因素，应如何培养其良好的心理特征?

7. 学前儿童自我意识的发展具有哪些总的特点?应如何培养学前儿童的自我意识?

二、实践应用题

1. 集体教学活动的观察研究:小组合作,分别观摩一节小、中、大班的集体教学活动;比较不同年龄段幼儿的动机,分析幼儿动机的发展具有哪些特点;分析教师在教学活动中用了哪些策略激发和维持幼儿的学习动机,讨论这些策略的效果。

2. 儿童需要的访谈研究:小组合作,分别就"学前儿童有哪些基本需要?应如何解读和引导学前儿童的需要"这些问题访谈幼儿教师和家长;比较幼儿教师与家长的观点,以及这点观点与教材知识的异同;思考并讨论为何出现这些异同。

第二章

学前儿童社会性的发展

学习目标

1. 了解亲子交往的作用机制，以及同伴交往的类型、发展趋势
2. 理解亲子交往、同伴交往、社会性行为、亲社会行为的概念
3. 分别掌握亲子交往、同伴交往和社会性行为的影响因素
4. 能够应用提升亲子交往、同伴交往和社会性行为的措施

第一节　学前儿童的亲子交往

引导案例 4-5

依恋布母猴

威斯康星大学动物心理学家哈洛曾做了著名的布母猴实验。他分别用铁丝和毛巾做成猴子的代母。其中，铁丝母猴有供奶装置，布母猴没有奶水。哈洛把一群出生以后与母亲分离的猴宝宝，跟两个代母关在笼子里。很快，令人惊讶的事情发生了，在几天之内，猴宝宝把对猴妈妈的依恋转向了布母猴。猴宝宝只在饥饿的时候，才到铁丝母猴妈妈那里喝几口奶水，然后又跑回来紧紧抱住布母猴。这是一个意义极其重大的发现。

思考：为何猴宝宝依恋布母猴而不是铁丝母猴?

图 4-2　小猴依恋布母猴①

① http://baike.haosou.com/doc/6421936.html，2015-12-30.

在新生儿的有关章节中提到，人是兼具自然属性和社会属性的高等动物。社会属性即社会性，是人作为社会成员的个体，为适应社会生活而逐渐内化和表现出来的心理和行为特征的总和。人在刚出生的时候，仅仅体现出自然属性。之后，在先天遗传的基础上，在环境和教育的影响下，才逐渐获得和体现出社会属性。这个过程称为儿童的社会化，或者儿童的社会性发展。良好的社会性发展，不仅有助于学前儿童的身心健康，而且对其性格形成、多种认知能力的发展，以及适应当下和未来的生活都具有深远的影响。

《3—6岁儿童学习与发展指南》指出："幼儿的社会性主要是在日常生活和游戏中通过观察和模仿潜移默化地发展起来的""幼儿在与成人和同伴交往的过程中，不仅学习如何与人友好相处，也在学习如何看待自己、对待他人，不断发展适应社会生活的能力"[①]。可见，早期的人际交往和社会适应是学前儿童社会化的主要内容，也是其社会性发展的基本途径。

一、亲子交往及其早期发展

（一）亲子交往的概念

亲子交往(parent-child interaction)，是指父母与其亲生子女、收养子女或过继子女之间的双向信息沟通和情感互动的过程。由此可知，亲子交往是指血缘或者法律上的亲代与子代之间的交往，此外，其他教养人与儿童之间的交往并非亲子交往。比如，祖父母或外祖父母与儿童的交往，就不属于亲子交往。

（二）亲子交往的早期发展

1. 依恋的发生

依恋(attachment)有两层含义。其一，是指个体之间强烈、持久的情感联系，包括好友或者恋人之间的依恋。其二，在发展心理学中，依恋特指婴幼儿对其主要抚养者特别亲近而不愿意离去的情感，是存在于婴幼儿与其主要抚养者（主要是母亲）之间的一种强烈持久的情感联系。本书取第二个含义，即特指这种亲子之间的依恋。依恋具有如下特点：

一是对象具有选择性，通常是父母和陪伴较多的其他家庭成员。一项对60名苏格兰婴儿的研究发现，出生后的一年之内，93%的婴儿和母亲发展出了特定的依恋，只有7%的婴儿对母亲之外的人产生了依恋[②]。不过，随着年龄的增长，虽然母亲是首选的依恋对象，但是儿童同样对其他家庭成员产生依恋关系。18个月大时，只依恋母亲一个人的学步儿仅占5%，其他学步儿在依恋母亲的同时还对父亲(75%)、祖父母(45%)和哥哥姐姐(24%)产生依恋[③]。为何依恋的首选对象是母亲呢？因为正常情况下，母亲是婴儿

---

① 3—6岁儿童学习与发展指南. 2012-10-09.

② 罗斯·D. 帕克，阿莉森·克拉克-斯图尔特. 社会性发展. 俞国良，等，译. 北京：中国人民大学出版社，2014：88.

③ 罗斯·D. 帕克，阿莉森·克拉克-斯图尔特. 社会性发展. 俞国良，等，译. 北京：中国人民大学出版社，2014：88.

出生第一年内照料时间最多的人。

二是寻求亲近，婴幼儿最喜欢跟依恋对象在一起，喜欢亲近和依赖依恋对象。当婴儿感到不安时，依恋对象能够比其他任何人都更有效地安抚婴儿，能够给婴儿安全感。在依恋对象的身边，婴儿愿意与人交往和探索周边环境。

三是分离焦虑，离开依恋对象，会使婴幼儿感到焦虑，如哭闹、不安。

四是依恋具有稳定性，依恋一旦建立，在短期内不会中断。

五是依恋具有某种和谐性，即依恋的亲子双方应比较默契、融洽。

依恋是最初亲子交往的重要体现，优质的依恋对学前儿童的生存与发展具有重要而深远的意义。首先，它不仅是维持学前儿童生存的必要条件，也是将其从自然人变成社会人的必备条件。其次，它给学前儿童提供了大量的学习机会，帮助他们习得言语、认识周边的世界。再次，它对学前儿童良好个性的形成具有举足轻重的影响。最后，早期依恋的质量，与同伴关系、成年后人际关系的品质具有高度相关性。

2. 依恋的发展过程

依恋产生的标志是婴儿表现出认生现象，以及对主要教养人的努力接近或接触的行为。依恋的发展会经历哪些阶段，不同的研究者对其结论略有差异。精神病学家约翰·鲍尔比(John Bowlby)研究认为，依恋的发展大致经历了如下四个阶段①。

前依恋期(0～1 两个月)，这是对人无差别的社会反应阶段。此期婴儿以哭声引起他人的注意，满足自己的生理需要。安静觉醒的时间，他们以无条件反射、微笑、发声等十分相同的反应探索周边的世界。他们对所有人的反应都是一样的，没有差别。此期的微笑更多的是生理性的微笑，尚不具备社会含义，此阶段的发音，更多是一种本能行为。

依恋建立期(1、2 个月～6、7 个月)，这是有差别的社会反应阶段。此期的婴儿能够对周围的人进行区分，对待陌生人和对待熟人、亲近的人开始表现出不同。对待熟悉的人有特殊反应，表示友好，而对亲近的人则特别喜欢接近。他们在亲近的人面前表现出更多的微笑、依偎、接近、咿呀学语，而在其他熟悉的人如家庭成员面前这些反应相对就要少一些，对陌生人反应更少。为何婴儿对待亲人和对待陌生人会有区别呢？仅仅是因为亲人能够给予婴儿生理需要的满足吗？在引导案例 4-5 中，猴宝宝依恋没有供奶装置却能够提供温暖怀抱的布母猴，说明心理需要的满足才是依恋形成的主要因素。因此，为了帮助儿童形成优质依恋，应该给他们营造温馨舒适的心理氛围，多给他们温馨舒适的爱抚。

依恋明确期(7～24 个月)，这是特殊的情感联结阶段。此期的儿童体现出明显的认生和依恋行为，这标志着依恋明确产生了。认生，表现为害怕或者拒绝陌生人。在前依恋期，婴儿接受所有人的拥抱。在依恋建立期，婴儿的拥抱开始体现出选择性，他们更喜欢亲近的人拥抱。到了依恋明确期，绝大部分的儿童都拒绝陌生人的拥抱。依恋行为，

① 林崇德，杨治良，黄希庭. 心理学大辞典. 上海：上海教育出版社，2003：1531.

是指儿童对依恋对象具有明显的接近、亲近行为，显得很“黏人”。随着运动能力的发展，此期儿童能自主地接近依恋对象和探索环境。他们开始将依恋对象作为“安全基地”，逐渐探索周围的环境，有需要就返回到依恋对象身边，然后进行进一步的探索。在接近依恋对象时，此期儿童一般先伸手臂，作出欲抱的姿势。

目标调整的伙伴关系期(2、3岁以后)。此期儿童能理解依恋对象的需要，学会调整自己的行为，开始建立更负责的、双向的人际关系。儿童学会为达到特定目标而进行有意的行动，并能考虑他人的情感和目标。儿童与依恋对象在空间上的接近逐渐变得不那么要紧了。比如，此期依恋母亲的儿童，当其母亲去干别的事情，或者离开一段时间时，他们也能理解。他们可以自己玩，相信母亲一会儿就会回来的。入园以后，幼儿还可以把对父母的依恋行为逐渐转移到教师和同伴身上。此时，幼儿依恋行为的发展进入高级阶段——寻求老师和同龄人的注意和赞许的反应阶段。

3. 依恋的类型

早期的依恋并非千篇一律，依恋的质量有优劣之分。鲍尔比的学生玛丽·安斯沃斯(Mary Ainsworth)创设了陌生情境范式(具体研究流程详见表4-4)，对婴儿不同依恋类型进行了原创性的研究。

表4-4 安斯沃斯的“陌生情境测量程序”①

顺序	出现的人物	持续时间	行为简述
1	母亲、婴儿、观察者	30秒	观察者将母亲和婴儿引进实验室(散放着很多有趣的玩具)，随即离开
2	母亲、婴儿	3分钟	在婴儿探索环境时，母亲安静地坐着；如果有需要，在两分钟后诱使婴儿开始玩耍
3	母亲、婴儿、陌生人	3分钟	一个陌生女人进入房间。在第一分钟，陌生人保持安静。在第二分钟，陌生人开始与母亲谈话。在第三分钟，母亲悄然离开
4	婴儿、陌生人	3分钟或更少	第一个分离阶段。陌生人对婴儿的行为做出适当的响应。如果婴儿忧虑，陌生人试图安慰；如果婴儿消极冷淡，陌生人努力让婴儿对玩具感兴趣
5	母亲、婴儿	3分钟或更多	第一个重聚阶段。母亲返回，陌生人离开。母亲和婴儿打招呼或安慰，让婴儿重新开始游戏。随后，母亲离开并和婴儿说“再见”
6	婴儿	3分钟或更少	第二个分离阶段。婴儿独自留下活动
7	婴儿、陌生人	3分钟或更少	第二个分离阶段继续。陌生人返回，并对婴儿的行为做出适当的响应

① 罗斯·D.帕克，阿莉森·克拉克-斯图尔特.社会性发展.俞国良，译.北京：中国人民大学出版社，2014：90.

续表 4-4

顺序	出现的人物	持续时间	行 为 简 述
8	母亲、婴儿	3 分钟	第二个重聚阶段。母亲返回，和婴儿打招呼并抱起他。陌生人悄悄离开

注：持续时间中涉及的“更少”或“更多”是指，如果婴儿过度焦虑则缩短该情节，如果婴儿需要较长时间投入游戏则延长该情节。

安斯沃斯等人根据母婴在陌生情境范式中的互动情况，将依恋分成了安全型依恋、回避型不安全依恋、矛盾型不安全依恋三类，之后的研究者在此基础上又增加了混乱型不安全依恋（表 4-5）。

表 4-5 依恋的分类①

类别	1 岁婴儿	6 岁幼儿
安全型依恋	在和父母短暂分离后的重聚时，婴儿寻求身体接触、亲近、互动；通常试图维持身体接触。很容易被父母安抚并继续探索和玩耍	在重聚后，幼儿发起交谈并和父母进行愉快的交流，或对父母的提议表现出高度的响应。可能会使用寻找玩具等理由巧妙地接近父母或和他们发生身体接触。整个过程表现较为冷静
回避型不安全依恋	在重聚时儿童主动回避或忽视父母，扭头过去继续玩玩具。远离父母并无视他们的交流意图	在重聚时，幼儿尽可能减少和父母互动的机会。继续玩玩具或别的活动，只有在不得已的时候才和父母有眼神和语言的交流。可能使用拣玩具等理由巧妙地远离父母
矛盾型不安全依恋	尽管婴儿看起来希望靠近和接触，但家长很难有效地减轻分离带给孩子的痛苦。婴儿或明显或隐晦地表现出生气的迹象，寻求亲密的接触但随后又表现出抗拒	幼儿似乎通过动作、姿势和语调夸大对父母的亲密和依赖，可能会寻求亲密但是表现得并不舒服，例如，躺在父母的大腿上但四处扭动。隐晦地表现出敌意
混乱型不安全依恋	儿童表现出混乱（如趴在门上哭着要父母但是当门打开时他们会迅速避开②；靠近父母同时却低着头）或毫无头绪（如突然发呆并持续数秒）的行为	幼儿似乎已经适应父母的养育方式，试图通过让父母尴尬或感到羞耻来控制或引导他们的行为，或是对重聚表现出极度的热切和期望

依恋的质量反映了亲子交往的质量。安全型依恋是一种优质的依恋类型，它源自于良好、积极的亲子交往。据安斯沃斯的研究，美国有 60%～65%的婴儿表现出对母亲的安全型依恋，约 20%属于回避型不安全依恋，10%～15%属于矛盾型不安全依恋。

二、亲子交往对儿童的影响机制

以往，亲子交往被看成是父母抚养孩子并塑造其行为的过程。儿童社会化，被看成

① 罗斯·D. 帕克，阿莉森·克拉克-斯图尔特. 社会性发展. 俞国良，译. 北京：中国人民大学出版社，2014：91.
② 原文为“跑开”，但是考虑到大多数 1 岁婴儿动作发展的实际情况，特改为“避开”。

是父母以特定的方式，有意或无意地将社会文化的信念、价值和态度传递给孩子的单向过程。传递的具体方式和具体内容，则取决于父母的人格、态度、社会经济地位、宗教信仰、教育程度和性别等。

近年来，随着对儿童社会化研究的深入，研究者发现亲子交往以及儿童的社会化，都是比单向影响更为复杂的过程。家庭成员之间的关系是否和睦，以及孩子本身是否合作，也会影响父母的教养行为乃至其社会化的具体过程。例如，相对于乖巧合作的孩子，顽皮捣蛋的孩子让父母觉得更难以教育，也可能因此采用不同的教育方式。

不过，即便亲子交往和儿童社会化也受儿童自身因素的影响，父母作为心智健全的成年人，作为儿童生命早年的重要他人，他们对儿童身心发展的作用仍然是更为重要、更为有力的[①]。那么，亲子交往通过哪些心理机制对儿童产生影响呢？常见的心理机制主要有态度改变、观察与模仿、认同作用等。

(一) 态度改变

态度改变是指父母通过权力控制、撤回爱护、信息内化等种种方法改变儿童的态度，使儿童接受、内化行为规范的过程。

其中，权力控制是一种以惩罚相威胁，迫使儿童改变或者避免出现某种行为的方式。这种方式只有短期效果，并不能导致长期的、可靠的态度改变，因为它不利于儿童内化规则，还可能会伤及儿童的自尊心和自我控制能力。经典实验“不准动的玩具”[②]就是一个极佳的例证：实验室里放有一个幼儿非常喜欢的玩具。A组幼儿被告知不要去玩它，否则会受到轻微的惩罚；B组幼儿也被告知不要去玩它，否则会遭受严厉的惩罚。随后，两组幼儿都没有去碰那个玩具——可以认为出现了短期效果。但是，当这些幼儿以后又重新来到这间实验室时，受过严厉惩罚威胁的B组幼儿更多地去玩那个玩具，而受过较轻惩罚威胁的A组幼儿则不太喜欢并拒绝去玩那件玩具。因此，长期来看，过分的权力控制往往会适得其反。

撤回爱护是一种更隐蔽、更间接地强迫儿童服从的方法。如“你那样我不喜欢”，或间接的冷淡、失望、不感兴趣，如不理睬儿童。通俗来说，撤回爱护折射的就是一种有条件的爱。人本主义心理学家罗杰斯认为，儿童对积极关注(即温暖、真诚、接纳和同理心)的需要，就像植物生长过程中对水、阳光和养分的需要，是不可或缺的[③]。这些需要是如此强烈，以至于儿童为了得到这些需要的满足而可以牺牲其他事情[④]。大部分儿童为了得到成人的爱，就会压抑自己的真实感受，体现出服从，但是这并不利于儿童内化规则，还可能会埋下心理疾病的隐患。前文提及，对儿童应该是导以规则、教有智慧、爱无条件。

---

① 周宗奎.亲子交往作用机制的心理学分析.西南师范大学学报(哲社版)，1997(2)：46-50.

② 转引自周宗奎.亲子交往作用机制的心理学分析.西南师范大学学报(哲社版)，1997(2)：46-50.

③ 戴维·迈尔斯.心理学.黄希庭，译.北京：人民邮电出版社，2013：521-523.

④ 黄希庭.人格心理学.杭州：浙江教育出版社，2002：371.

信息内化又叫引导，是指父母以儿童能够理解并且乐于接受的方式，将规则传递给儿童的影响机制。循循善诱、谆谆教诲，“晓之以理，动之以情”等所描述的，便是成功的信息内化。信息内化并非特指某一种具体的教育方法，而是泛指父母不拘一格的耐心引导行为。比如，对于儿童故意发出的一些不恰当行为，一些父母会适当地采用前文提及的自然后果法，以帮助儿童理解规则和之后自觉遵守规则。诸如没有病理原因却不肯好好吃饭、因为不高兴而故意踢翻垃圾桶、拿到冰淇淋以后抛着玩等，自然后果法往往比批评和劝告更有效。又比如，想让吃饭总是漏饭的学前儿童理解粮食来之不易、应倍加珍惜的道理，以《悯农》等古诗感化，就远远不及让其亲自参与力所能及的播种和收割等劳动效果好。由此可见，信息内化对父母的素质有一定要求，它要求父母对孩子持有仁爱之心，并多动脑筋，不断地积累教育智慧，从而能够因地制宜、因时制宜、不拘一格地对孩子进行因材施教。虽然这看起来似乎比较费事，但是从长远来看，信息内化是一种能够有力促进儿童身心健康发展、提升亲子交往质量的影响机制。

（二）观察模仿

从有关班杜拉的理论中，我们知道儿童是可以通过观察模仿进行学习的。家庭是儿童出生以后的第一环境，父母是儿童的第一任教师。因此在亲子交往中，父母的言行举止，会自然地成为儿童观察的内容。爱模仿又是学前儿童的年龄特征之一，故而无论父母是有意还是无意的言行，都会对儿童产生直接或者潜移默化的影响。父母需深知以身作则的重要性，在待人接物、情绪、情感等各方面，为儿童树立良好的榜样。

（三）认同作用

认同（identification，又译自居），是指人们通过潜意识地模仿成功的因素、机构或个体来提升自己在他人眼中的价值。认同是弗洛伊德理论的术语，属于自我防御机制之一，通常是在个体潜意识的水平上运行的。自我防御机制只要不成为个体用以逃避现实的惯有生活方式，它就具有一定的适应价值①。可以帮助个体应对现实、超我和本我三大因素带来的焦虑，避免自我被焦虑压垮。

就学前期而言，认同是儿童心理发展过程中的一部分，儿童可以通过认同来习得性别角色。弗洛伊德以所谓的“俄狄浦斯情结”来解释孩子对同性父母的认同。在前文有关弗洛伊德人格发展的性心理理论中提到，在儿童发展的过程中，有一个性器期（3～6岁）。在此期间，男孩体现出所谓的恋母情结，女孩体现出所谓的恋父情结。“俄狄浦斯情结”会让他们担心受到同性父母的报复。为了减轻这种焦虑，他们会压抑对异性父母的过分爱恋，转而对同性父母行为的特征进行认同，即潜意识中分别模仿同性父母的行为。这种认同，促进了儿童性别角色的社会化。需要注意的是，在此阶段，若父母双方都高质量地抚养和陪伴孩子，有利于认同的顺利进行。

---

① 科里.心理咨询与治疗的理论及实践(第八版).谭晨，译.北京：中国轻工业出版社，2010：47.

亲子交往对儿童的三种影响机制是存在区别与联系的。首先,观察模仿和认同作用,虽然都涉及模仿行为,但是二者有较大的区别。一方面,观察模仿的对象是父母二人,认同的对象是同性父母。观察模仿多是儿童在意识层面上进行的,认同作用则通常发生在无意识的层面。其次,三种影响机制都离不开父母的作用,但是在态度改变中,父母对儿童的要求以及对其产生的可能影响,往往是清晰的,但是在观察模仿和认同作用中,父母往往并不清楚自己给儿童产生的可能影响。正因为有这种区别,所以需要父母科学教养、言行一致。若父母教养不科学,或者即便在态度改变中的教养行为是科学合理的,但是言行不一致,说一套做一套,那么教育效果往往就会大打折扣。比如,一些父母对儿童寄予很高的期望,然后要求非常严格,时刻监督儿童是否达到了相应的要求,但是自己却没有上进心、自暴自弃、怨天尤人,就难以培养儿童的积极行为和良好性格。又比如,一些父母不给儿童吃垃圾食品,自己却经常嗜好垃圾食品;要求儿童按时入睡,自己却经常熬通宵。那么即便这些儿童在父母管教之下,不得以遵守相应的规则,这些规则也难以内化。当这些儿童长大以后脱离父母的视线,他们可能就大量吃垃圾食品、经常熬夜。

三、父母教养方式对儿童发展的影响

父母教养方式(parenting style),是指父母对子女的教育态度和教育方式①。父母的教养方式反映了亲子交往的实质,因而父母有哪些教养方式,不同教养方式对儿童具有哪些相应的影响,一直深受发展心理学研究者的关注。

结合情感和控制两个维度,鲍姆林德(Diana Baumrind)等研究者将教养方式分为权威型(authoritative parenting)、专制型(authoritarian parenting)、溺爱型(pemissive parenting)和忽视型(uninvolved parenting)四种类型。这些不同教养方式的具体特征及其对儿童发展产生的影响,可详见表 4-6。

表 4-6　教养方式的类型与儿童特征的关系②

教养类型	家长教育行为特征(控制、情感)	对儿童发展的影响
权威型	严格、高要求,温情、有响应: 对孩子的建设性行为表示欣赏和支持; 考虑孩子的期望和恳求,提供替代选择; 建立标准,清楚地向孩子传达,并坚决执行; 面对孩子的要挟坚持不让步; 对不良行为表现出不快,和不合作的孩子面对面讨论; 期望成熟、独立、与孩子年龄相符的行为; 计划文化相关活动并积极参与	活跃-友好型儿童: 快乐、自控自立; 对新环境充满兴趣和好奇; 非常活跃; 和同伴保持友好关系; 和成人合作; 从容应对压力

① 林崇德,杨治良,黄希庭.心理学大辞典.上海:上海教育出版社,2003:368.

② 罗斯·D.帕克,阿莉森·克拉克-斯图尔特.社会性发展.俞国良,译.北京:中国人民大学出版社,2014:164-167.

续表 4-6

教养类型	家长教育行为特征(控制、情感)	对儿童发展的影响
专断型	严格、高要求，拒绝、无响应： 不顾孩子的需要和选择； 严厉执行规则，但缺乏清晰的解释； 表现出愤怒和不快，当面质问孩子的不良行为，并使用严厉的惩罚措施； 认为孩子受到反社会冲动的控制	矛盾-易怒型儿童： 喜怒无常、不快乐、缺乏目标； 恐惧、不安、容易苦恼； 消极敌对、谎话连篇； 在攻击性行为和消极退缩行为之间摇摆； 面对压力时非常脆弱
溺爱型	纵容、无要求，温情、有响应： 崇尚冲动和欲望的自由表达； 没有明确传达或执行规则； 向孩子的要挟和抱怨妥协，隐藏自身的不耐烦和愤怒； 对孩子没有成熟、独立方面的要求	冲动-攻击型儿童： 攻击性强、专横、顽固、不合作； 易怒，但能很快恢复到快乐的心境； 缺乏自我控制和自立行为； 冲动性强； 缺乏目标及目标导向行为
忽视型	纵容、无要求；拒绝、无响应： 家长以自我为中心，追求自身满足，不惜以孩子的利益为代价； 尽可能减少在孩子身上的投入(时间、精力)； 不能对孩子的行为、活动地点和同伴进行监控； 可能会抑郁、焦虑或情感空虚	冲动-攻击-不合作-情绪波动型儿童： 情绪化、不安全依恋、冲动、攻击性强、不合作、缺乏责任心； 自尊较低、不成熟、与家人不合； 缺乏社会追求； 放纵、和问题同伴交往、可能会违法犯罪、性早熟

由表 4-6 可知，不同的教养方式对儿童发展的影响是不同的。若父母发现自己的孩子体现出不当的行为，还要多反思自己的教养方式是否合适，多改进自己的教养方式。相对而言，权威型教养方式是一种相对理想的教养方式，它在控制方面是严格、高要求的，在情感方面是温情、有响应的，在这一教养方式下成长的儿童是活跃-友好型的儿童。

四、亲子交往的影响因素

(一) 父母因素

父母的性别影响着亲子交往的时间、方式和对儿童发展的具体作用。总的来说，母亲比父亲更常用鼓励理解的方式与孩子交往，与孩子的关系更为和谐，也更注重自我教育①。在生命的早年，特别是 2 岁以前，母亲陪伴儿童的时间通常比父亲更多，所承担的直接照料任务比父亲多，其中母乳喂养更是父亲无可替代的。正因为母亲是婴儿最重要的刺激源、最丰富的影响源和最重要的情感源，所以她是儿童早期生存与发展的“第一重要他人”，是儿童早期认知、情感、社会性发展的重要促进者。父亲与儿童交往的时间，在儿童 2 岁以后，逐渐增多，他们在儿童认知(特别是数学能力)、情感、社

① 李彦章.父母教养方式影响因素的研究.健康心理学杂志，2001，9(2)：106-108.

会性等各方面的发展发挥独特的作用。首先，父亲与儿童交往的方式以动力性、探索性和刺激性的游戏为主，这有助于培养儿童健康的体魄和勇敢的精神。其次，与母亲相比，父亲更重视培养儿童的自我控制能力、成就动机及责任心。父亲对培养儿童规范内化、工作成就、家庭与社会责任感，具有深远的影响。此外，父亲对儿童性别角色的发展也具有深远的影响，他们往往成为儿子模仿的榜样，成为女儿以后与男子交往的参照。

父母的个性对亲子交往具有直接影响。其中，个性心理特征中的能力、气质与性格，个性倾向性中的需要、动机、兴趣、理想、信念、价值观和世界观等，自我中的自我认知、自我评价、自我体验和自我控制等，对亲子交往都具有直接影响。比如，抑郁的母亲与儿童交往的质量差，令人忧虑。具体表现为，抑郁的母亲比非抑郁的母亲积极的语调少，提问、解释和建议少；更多地忽视孩子的要求；在与孩子谈话和交往中，更有可能使用控制的手段；对孩子的暗示较少做出反应①。又如，脾气暴躁、认为“不打不成才”的人，通常会成为专断的父母，在亲子交往中会有较多的高控、专制甚至体罚行为。脾气温和、情绪稳定、对孩子充满期望，同时认为必要的规则对儿童具有引导和成长价值的父母，在亲子交往中往往体现出权威型的教养方式。而脾气温和、没有原则、容易妥协的父母，往往会溺爱孩子。自私的父母，则往往忽视孩子的存在和需要，体现出忽视型的教养方式。再比如，认为“世上还是好人多”的父母，往往在亲子交往中注重培养儿童的亲社会行为。

父母的生存状态间接影响亲子交往的状况。生存状态包括父母的婚姻状况、受教育水平、社会经济地位等。父母关系不好，经常争吵、挑剔、冲突较多，亲子交往质量往往较差。婚姻中持续的抱怨、指责、敌意会潜移默化地影响儿童与父母和他人的交往模式。若父母长期受累于恶劣的婚姻关系，就难以腾出时间和精力，也难以心平气和地与孩子进行高质量的交往。针对 285 名家长的研究表明，父母的婚姻冲突与权威教养方式呈显著负相关，与专制型教养方式呈显著正相关②。父母受教育水平和经济地位不同，其教养方式与教养观念也存在差异。其中，受教育水平较低、社会经济地位低的父母强调儿童要听话、顺从、尊重他人、少惹麻烦等，在亲子交往中体现出高控、专制的行为，甚至经常采用体罚。而受教育水平较高、社会经济地位较高的父母则重视培养孩子的积极情感、创造性、理想、独立性、好奇心和自我控制能力，在亲子交往中对孩子的敏感性和反应性较高，教养行为比较开明，能够通过角色转换理解儿童。此外，社会经济地位高的父母和儿童言语交流较多，喜欢给儿童讲道理，言语的结构也复杂，对孩子的情感投入也较多。

---

① 侯静，陈会昌，王争艳，等. 亲子互动研究及其进展. 心理科学进展，2002，10(2)：185-191.

② 王明珠，邹泓，李晓巍，等. 幼儿父母婚姻冲突与教养方式的关系：父母情绪调节策略的调节作用. 心理发展与教育，2015，31(3)：297-286.

（二）儿童自身的因素

儿童的生理特征，如性别、年龄、身体发育水平和健康状况是亲子交往的重要影响因素。父母在亲子交往中，因儿童性别的不同，教育行为也往往有所不同。例如，父母一般给男孩买器械类的玩具，给女孩买布偶类的玩具。儿童的年龄，也影响父母的具体教养行为。父母对新生儿几乎不提要求，对其哭闹比较宽容，并且予以无微不至的悉心照料。对于婴儿，父母开始有序地添加辅食，并且逐渐培养其良好的饮食、作息习惯，在其咿呀学语阶段，亲子的言语交流日渐增多。对于学步儿，父母通常会满足其大量的探索行为，同时开始经常性地强调安全规则、交往规则。对于幼儿，父母对规则、情绪调节等方面的要求会更多，要求幼儿讲道理。身体发育水平也自然地影响父母跟孩子相处的方式。比如，当儿童还只会爬的时候，父母不会要求他们行走，当儿童能够自如行走以后，父母就会减少孩子对成人的依赖，会要求他们自己走。当儿童走、跑、跳等大动作发展起来以后，父母就会较多地带孩子到公园和游乐场所去游玩，等等。健康状况也会影响亲子交往的方式。比如，对于健康的孩子，父母特别是父亲，会发起较多运动性、刺激性的亲子活动。而对于体质较弱甚至病痛较多的孩子，父母对其生活方面的护理就更多、更精细，运动性、刺激性的活动就比较少。

儿童的心理特点，如气质、性格、能力等的特点也影响父母与之交往的方式。比如，困难型的儿童往往引发母亲更多的强制控制策略，而且比容易护理型的儿童体现出较多抗拒母亲控制的意图[①]。具体而言，容易护理型婴儿的父母会因为孩子生活有规律、情绪愉悦，易于适应新环境、新食物、新要求，易于教养而感到高兴，与之交往态度和方式也就更积极，对其提供更多的关怀和抚爱。容易护理型婴儿也会因此觉得自己被父母关爱、重视，因而情绪和行为表现得更加积极。困难型婴儿经常哭闹，难以哄劝，对父母的抚养行为缺乏积极的响应，久之，他们的父母可能失去耐心，倾向于不满和抱怨，甚至责备和惩罚孩子，在交往中控制和拒绝行为增多。

（三）社会环境

亲子交往还受家庭以外的其他许多因素的影响。如邻里、社区的风气、舆论，民族的传统文化，风俗习惯和育儿习俗，以及托儿所、幼儿园的要求和教养方式等，均可能影响父母对子女的要求和对待子女的行为、态度。

综观亲子交往的影响因素可知，亲子交往虽然受多种因素的复杂影响，但是亲子双方是影响因素中的核心。因此要提升亲子交往的质量，构建良好的亲子关系，需要父母亲密切合作，勇敢地承担育儿责任，不断学习进步，科学育儿。同时，尽量给孩子提供温馨的家庭氛围，让孩子在充满父母关爱的安全环境中健康成长。若不得以离异，也要承担彼此的育儿责任，理性地合作育儿，理性地维护对方在孩子心目中的良好印象，不要割

---

① 侯静，陈会昌，王争艳，等. 亲子互动研究及其进展. 心理科学进展，2002，10(2)：185-191.

裂孩子心中完整的父母之爱。

拓展阅读 4-6

体罚的危害

体罚对儿童的身心健康危害极大：它容易导致儿童恶性伤害事件，每年都有儿童因体罚而伤残甚至死亡；体罚会恶化亲子关系和师生关系；体罚会导致儿童的攻击性行为激增；体罚使儿童变得恐惧，缺乏安全感，甚至人格扭曲，并导致成年以后的多种严重问题。

加拿大学者的全球最大规模调查发现：被体罚的儿童成年后吸毒和酗酒的可能性是正常儿童的两倍，而且患上焦虑症、反社会行为倾向和抑郁的几率大大增加；在偶尔被打的受访者当中，有 21％患上焦虑症、70％患上抑郁症、13％酗酒、17％嗜毒①。纽约哥伦比亚大学全国贫困儿童中心的心理学家伊丽莎白·盖尔绍夫经长期研究发现，体罚可能产生 10 种不良行为，如高攻击性、反社会和成年后对子女及配偶滥用暴力等。

我国法律和学前领域的国家文件，明文禁止教职员工体罚或者变相体罚儿童。成人是心智高度成熟的人，儿童是心智尚未健全的人。只要成人愿意多学习、多积累，一定能够找到科学合理的教育方法，理性地引领儿童健康成长。但是一些自以为是的成人，以居高临下的专制态度，凭借儿童无法与之抗衡的体力，野蛮地以体罚压制他们——这不仅危害儿童身心健康，而且也以“智取失败、屡屡动粗”的事实贬低了自己的智商和情商。当下所谓“狼爸”“鹰爸”“虎妈”等棍棒教育的回潮，是令人遗憾的文明倒退，这说明禁止家长体罚儿童的法律亟须出台。

第二节　学前儿童的同伴交往

引导案例 4-6

小孩跟小孩玩，纯粹是浪费时间

小洁 4 岁了，父母很重视对他的教育，要么在家里进行亲子阅读，要么带到户外进行亲子游戏或者观察大自然。小区里的一些年轻父母，不时发出邀请：“小洁好呀！过来跟大家一起玩吧！”小洁父母总以各种托辞婉拒这些邀请，内心里认为：小孩跟小孩玩，纯粹是浪费时间，有那工夫，还不自己教孩子呢。

思考：您赞成小洁父母的观点吗？为什么？

---

① http://www.66law.cn/laws/68828.aspx,2014-11-12.

一、同伴交往及其意义

(一) 同伴交往的概念

同伴交往(peer interaction),是指同龄或者心理发展水平相当的个体之间的一种共同活动与相互协作。由概念可知,同伴交往的性质与亲子交往和师幼交往不同。同伴交往是一种平等互惠的水平交往,而亲子交往和师幼交往是一种互补的垂直交往。

(二) 同伴交往的意义

亲子交往、师幼交往和同伴交往,因为性质不同,二者的功能也是彼此不可替代的。亲子交往和师幼交往能够为儿童提供安全和保护、教予知识和技能以及社会的行为规范,同伴交往则给儿童提供只有在地位平等的基础上才能获得的认知、规则、技能、经验等多方面的学习机会,以及特定的心理满足。具体而言,同伴交往具有如下几个方面的重要意义。

其一,有助于提升儿童的认知能力。学前儿童在知识经验、认知风格等方面存在较多的个体差异。同伴交往相当于给学前儿童提供了分享知识经验、相互观察模仿的重要机会。而且,因为年龄和心理水平相仿,所以同伴分享经验的方式也往往符合其他儿童的理解水平,能够有效地提升彼此的认知能力。

其二,有助于儿童获得积极的情绪和情感体验。同伴彼此的地位是平等的,他们在一起经常分享共同的活动或者兴趣,没有附带的功利性目的,儿童身处其中没有什么压力,常常体验到快乐和放松。这种愉悦的体验,逐渐让儿童在同伴群体中找到归宿感。而且,儿童逐渐从同伴交往中发展出友谊。友谊,是一种有别于亲子情感、师幼情感之外的另一种情感联系,它因地位平等和互利互惠的大量活动,经常让儿童获得丰富而积极的情感体验。

其三,有助于提升儿童的交往技能,内化规则,激发和巩固积极行为。在同伴交往中,儿童彼此的地位是平等的,这给儿童提供了很多产生纠纷和解决问题的机会,从而成为儿童社会化的重要渠道之一。在成人的适当参与和引导下,产生纠纷和协商、解决问题的过程,就锻炼了儿童的交往技能,逐渐减少其消极行为,增进积极行为。比如,在同伴交往中,若某儿童经常表现出抢、霸占玩具,不断地违反游戏规则等消极行为,就会受到同伴的集体声讨和拒绝,久之就没有人跟他玩。而若表现出分享、轮流、耐心等待、微笑、助人、谦让等积极行为,就会得到同伴群体的积极回应,甚至获得友谊。这个朴素的自然后果和成人不失时机的恰当引领,会让一些即便习惯在家里要赖的儿童也逐渐学会交往的技能,内化同伴交往中体现出来的朴素规则,学会合理的妥协。

其四,同伴交往有助于儿童自我意识等个性结构的形成和发展。一方面,同伴是儿童的一面镜子,他们可以通过和同伴的性格、能力进行比较,来更好地认识自己。例如,一些儿童在家里能够连续拍一会儿小皮球,得到家长的表扬很高兴。结果在同伴交往中,看到小朋友能够拍得比自己更多，就明白自己还有长进的余地，不足以骄傲自满。另一方面，在同伴交往中，儿童会在一定程度上克服一些消极的个性，而形成更受欢迎的个性。

由于同伴交往能够给儿童的心理发展发挥诸多功能，因此绝不像引导案例 4-6 中小洁父母所认为的“小孩跟小孩玩，纯粹是浪费时间”，而是儿童社会化过程中不可或缺的渠道之一。教师和家长应多创设机会，适时引领，以满足儿童同伴交往的需要，让儿童在同伴交往中受益。

二、同伴交往的发生与发展

（一）2 岁前同伴交往的发生与初步发展

在婴儿心理发展的有关内容中提到，婴儿有交往的需要并且能够主动地发出多种交往行为。因此，即便在出生的第一年，儿童就已经是人际交往和社会化过程的积极参与者，他们自己在早期人际交往和人际情感维护中也发挥了积极的重要作用。

2 岁前儿童同伴交往的发生与初步发展，大致经历了三个阶段。第一阶段是客体中心阶段，在 0～6 个月期间。此时婴儿虽然彼此之间能够相互触摸和对视，不过这些行为只是其探索周边世界的一个表现，尚未具有社交的性质。第二阶段是简单相互作用阶段，在 6～12 个月期间。此期婴儿开始通过喊叫、挥手、触摸等方式，尝试和其他婴儿互动，已经初步将同伴作为社交活动的对象。因此这一阶段也是同伴交往的发生期。第三阶段是互补的相互作用阶段，在 1～2 岁期间。此期儿童很乐意彼此模仿，特别是 1 岁半之后，儿童之间互惠互补式的交往行为日渐增多，也日趋复杂。比如，在抛接游戏中你抛我接；在追逐游戏中你跑我追；在躲藏游戏中，你藏我找；等等。表 4-7 呈现了学前儿童同伴交往随着年龄增长而变化的具体情况。

表 4-7　学前儿童同伴交往的发展趋势①

0～6 个月	触摸并看着另一婴儿，以哭声来回应其他婴儿的哭声
6～12 个月	尝试通过观察、触摸、喊叫或挥手来影响另一婴儿； 通常以友好的方式与另一婴儿互动，只是偶尔出现拍打或推搡行为
1～2 岁	开始采用互补的行为，比如轮流玩、呼唤角色等； 这一阶段出现了更多社交活动； 开始进行想象游戏
2～3 岁	在游戏以及其他社交互动中，开始交流意图，例如，邀请另一儿童一起玩，或者提出到时间互换角色； 开始更喜爱和同伴一起玩，而不是成人的陪伴； 开始进行复杂的合作活动或戏剧的表演； 开始喜欢同性别的玩伴

① 罗斯·D.帕克，阿莉森·克拉克-斯图尔特.社会性发展.俞国良，译.北京：中国人民大学出版社，2014：191.

续表 4-7

4～5岁	与同伴的分享行为更多； 期望将游戏中获得的兴奋和享受最大化； 游戏时间更加持久； 更乐于接受除主角外的其他角色
6～7岁	到达想象游戏的顶峰； 更喜欢和同性玩伴一起玩，这种倾向非常稳定； 友谊的主要目标是进行合作和一起游戏

（二）2岁以后的同伴交往

总的来说，2岁以后的儿童，体现出日趋喜欢并且需要和同伴交往的特点。这是因为，随着运动能力和言语能力的发展，2岁以后儿童的活动范围逐渐扩大、社交活动日益增多。虽然家庭依然是儿童第一社会活动的重要场所，但是同伴交往对儿童的吸引力越来越强。因为同伴交往的不少功能是亲子交往难以替代的。儿童与同伴交往中所玩的游戏，与亲子游戏也有较大的不同。亲子游戏往往是成人主导的，儿童处于响应或者被支配的地位。而儿童在与同伴一起玩的游戏中，儿童的地位是平等的，是互利互惠的。游戏中的争执与协商、示范与模仿、分工与合作、问题与探究、请求与支持、分享与倾听，往往伴随着整个进程，带给儿童丰富的体验和直接经验，让他们心里感到充实和满足。当然，这个过程也练习并且提高了他们的交往技能。

具体而言，学前儿童的同伴交往具有以下发展特点：3岁幼儿已经对同伴产生明显的兴趣，愿意与之亲近，但还不能很融洽地游戏；到了4岁，幼儿很高兴和更多的小朋友一起游戏，也能在情绪好时和大家一起友好相处，但仍然常常吵嘴打架，有时甚至吵得很激烈；到了5岁，幼儿逐步能与朋友友好相处，懂得做些让步，接受对方的要求，能够和大家玩到一起；到了六七岁，幼儿同伴交往的具体方式也越来越丰富，语言已成为其交往的主要工具，同时动作仍占重要地位。其实，由表4-7可知，2岁以后，游戏成为儿童与同伴交往的主要形式。在幼儿心理发展的有关内容中曾提到，从社会性发展角度来看，游戏经历了儿童最初的无所事事→旁观者行为→个体游戏→平行游戏→联合游戏→合作游戏这六个发展水平。因为游戏是2岁以后儿童与同伴交往的主要形式，因此游戏发展的这个过程，也体现了2岁以后学前儿童同伴交往的过程。

三、同伴交往的类型

儿童因其认知基础、交往技能、个性等方面的差异，在同伴交往中受欢迎的程度往往有所不同。了解儿童是科学教育儿童的前提，只有了解儿童在同伴交往中的具体情况，才能够更有针对性提升其同伴交往的质量。那么，如何了解儿童在同伴交往中的具体情况呢？美国心理学家莫雷诺（Moreno）提出的社会测量法（sociometric technique）是研究儿童同伴地位最为常用的方法①。其中,同伴提名法(peer nomination)又是社会测量法中适合研究学前儿童同伴地位的简便方法之一。

同伴提名法通常包括以下步骤。第一步,逐一将儿童带到一个相对安静的角落,但是又要确保他的同伴听不到他说的话。如此,既可以减轻其记忆的负担,又减轻其提名的压力。第二步,分别进行正向和负向提名。比如,“你最喜欢班里哪些小朋友?你可以说三个,第一个是谁?”待其回答之后,再问“第二个是谁?”待其回答之后,再问“第三个是谁?”然后进行负向提名,“你最不愿意跟班里哪些小朋友玩?第一个是谁?”以此类推。第三步,将每个儿童获得的正向提名和负向提名的数量进行相加。第四步,根据统计的结果,大致将儿童归类为受欢迎儿童、被拒绝儿童、一般儿童、受忽视儿童、争议儿童五个类别。

其中,受欢迎儿童,是指那些获得正向提名最多和负向提名最少的儿童。被拒绝儿童,是指获得负向提名最多和几乎没有获得正向提名的儿童。一般儿童,是指获得一些两种提名,但是正向提名没有受欢迎儿童多,负向提名没有被拒绝儿童多的儿童。受忽视儿童,获得两种提名都非常少甚至几乎没有获得两种提名的儿童。争议儿童,是指同时获得很多正向提名和负向提名的儿童。也有些学者将争议儿童并入到一般儿童当中,仅分为四种类型。

四、影响同伴交往的因素

(一) 儿童自身的特点

1. 儿童的行为特点

儿童交往的主动性,以及在交往中所体现出来的行为性质,在很大程度上影响了其在同伴交往中所处的地位。总的来说,受欢迎儿童交往主动、积极友好的行为多;被拒绝儿童交往主动,但是消极不友好的行为多;被忽视儿童交往不主动、两种行为都少;争议儿童行为具有情境性、不太稳定;一般儿童在交往的主动性和交往行为性质方面居中。具体而言,受欢迎儿童往往喜欢与人交往,在交往中积极主动,并且常常表现出友好的交往行为,因而受到大多数同伴的接纳和喜爱,在同伴中享有较高的地位,具有较强的影响力。被拒绝儿童交往的主动性虽然也很高,但是他们常常采取不友好的交往方式,如强行加入其他小朋友的活动中、抢夺玩具、大声叫喊等。因为攻击性行为、破坏性行为较多,这类儿童与同伴之间关系比较紧张,常常被多数同伴排斥,在同伴中地位较低。一般儿童交往的主动性比受忽视儿童的高,但是又没有受欢迎和被拒绝这两类儿童的高。他们会经常跟自己的朋友玩,但是朋友数量少,交往圈偏小,没有像受欢迎儿童那样获得普遍的关注和喜欢。受忽视儿童不喜欢交往,常常独处,在交往中表现得退缩或畏缩。他

① 罗斯·D.帕克,阿莉森·克拉克-斯图尔特.社会性发展.俞国良,译.北京:中国人民大学出版社,2014:196.

们既很少对同伴做出友好的行为，也很少表现出不友好的行为，因此既没有多少同伴主动与其交往，也没有多少同伴主动排斥他们。他们既不招同伴讨厌，也没有人惦记着他们，似乎被同伴"忘记"了，缺乏朋友。争议儿童，往往一方面能力较强，性格较活跃，不少时候表现出一些积极行为；另一方面调皮捣蛋，行为具有一定的破坏性。

2. 儿童的个性特点

儿童的个性特点也会影响同伴交往的质量，具有良好个性的儿童往往具有更高的同伴地位。比如，庞丽娟研究发现，受欢迎幼儿性格较外向，不易冲动和发脾气，活泼、爱说话、胆子较大；被拒绝幼儿性格很外向、性子急、脾气大、易冲动、非常活泼好动、爱说话、胆子大；被忽视幼儿则性格很内向、好静慢性、脾气小、不易兴奋与冲动、不爱说话、胆子较小；一般幼儿在各方面基本处于中稍偏下状态①。刘文等人的研究，也得到了相似的结果。受欢迎儿童情绪稳定、专注水平高、活动性水平居中，同时能够及时感知他人的情绪，反应性水平最高；被拒绝儿童情绪不稳定、易冲动、专注性水平最低、活动性水平最高、对他人的反应性水平却很低；受忽视儿童和一般儿童居中②。综合这两项研究，不难发现，受欢迎儿童和被拒绝儿童性格都外向，不同之处在于前者情绪稳定、不乱发脾气、注意集中、虽然活泼但是不过于好动，较少冲动。

3. 儿童的社会认知能力和交往技能

社会认知能力，是指对他人表情、性格、行为原因，以及对人与人关系的认知能力。社会认知能力在婴儿期萌芽，婴儿在探索周边世界的同时，也在与人交往的过程中逐渐获得社会认知的能力。比如，能够识别亲人和陌生人，能够辨别亲人的情绪，能够对不同的人发出有区别的交往信号。3 岁之后，儿童的社会认知变得更为复杂，开始初步意识到人行为背后的意图。

社会认知能力和交往技能在儿童中具有较大的个体差异，并且由此在一定程度上影响了儿童同伴交往的质量。受欢迎儿童更善于察言观色，并且会根据交往对象的情况及时调节自己的交往方式，往往能够合理地表达自己的需要和意见；而被拒绝儿童经常错误解读他人行为背后的意图，难以根据交往对象的情况及时调节自己的交往方式，缺乏交往策略。比如，受欢迎儿童被同伴撞到了，他们很快通过对方的眼神、言语、姿势、周边环境来判断对方的意图，通常较为客观、准确。虽然有些疼痛，但是若认为对方不是故意的，通常会原谅。而被拒绝儿童，在被撞到的一瞬间，迅速被激怒，立刻冲动地回击，久之，同伴交往质量就比较差了。

4. 儿童的其他特点

研究发现，儿童的相貌、年龄对其同伴交往也具有一定的影响。相貌有吸引力是被

---

① 庞丽娟. 幼儿不同交往类型的心理特征的比较研究. 心理学报，1993(3)：307-313.

② 刘文，杨丽珠，金芳. 气质和儿童同伴交往类型关系的研究. 心理学探新，2006，26(4)：68-72.

同伴接纳的有利因素，儿童通常对那些相貌较好的同伴赋予积极的内在品质[①]。不过，这有可能是因为成人无意中“以貌取人”，影响了儿童的社会化。比如，对待那些相貌有吸引力的儿童更为宽容，有更多鼓励的态度和行为，传递更多期望，久之这些儿童就表现出较多积极的行为。除了相貌，年龄对学前儿童的同伴交往也具有一定的影响。学前儿童往往倾向于与自己同龄或者年龄略大一些的儿童进行交往。

（二）外部环境的作用

1. 早期亲子交往的经验

早期良好的亲子交往对儿童的同伴交往至少具有以下积极作用。其一，良好的亲子交往，持续有效地练习着儿童的社会认知、交往方式和交往技能。亲子交往本身就是现实生活中的交往实践，父母对自身情绪的有效调节，对冲动的克制，表达想法时的策略，对儿童来说就是一种宝贵的言传身教。儿童在这个过程中耳濡目染、观察模仿、不时练习，逐渐形成了与同伴交往的个性化方式。其二，良好的亲子交往，给儿童提供了与人交往的美好体验，从而强化了他们交往的意愿和主动性。因为良好的亲子交往，往往给儿童带来大量交往的乐趣和充实的生活体验，所以儿童也就更愿意与人交往，交往的主动性自然较强。

2. 教师的态度与行为

幼儿教师是幼儿除了亲人之外的重要他人，他们的态度与行为会影响儿童在园的生活，包括同伴交往。教师如何对待一名幼儿，会以一种复杂的方式影响着同伴如何对待这名幼儿。若教师经常表扬、拥抱某个幼儿，经常予以正面的评价，经常对其微笑，该幼儿势必也得到同伴较高程度的接纳。相反，如果教师经常不分场合地当着众人的面批评、指责某个幼儿，不久该幼儿就会被其他幼儿嫌弃。特别是当幼儿还处于依从性评价的阶段，换言之，当幼儿还没有形成自我评价和评价他人的个人标准之前，教师就是影响在园幼儿同伴交往最强而有力的人物。

3. 活动材料和活动性质

活动材料和活动性质对儿童的同伴交往具有情境性的影响。

从婴儿期到幼儿初期，实物活动是其探索周边世界的主要形式。实物活动中的材料，包括各种玩具，往往是儿童交往的重要媒介。若游戏活动的材料丰富、场地比较宽敞，儿童自由探索机会较多，同伴之间合作交流的机会也多，因此会有很多互助、合作、协商的机会。若材料较少、场地比较狭小，同伴之间的互动会因为肢体上的冲突而紧张。

活动性质对学前儿童同伴交往的影响主要体现在两个方面。一方面，在自由游戏情境下，不同社交类型的儿童在交往行为及其同伴中的地位，体现出较大的个体差异。比如，受欢迎儿童会体现出较多积极友好的行为，相应地，也会受到同伴积极友好的回应。

① 张文新.儿童社会性发展.北京：北京师范大学出版社，1999：157-158.

被拒绝儿童常体现出较多消极的交往行为，相应地，也会受到同伴的嫌弃。被忽视儿童依然独处较多，似乎被同伴忘记了。另一方面，如果在需要小组合作的活动中，那么为了完成共同的活动，不同社交类型的儿童都能够与同伴进行一定程度的合作与协商。

此外，民族的育儿习俗、文化价值观也会在一定程度上影响儿童的同伴交往。例如有些居民聚居区鼓励人与人之间的交往，不论大人还是小孩都会共同参与社区的一些活动；而有些地区则比较忌讳男孩子和女孩子的交往，一般都是同性同伴之间交往较多。

五、优化儿童与同伴交往的能力

(一) 采取科学合理的教育教养方式

由前文可知，亲子交往的情况和教师对待幼儿的具体态度与行为，是同伴交往的重要影响因素。因此，要优化儿童与同伴交往的能力，改善其在同伴中的地位，就需要幼儿教师和家长采取科学的教育教养方式。

由亲子交往一节的有关内容可知，权威型的教养方式，是一种较为理想的教养方式。采取权威型教养方式的父母，他们与儿童交往的言行和方式，给儿童提供了良好的交往示范。从表 4-6 也可以看到，权威型教养方式之下的儿童，不仅体现出快乐、自控自立、活泼友好、充满好奇、从容应对压力等适应性的性格，而且也能够和同伴保持友好的关系。

教师是幼儿在园最有影响力的人物，教师的言语和态度会直接或者间接地影响幼儿，以及他们与同伴交往的情况。因此，教师需要意识到这一点，然后公平公正地、以发展的眼光对待所有幼儿。平时都要尽量关注到所有幼儿的需要，多传递出积极的期望，多给予他们鼓励。不要因为儿童的相貌、家庭背景而有差别地对待他们。同时，当幼儿犯错误时，尽量私下教育，不要当众批评，更不要轻易地给其贴上负面标签。要为他们指出改进错误的具体思路和方法，而不是一味指责。此外，经常反思自己的言行，特别要反思与幼儿交流的方式，是否给幼儿带来了负面的影响，以便及时发现、及时消除。

(二) 多为儿童创设同伴交往的机会

因为同伴交往对儿童的心理发展具有多个方面的重要意义，因此，尽可能地多为儿童创设同伴交往的机会就显得尤为必要。

在家庭里，父母可以通过多种渠道给孩子创设同伴交往的机会。通俗而言，就是多带出去，多请进来。多带出去，就是经常带孩子到社区跟小伙伴一起玩，经常参与多个家庭的亲子结伴郊游，以及节假日带其走亲访友，等等。多请进来，就是邀请孩子的同伴到家里做客。特别需要强调的是，在现实生活中，一些父母已经形成下班时间“宅在家里”玩游戏、玩手机的生活习惯。孩子出生和成长的过程中，一些没有改掉这个习惯的父母，很可能打开电视或者丢一部手机给孩子让他们自个儿打发时间。这是令人忧虑的现象，孩子不仅在最需要交往的年龄缺失了亲子交往、同伴交往的机会，而且会导致儿童性格孤立、眼睛近视、注意力不集中、对其他新鲜事物缺乏探究欲望等隐患。

在幼儿园里，教师也可以在组织活动时，灵活地将常规分组、随机分组和特定分组相结合，布置目标明确的任务。常规分组，有助于保持幼儿同伴交往对象的稳定性，有助于幼儿将同伴关系发展成友谊关系。随机分组，则有助于拓宽幼儿同伴交往的范围，使得幼儿有机会跟更多的同伴进行交往，从而锻炼其交往的能力。特定分组，是指有意识地将不同社交类型的儿童分成一组，特别是将被忽视的儿童与受欢迎儿童分成一组，将被拒绝儿童与受欢迎儿童分成一组，以便于有针对性地发展被忽视和被拒绝儿童与同伴交往的能力。布置目标明确的任务，则可以有针对性引发儿童合作、协商、互助等亲社会行为。

（三）有针对性地指导各类儿童交往

以同伴提名法了解儿童的同伴地位并且以此分类的目的，并非贴标签，而是为了因材施教。据我国学者刘文等人的研究，各类儿童在小、中、大班中所占的比例分别为：受欢迎儿童占13%、15%、17%，被拒绝儿童占10%、15%、17%，受忽视儿童占19%、27%、24%，一般儿童占57%、44%、41%[①]。可见，在同伴交往方面，虽然受欢迎儿童的比例略有增长，但是被拒绝儿童的比例也在增加，受忽视儿童在大班所占的比例依然较高。这说明，在同伴交往方面，教师适时适当的引领是非常必要的。在学前儿童同伴交往的有关训练中，经常采用的方式有行为训练法、认知训练法和情感训练法。

行为训练法通常借鉴班杜拉的观察学习理论，主要包括观察学习、模仿和参与合作类游戏三个步骤。观察学习的内容是受欢迎儿童在游戏活动中的视频，提醒幼儿观察其中合作、帮助等积极友善的行为。

认知训练法主要包括参与式讲解和参与合作类游戏两个步骤。研究者通常借助具体形象的图片、录像，分别讲述人际交往中常见的问题情境。这些情境包括如何结交新朋友，如何参与他人的游戏，如何与小朋友合作，如何进行良性竞争，遇到冲突怎么办。每讲述完一个情境，即引导幼儿理解该情境，弄清楚面临的具体问题，然后鼓励、引导自己产生各种解决问题的办法，成人再予以适当的补充或修正。之后，引导幼儿逐一思考这些办法的可行性，预测每一种办法的可能结果，然后比较几种办法，选出最佳方案。可以说，这个参与式讲解的过程就是社会认知能力的训练过程。之后的合作类游戏与行为训练法的第三个步骤相同。

情感训练法包括移情、情感体验和情感追忆三个步骤。移情的具体操作方式是，借助图片、录像，给幼儿讲述故事，引导幼儿产生并体验故事中主人公的情绪变化。情感体验，则是创设一些人际交往的游戏情境，让幼儿体验一些重要情绪，比如合作、助人之后的快乐等。待游戏活动结束时，则进入类似于个人总结的第三步。主要是让儿童回忆在

① 刘文，杨丽珠，金芳. 气质和儿童同伴交往类型关系的研究. 心理学探新，2006，26(4)：68-72.

游戏中的各种情绪体验，然后研究者予以强化。这一方法有助于提升儿童的移情能力和自我情绪的调节能力。

我国学者王争艳等人曾同时采用上述三种方式训练4～6岁幼儿的同伴交往能力，结果表明：如果不区分对象，用行为训练法、认知训练法、情感训练法都可以整体促进幼儿的同伴交往水平，三种方法之间的效果无显著差异；但是若区分对象，对被拒绝儿童采用认知训练法效果较好，对被忽视儿童采用行为训练法更好；从4岁到6岁，行为训练法的效果逐渐减弱，而认知和情感训练法的效果则逐渐提高①。由此可见，只要认真进行训练，都会有效果，若能够在了解儿童社交类型的基础上进行更有针对性的训练，效果更佳。

此外，在儿童的实际交往过程中，成人要理性地对待孩子之间的纠纷，将这些争执看成是锻炼、提高儿童交往技能的契机。多鼓励儿童自行解决，或者予以适当启发，若非涉及身体伤害等情况，不要急着干预，否则便剥夺了锻炼儿童交往能力的机会。更不要上纲上线将纠纷与争执看成敌我矛盾，否则会破坏儿童之间的同伴关系。适时适当地予以指导，让儿童自然经历“化干戈为玉帛”，更能够培养其宽容、谦让之心，更能够使其体会到友情的可贵，也更能够强化其同伴交往的乐趣。

交往能力是在不断交往的实践活动中发展与提高的。成人应多为幼儿同伴交往创造条件，提供机会，让幼儿在实践中得到锻炼。如家长可利用休息时间带幼儿走出家门，让幼儿多与周围人接触，体验交往活动的乐趣。家长应多鼓励幼儿参加集体活动，因为集体性活动是提高幼儿交往能力的重要途径，幼儿在集体活动中能逐渐学会协调自己与他人之间的关系，形成尊重他人、信任他人、谅解他人、愿意帮助他人的良好品德。

拓展阅读4-7

如何促进儿童的分享行为?

一是确保儿童的安全感。安全感是学前儿童分享的重要前提。以邀请小朋友到家里做客为例。可以先予以认可：“哇，牛牛，你成功地邀请到兵兵星期六到家里做客，太棒了！”然后启发：“兵兵来做客，你们准备玩什么玩具呀?”然后视情况追问：“玩拼图这个主意真好！但是拼图只有一套，怎么玩呢?”若孩子回答说一起玩，可以再追问：“兵兵没有玩过，如果他想先玩，你同意吗?”玩具、食物等都可以在儿童参与的情况下提前准备。如此，他就知道什么东西是够的，什么东西不够但是也有了预设方案，不会觉得突然。此外，成人既要欢迎小客人，也要注意一视同仁，切不可厚此薄彼而冷落了自己的孩子，否

① 王争艳，王京生，陈会昌．促进被拒绝和被忽视幼儿的同伴交往的三种训练法．心理发展与教育，2000(1)：6-11.

则会让其产生不安全感而抗拒分享。

二是进行移情训练。比如可以这么引导幼儿:“牛牛,昨天你缺一块积木当火车头,丹丹给了你,你高兴吗?”牛牛:“高兴。”“如果你今天让一块积木给红红,红红就会像你昨天那么高兴哦!”

若经常让儿童体验到分享是一件快乐的事情,他们将会更乐于分享。

第三节　学前儿童的社会行为

引导案例 4-7

因为他们想打我

涛涛经常打小朋友,韦老师每次制止以后都会跟他讲道理。每每问及涛涛为何打小朋友,他都回答:“因为他们想打我。”可是被打的小朋友则都申辩自己并没有打人的想法。后来,韦老师特别留意地观察,发现小朋友们的确只是经过涛涛身边去拿其他玩具,并没有跟涛涛抢东西,更没有人打他,但是这几次涛涛依然打人,理由如前。这让韦老师感到很困惑。

思考:请问在您看来,涛涛这是怎么了,可以如何帮助他呢?

一、社会行为的概念与分类

(一) 社会行为的概念

社会行为(social behavior)有两层含义:一是个体受他人或团体影响而发生的行为,包括表情、姿态、言语、语气、活动等;二是群体的共同行为,比如追逐时髦、合作与竞争等①。由社会行为的这两层含义可知,社会行为是人们在交往活动中所形成的对他人或某一事物、事件表现出的态度、言语和行为反应。

(二) 社会行为的分类

根据社会行为的动机和目的的不同,可以分为亲社会行为和反社会行为两大类。

亲社会行为(prosocial behavior),是指能够善意地帮助和支持他人,或使他人受益的自愿行为,包括同情、关心、分享、合作、谦让、助人、抚慰、捐献、鼓励、救援等行为。需要说明的是,亲社会行为触发的可能原因包括对物质回报、社会认可的预期,或是希望借此

---

① 林崇德,杨治良,黄希庭.心理学大辞典.上海:上海教育出版社,2003:1073.

减轻一些个人内心中的不舒服的感受。由此可见，由于动机的不同，亲社会行为所体现出的道德水平是不同的。其中利他行为(altruistic behavior)，即由同情他人或坚持内化的道德准则而表现出的亲社会行为，其特点是自愿帮助他人，而不期望得到任何外部的回报。因此，利他行为被看成是更为高尚、道德的亲社会行为。

反社会行为(antisocial behaviour)，是指违反社会公认的行为规范，损害社会和公众共同利益的行为[①]。反社会行为包括违反现行法律的违法犯罪行为，以及虽未触犯法律，但是严重违背公序良俗和社会公德的行为。反社会行为有的表现为个人的行为，有的结成团体，危害更大。由含义可知，"反社会行为"一词所指代的性质严重且恶劣。学前儿童心智远未成熟，因此不宜给他们贴上反社会行为的标签。不过，学前儿童表现出来的一些较为严重的消极行为，比如最具有代表性、在学前儿童中最突出的攻击性行为，若缺乏有效的预防和教导，就可能会导致他们积重难返，随着年龄增长而演变成严重的反社会行为。因此，从防患于未然的角度而言，需要关注和防止学前儿童的攻击性行为。

二、学前儿童的亲社会行为

由于亲社会行为是一种有利于社会稳定和文明进步的、符合大多数民众利益的积极行为，因此它是个体社会化过程中需要重点关注和培养的行为。无论年龄大小，儿童在交往中的积极行为通常都比消极行为更多。摩尔(Moore)的研究表明，儿童亲社会行为与反社会行为之比不低于3∶1，有时甚至为8∶1[②]。因此，应该以发展的眼光看待儿童，多对他们抱有积极期望。

(一) 学前儿童亲社会行为的发展

1. 0～3岁儿童亲社会行为的早期发展

亲社会的倾向，在个体生命的早年就已经显现出来。婴儿在与人交往的过程中，不时体现出早期分享行为的倾向。比如，婴儿指向玩具或举起玩具以吸引他人的注意。除了通过肢体言语(指点和姿势等)来跟他人分享有趣的信号和物体之外，一些八九个月之后的婴儿，还能够在引导和讨要的情况下，将手上抓握着的食物分享给依恋的对象。18个月的学步儿也经常表现出早期的分享行为，比如将玩具递给成人，或将玩具递给父母并与父母一起玩。

除了早期的分享行为，6个月以后的婴儿也初步体现出了一些具有同情和安慰倾向的行为。他们能够识别哭泣或明显悲痛的儿童，49%的婴儿还能够对处于困境中的同伴作出反应，比如向这些小伙伴靠拢，向他们做手势，摸摸他们，或者"咿咿呀呀"地向小伙

① 林崇德，杨治良，黄希庭．心理学大辞典．上海：上海教育出版社，2003：294．

② 转引自马乔里·J．克斯特尔尼克．儿童社会性发展指南理论到实践．邹晓燕，译．北京：人民教育出版社，2009：509．

伴打招呼[①]。1～2 岁的学步儿有时更是会想尽办法主动地与那些处在困境中的人打交道[②]。此期安慰倾向的行为不仅变得更为主动，而且也比 1 岁以前的行为更具有策略性和控制性。除了触摸、轻轻拍、轻轻牵拉等一些具有安慰性质的行为，他们甚至会拿出饼干、玩具等吸引哭泣同伴的注意，甚至会去请求成人的帮助。

学步儿也常常会积极主动地帮助父母做一些日常的家务活，比如折叠衣服、擦拭家具、摆桌子、整理散乱的杂志、扫地和整理床铺等。瑞哥德(Rheingold)曾观察 18～30 个月学步儿与父母和陌生人做家务的情况，结果发现：半数以上的学步儿帮助成人做了大部分的家务；这些学步儿表现得很愉快，他们知道自己要完成什么，而不只是在玩[③]。瑞哥德认为，这些孩子对成人及其所从事的活动感兴趣，喜欢模仿并不时体现出自己的创造性，乐于与成人打交道和练习技能，若能够得到成人的认可，这些助人行为将得以维持。

2. 幼儿亲社会行为的发展

自然观察法是研究幼儿亲社会行为的常见方法。我国学者王美芳和庞维国以自然观察法对 276 名幼儿的在园亲社会行为进行了 10 天的研究，结果表明幼儿亲社会行为的发展，整体上具有以下特点：随着年龄的增长，幼儿亲社会行为的数量呈上升趋势；幼儿在园表现出来的多种亲社会行为的频率是不同的，具有类别差异，通常以合作行为居多；幼儿在园亲社会行为指向同性同伴比指向异性同伴的次数更多(表 4-8)[④]。

表 4-8　幼儿在园亲社会行为分布情况　　（单位：次）

		行为指向的对象			各类行为的分布				
		男	女	男女	助人	分享	合作	安慰	公德行为
小班	男	46	31	4	52	33	67	14	13
	女	28	38	7					
中班	男	75	15	4	71	47	91	11	13
	女	21	66	3					
大班	男	175	41	22	50	107	343	13	17
	女	40	214	6					

（二）学前儿童亲社会行为的影响因素

儿童要发出亲社会行为，大致会经历三个步骤：认知阶段、决定阶段、实施阶段。在亲社会行为这些不同的阶段中，影响因素也有所不同。

① 转引自南茜·艾森博格．爱心儿童——儿童的亲社会行为研究．孔毅梅，译．成都：四川教育出版社，2006：9-11.

② 南茜·艾森博格．爱心儿童——儿童的亲社会行为研究．孔毅梅，译．成都：四川教育出版社，2006：11-14.

③ 转引自张文新．儿童社会性发展．北京：北京师范大学出版社，1999：306-307.

④ 王美芳，庞维国．学前儿童亲社会行为的发展特点与教育．山东师范大学学报(社会科学版)，2000(4)：74-76.

1. 观点采择

观点采择属于个体社会认知能力的重要组成部分，它是个体对特定情境中他人思想、情感、动机、需要的认知理解①。通俗而言，观点采择是“从他人的眼中看世界”或者是“站在他人的角度看问题”。

观点采择对亲社会行为的影响颇为重要。在儿童亲社会行为的认知阶段，儿童要根据对方的情绪、情感、言语和行为，结合当时的情境，较为准确地觉察到有人需要帮助或陷入困境，从而意识到分享、帮助、合作、捐赠、安慰等行为是有必要的。虽然觉察到有人需要帮助或者受困之后，未必就会发生亲社会行为，但是若儿童缺乏相应的观点采择能力，觉察不到有人需要帮助或者陷入困境，就不会发生亲社会行为。

2. 人际关系

儿童觉察到有人需要帮助或者陷入困境等情境时，就会进入到亲社会行为的决定阶段。在这一阶段中，对方与自己的人际关系会影响儿童的具体决定。所有年龄的儿童，对他们喜欢的人和与自己有关系的人，都更愿意采取亲社会行为②。学前儿童也是如此，相对于陌生人，他们与关系亲密的教师、亲人和好朋友在一起的时候，会发生更多的分享、合作、助人等亲社会行为。

3. 情绪和情感

除了人际关系这一影响因素之外，他们当时的情绪和情感会影响亲社会行为的具体决定。所有年龄段的儿童，在积极心境中比在消极的或中性的心境中，更愿意采取亲社会行为③。年幼儿童更容易受制于他们当时的情绪、情感。儿童若情绪低落，比如刚刚被责备过，他们就不太可能发出亲社会行为。另一情况是，如果情况危急，儿童被他人的受困情境吓着了，他们可能会沉溺于自己的恐惧、焦虑等负性情绪中而不会发出亲社会行为。若儿童比较冷静或者产生了移情，情况就会好一些。移情，也称为同理心，是指个体在觉知他人情绪反应时所体验到的与他人共有的情绪反应。虽然研究发现在年幼儿童身上，移情跟利他行为的相关非常小，但是它与青少年的利他行为的相关程度较高④，所以也颇受关注。即便没有产生移情，只要儿童较为冷静，他们也有可能发生亲社会行为。

4. 社会学习

学前儿童在日常家庭生活、幼儿园生活环境中进行的社会学习，也会影响其亲社会行为。年幼的学前儿童经常因为父母、老师奖励亲社会行为而学会分享和帮助他人，所以在亲社会行为的社会化过程中，父母和教师的直接教育和对亲社会行为的强化具有重

---

① 张文新. 儿童社会性发展. 北京：北京师范大学出版社，1999：323.

② 转引自马乔里·J. 克斯特尔尼克. 儿童社会性发展指南理论到实践. 邹晓燕，译. 北京：人民教育出版社，2009：511.

③ 转引自马乔里·J. 克斯特尔尼克. 儿童社会性发展指南理论到实践. 邹晓燕，译. 北京：人民教育出版社，2009：511.

④ 张文新. 儿童社会性发展. 北京：北京师范大学出版社，1999：327.

要作用。具体而言,家庭对孩子亲社会行为的影响主要表现在两个方面:一是榜样的作用,家长自身的社会行为成为孩子模仿学习的对象;二是父母的教养方式。父母的积极教养方式,即更多地给予温暖和理解,少给予惩罚和压力的权威型教养方式,有利于儿童亲社会行为的发展。幼儿园生活中师幼互动的方式、同伴交往的质量,也会影响儿童的亲社会行为。

此外,儿童从社会生活环境中进行的学习,也在一定程度上影响其亲社会行为。特别是儿童接触到的影视节目和绘本会引发他们的观察学习。优秀的影视节目和绘本,对儿童具有榜样示范作用,会在一定程度上影响幼儿的亲社会行为。

(三) 学前儿童亲社会行为的培养

1. 进行观点采择的训练

前文提及,在学前儿童的亲社会行为中,观点采择相当于是一个信息收集的过程,它为儿童更好地理解情境和他人的需要及情感提供认知前提。因此,对儿童开展有针对性的观点采择训练是非常必要的。观点采择训练可以通过看图讲故事、结合日常生活中的真实情景,以一些引导性的开放式问题启发儿童。比如,"故事里边发生了什么事情""照片里的兵兵想独占所有的积木,你们想跟他说些什么话来劝告他呢""晓雨刚刚摔了一跤,你是她的好朋友,你想想可以用哪些办法去安慰她",等等。这些引发儿童思考和讨论的方式,有助于提升他们的观点采择能力。

2. 改善儿童的人际关系

人际关系的亲疏会影响学前儿童的亲社会行为,因此,要培养学前儿童的亲社会行为,就需要立体地改善儿童的多种人际关系。首先,幼儿教师和家长应采取科学的教育教养方式。比如父母采用权威型的教养方式,有助于建立良好的亲子关系。教师要公平地对待所有的幼儿,关注到所有幼儿的需要,多传递出积极的期望,多给予幼儿鼓励。其次,多提供儿童与同伴交往的机会并且适时适当地教给他们交往的技能,改善其同伴关系。如此,儿童便能够生活在优质的人际关系当中,自然也就会出现更多的亲社会性行为。

3. 拓展儿童的应对经验

儿童的情绪和情感会影响其亲社会行为。前文提及,积极的情绪和情感更容易引发儿童的亲社会行为。因此,应拓展儿童的应对经验,特别是教给儿童有效的情绪调节策略,以及应对负性事件和危急情况的策略。

当儿童遇到负性事件,出现不良情绪的时候,成人要及时帮助他们调节情绪,特别是要教给他们情绪调节的适宜策略。平时可以多启发儿童:"当不开心的时候,我们可以做些什么事情让自己开心起来呢?"引发儿童思考、讨论。教师适当总结,将情绪调节的多种有效策略教给儿童。这些策略包括做自己喜欢的事情转移注意力、适当跑步宣泄、找人倾诉、看幽默的绘本或影视作品,等等。

出现危急或者异常情况时，儿童虽然觉知到对方需要帮助，但是若他们缺乏经验，可能会被吓着而难以出现亲社会行为。因此，平时在健康教育中，就要拓展儿童应对危急情况或异常情况的经验。比如，所有的急救电话的含义及其拨打方式要及早让儿童熟知，而且要多进行模拟练习，确保他们掌握。此外，还可以分别创设一些诸如"小朋友受伤了""小朋友哭了""小朋友的玩具摔坏了"等情境，引发儿童思考和讨论，最好能够进行模拟练习，以便儿童积累相应的经验，提升他们在危急或者异常情况时的保护能力和亲社会行为。

4. 创设良好的生活环境

首先，给儿童提供良好的家庭环境。一方面，家庭成员予以较多亲社会行为的示范。家庭成员之间关系融洽，相互关心、彼此尊重、乐于分享、合作互助，会对儿童习得亲社会行为产生良好的潜移默化作用。另一方面，父母要采取科学合理的教养方式，对儿童导以规则、教有智慧、爱无条件。权威型的教养方式，不仅有利于建立良好的亲子关系，而且在这一教养方式下成长的儿童更为活泼快乐，同伴关系也更好。如此，更多积极的心境、更友好的人际关系，自然会引发更多亲社会行为。

其次，营造温馨舒适的幼儿园环境。幼儿教师是幼儿在园的重要他人，因此，教师若经常表现出亲社会行为，自然就给幼儿树立了良好的学习榜样。同时，愉快心境更容易引发亲社会行为，若幼儿园严格按照幼儿身心发展的特点开展科学的保教工作，科学地进行环境创设、材料投放、游戏组织、幼儿评价等，就能够为幼儿创设温馨舒适的物理和心理环境。那么，身心愉悦的幼儿，也就自然地体现出更多的亲社会行为。

最后，为儿童筛选优质的影视节目和绘本。因为儿童接触到的影视节目和绘本会引发他们的观察学习，所以要选择那些宣传亲社会行为的、弘扬优秀文化的影视节目和绘本，以便给儿童提供良好的榜样，培养他们多样化的亲社会行为。特别要强调的是避免给儿童接触到暴力、血腥、色情的影视节目和读物，以免引发其负性行为特别是攻击性行为。

三、学前儿童的攻击性行为

(一) 攻击性行为的概念与分类

1. 攻击性行为的概念

攻击性行为(aggressive behavior)，是指故意导致人或动物身体、情感受到伤害的行为，或者是故意导致财物损坏的行为。由概念可知，攻击性行为具有一个基本特征，即损害性，无论攻击针对的对象是人还是动物或者财物，都会对被攻击对象造成不同程度的损害。正因如此，攻击性行为不仅是法律公德力图预防、制止、惩罚的行为，也是广大家长和教师努力预防和消减的行为。

2. 攻击性行为的分类

攻击性行为是学前期常见的负性行为。它有多种分类方式，以下是两种常用的分类方式。

美国学者哈吐普(Hartup)按照攻击者的意图将攻击性行为划分为工具性攻击和敌意性攻击。所谓工具性攻击，是指儿童为了得到某个玩具、物品、权力或者空间，而做出的抢夺、推搡、踢打等动作。这类攻击本身不是为了给受攻击者造成身心伤害，攻击在这里被当做一种手段或工具，用以达到伤害以外的其他目的，如获取某一物品等①。敌意性攻击，是指以人为指向，其根本目的是打击、伤害他人。在现实生活中，儿童有时也会同时体现出两种攻击的类型。比如，被人抢走玩具的A幼儿，立刻以推搡回击，夺回了之前自己玩着的玩具，出于愤怒，又上去给对方一拳。这个情境中，A幼儿推搡的行为属于工具性攻击，而夺回玩具之后的那一拳，则是故意指向于人的敌意性攻击。

按照攻击的手段来划分，攻击性行为大致可以分为身体性攻击和言语性攻击。身体性攻击包括踢、抓、打、咬、推、拽拉等，言语性攻击包括辱骂、贬低、嘲笑、讽刺、给对方取一些侮辱性质的绰号等。在一些情景中，儿童会同时出现身体性攻击和言语性攻击。

(二) 学前儿童攻击性行为的发展特点

1. 从工具性攻击逐渐向敌意性攻击转化

从发生频率和目的来看，随着儿童社会认知能力的发展，攻击性行为逐渐由工具性攻击行为向敌意性攻击转变②。幼儿阶段不仅表现出更多的攻击性行为，而且攻击性行为基本上是围绕玩具、物品、空间而发生的。具体来说，幼儿在园发生频率较高的攻击行为主要有争抢玩具、争游戏角色、无意攻击、报复性攻击、为吸引教师的注意而进行的攻击。随着年龄的增长，工具性攻击和敌意性攻击在出现频率上有何具体变化呢？张文新等采用自然观察法进行研究，结果表明两类攻击性行为在观察期间的出现次数分别为：工具性攻击，小班、中班和大班分别出现73次、52次和51次；敌意性攻击，小班、中班和大班分别出现36次、48次和79次③。这一结果表明，随着年龄的增长，学前儿童攻击性行为的类型，逐渐由工具性攻击转变为敌意性攻击。到了小学阶段，发生频率较高的攻击行为有报复性攻击、打抱不平的攻击、嫉妒性攻击和挫折性攻击，基本上已经以指向于人的敌意性攻击为主。

2. 由身体性攻击逐渐向言语性攻击转化

从攻击的手段来看，关于学前儿童攻击发展的一致结论认为：2到4岁之间身体性攻击在减少，言语性攻击增多④。这是儿童言语技能发展和社会化的结果。年幼的学前儿童，在争抢玩具、物品或者遭遇同伴冒犯时，受制于自己有限的言语表达水平，往往直接以身体发出攻击。由于身体性攻击与法律、道德不符，因此家长和教师通常会制

① 张文新.儿童社会性发展.北京:北京师范大学出版社,1999:340.
② 林崇德,杨治良,黄希庭.心理学大辞典.上海:上海教育出版社,2003:428.
③ 张文新.儿童社会性发展.北京:北京师范大学出版社,1999:361.
④ 纪林芹,张文新.儿童攻击发展研究的新进展.心理发展与教育,2007(2):122-127.

止身体性攻击，在干预的过程中，还会伴随着讲道理，渗透成人的期望和规则的教导。待儿童年岁渐长，大多数父母和教师更是不再容忍其身体性攻击。此时儿童的言语表达水平已经有所进步，行为的控制力也有所发展，他们在同伴交往中的身体性攻击行为逐渐下降。在现实生活中，相比起儿童的身体性攻击，其唇枪舌剑也更容易被成人忽视。于是，学前儿童的攻击性行为就体现出身体性攻击逐渐减少，言语性攻击相对增多的趋势。

3. 儿童攻击性行为存在一定的性别差异

学前儿童攻击性行为的性别差异，主要体现为男孩和女孩攻击性行为的发展过程明显不同：幼儿园中的男孩比女孩更多地怂恿和更多地卷入攻击性事件；男孩比女孩更容易在受到攻击以后发动报复行为，对方是男性比对方是女性时更容易发生攻击性行为①。研究还发现，男孩的攻击性行为比女孩多②。

（三）攻击性行为的主要影响因素

遗传基因、激素水平等生物因素，以及父母的教养方式、大众传播媒介等环境因素，以及儿童自身的交往技能、社会认知能力等，已经被研究证实对儿童的攻击性行为都具有不同程度的影响，而且这些影响因素呈现出复杂的交互作用。

1. 生物因素

正如许多其他心理与行为受遗传影响一样，人类的攻击性行为也具有遗传基础。一些遗传基因，比如 MAOA-L 型基因被认为与暴力倾向、冒险行为强相关，有这种基因的个体比其他人有更高的犯罪风险和更具暴力倾向。而睾酮，这种属于雄性激素家族的固醇类激素，也被认为会增加攻击行为、支配行为、求偶行为、冒险行为和公平行为，减弱共情能力和人际信任③。不过研究也发现，具有攻击性行为高危基因的个体并不一定表现出攻击性行为，还与其成长环境密切相关。

比如，有 MAOA-L 型基因的个体只有在成长过程中受到过虐待才会表现出反社会性问题，否则即便具有 MAOA-L 型基因，若拥有恰当的教养方式，仍然不会出现反社会人格④。这说明具有危险基因或激素的个体生长在不良甚至虐待性质的环境里，其危险性的倾向就会表现出来，甚至被放大。但是辩证来看，如前所述，MAOA-L 型基因还与冒险行为强相关，睾酮还与冒险行为和公平行为有关。若这些个体在理想的环境中成长，其生物因素中的危险倾向不仅会得到矫正，而且会令个体展示出勇敢的一面，如合法的冒险行为、令人赞许的公平行为等。

因此，生物因素对一些儿童的攻击性行为存在影响，但这并不意味着生物因素能独

① 林崇德，杨治良，黄希庭. 心理学大辞典. 上海：上海教育出版社，2003：428.

② 王馥. 幼儿攻击性行为调查研究. 心理科学通讯，1988(4)：54-58.

③ 刘金婷等. 睾酮与人类社会行为. 心理科学进展，2013，21(11)：1956-1966.

④ 张春绫. 女孩摔婴：真有天生罪犯吗. http://view.news.qq.com/original/intouchtoday/n2634.html，2013-12-06.

立于社会环境之外单独起作用。基因、激素等生物因素不是儿童社会性行为产生的决定因素。更合理的说法是,生物因素使得儿童的行为具有某种倾向,而这种倾向在后天的环境中得到表现、强化或矫正。

2. 环境因素

社会文化对人的社会性行为具有普遍性的影响。不同国家和地区对攻击性行为的态度有所不同,如有的文化极端反对和抵制攻击性行为,有的文化则对攻击性行为比较宽容。对攻击性比较宽容的社会,其社会成员的攻击性行为通常较多。学前儿童也是一定社会文化背景下的成员,不过因其年幼,对他们影响更为深远的环境因素主要是其每天的生活环境,即家庭环境、幼儿园环境和大众传播媒介。

(1) 家庭环境

家庭是儿童入园之前生活和最初社会化的主要场所,它对儿童早期行为的塑造具有举足轻重的作用。研究早已表明,缺乏温暖的家庭、不良的家庭管教方式以及对儿童缺乏明确行为指导和活动监督等家庭因素都可能造成儿童以后的高攻击性①。具体而言,若家庭成员之间关系冷漠、紧张、冲突不断甚至存在家庭暴力行为,长期身处其中的儿童通常会有情绪问题和品行问题,包括攻击性行为。前文表4-6所列的四种教养方式中,专断型的教养方式虽然对儿童的行为具有明确的指导作用,但是却经常会导致儿童情感受挫;溺爱型的教养方式虽然给予儿童关爱,但是对儿童缺乏明确的行为指导和活动监督;忽视型的教养方式则既缺乏行为指导又缺乏关爱,因此都属于不良的教养方式,都容易引发儿童的攻击性行为。特别需要注意的是,若父母体罚儿童,就给儿童提供了攻击性行为的坏榜样,更会引发儿童模仿而导致其攻击性行为激增。

此外,家庭成员之间的教养方式不同,甚至存在矛盾,也往往会导致儿童认知错乱和无所适从,也易于引发其攻击性行为。

(2) 幼儿园环境

前已提及,幼儿在园的攻击性行为通常为工具性攻击,主要是围绕争抢玩具、物品、空间等因素而出现的。因此,若幼儿园中玩具和物品稀缺、空间狭窄、大班额,就会引发幼儿更多的攻击性行为。若幼儿发出攻击性行为未受到及时制止,并且通过攻击性行为经常可以实现自己的目的,这个事实就会强化他们的攻击性行为。而且对其他同伴也会因此受到间接强化,从而群起模仿。

同伴交往的质量也会影响幼儿在园的攻击性行为。特别是若教师教育方式不当,经常对幼儿进行不必要的横向比较,人为引发幼儿个人之间的竞争,会使其同伴关系紧张而充满敌意。在这种情境中,攻击性行为也会增多。

此外,教师是幼儿在园的重要他人,若教师本身不但不及时制止幼儿的攻击性行为,

① 转引自张文新.儿童社会性发展.北京:北京师范大学出版社,1999:373.

相反，自己还经常表现出对某些幼儿的推搡、大声斥责甚至使用侮辱性言语，也会给儿童树立不良的榜样，引发儿童观察模仿。

(3) 大众传播媒介

并非所有的影视节目和读物都适合学前儿童。班杜拉等人关于攻击性行为的系列研究，证据确凿地表明：真人榜样、影视中的榜样和卡通片中的榜样对儿童攻击性行为的影响分别位居第一、第二和第三位，但是这三种形式的攻击性榜样都显著地增多了儿童的攻击性行为①。具有暴力镜头、暴力情节的影视节目，提供了多种具体攻击性行为的坏榜样，这会引发儿童的观察学习与模仿，致使他们的攻击性行为增多。因此，大众传播媒介对儿童攻击性行为的影响，是需要高度重视和尤为警惕的。

3. 儿童的社会认知

学前儿童的攻击性行为，除了受环境因素这个重要外因和生物因素这个内因的影响之外，很大程度上还受其社会认知水平这个内因的影响。在有关思维章节中曾提及处于具体形象思维发展阶段的学前儿童，其思维体现出"自我中心"的特点。由于思维发展水平的局限，学前儿童难以站到他人的角度看问题，难以准确地理解他人的意图。随着儿童知识经验的增长和社会化程度的提高，学前儿童逐渐地在一定程度上超越"自我中心"的约束，但是同龄儿童之间依然存在明显的个体差异，这种个体差异也体现在社会认知的发展水平当中。

有研究者曾对 3～7 岁攻击性儿童的社会认知发展状况进行研究，结果发现儿童的攻击性行为与其意图知觉有关系：攻击性的儿童倾向于认为别人有攻击自己的意图，而非攻击性儿童则认为没有攻击性意图；攻击性儿童观点采择的能力也与非攻击性儿童存在显著差异，攻击性儿童不善于从别人的角度认识问题，非攻击性儿童则在一定程度上能够从别人的角度看问题②。引导案例 4-7 中的涛涛，就属于社会认知水平相对有待提高的幼儿，他倾向于将小朋友的意图进行负性地解读，认为别人即将攻击自己，所以他比其他幼儿更多地发出攻击性行为。

4. 儿童的交往技能和自控能力

除了环境和儿童的社会认知水平，学前儿童人际交往技能的欠缺和自我控制能力较弱，也是需要关注的因素。学前儿童的工具性攻击，通常具有情境性。在这些情境中，若他们能够拥有更多解决争执和冲突的交往技能，有更多协商的策略，或者他们的自我控制能力稍微更强一些，工具性攻击行为也会有所降低。

(四) 攻击性行为的干预

针对儿童攻击性行为的影响因素，干预的理念是：改变可以改善的影响因素；接受不可以改变的影响因素，然后通过多种积极措施来抵消或者制衡不可改因素的消极影响。

---

① 罗杰·霍克. 改变心理学的 40 项研究. 白学军，译. 北京：人民邮电出版社，2010：113-122.

② 冯夏婷. 关于 3～7 岁攻击性幼儿的社会认知发展状况的研究(博士学位论文). 华南师范大学，2003：85-86.

比如，基因是先天遗传带来的因素，就当下的医疗水平而言，是只能够接受的事实。而体内的激素，比如睾酮，若无医学指征而轻举妄动，也有违伦理。所以，真正能够干预的因素，就是环境因素和儿童的社会认知水平，这应该成为教师和家长重点思考的内容。

1. 改善儿童生活的环境

(1) 改善家庭氛围，采取科学的教养方式

家庭全体成员都要高度重视家庭氛围对儿童身心健康成长的重要性。家庭成员彼此之间多尊重、谅解，以理智的方式处理存在的问题与矛盾，避免恶性争吵、暴力行为和冷战。经常召开家庭会议，以友好合作的方式讨论孩子的教育问题，在基本原则上达成共识，借鉴和采取权威型这一科学的教养方式，摒弃体罚、溺爱、忽视等不良的教养方式。同时，在无关法律公德、安全卫生、科学作息的小问题上，家长还要适当地求同存异，尽量形成教育的合力，让孩子感受到家的温暖和成人完整的关爱，帮助其建立安全感。家庭成员面对问题时友好协商的交往模式，对儿童也起到良好的示范作用。

(2) 科学保教，创造良好的活动环境

幼儿的身心发展特点决定了幼儿园教育需坚持保教结合的原则，以游戏为主。科学保教，避免大班额，同时给幼儿创设良好的物质和精神环境，比如科学合理的环境创设，以及温馨舒适的心理氛围。

良好的活动环境，包括合适的活动场地空间和适合幼儿身心发展特点的活动材料。前文提到，特定场地太窄、活动空间过小，幼儿会因为拥挤而增加攻击性行为。而特定场地面积过大，也会使幼儿的社会性交往和合作性游戏减少。同样，幼儿活动材料的紧缺，会出现较多因玩具而产生的争抢等攻击性行为。因此，一般的活动材料要丰富充足，以满足幼儿选择、充分探索、建构的需要。不过，活动材料的投放仅以丰富充足为原则也是不够的，还要考虑这些活动材料可能引发活动的丰富性。要确保既有较多引发幼儿认知游戏的材料，也要有能够引发幼儿体育游戏的材料。既要有便于幼儿个人搬移的细巧材料，以满足他们独立自主的探索空间；也要有一些大件材料，以引发幼儿的合作行为。比如投放一些较大的海绵垫、粗大的沙袋、很大的箩筐等，幼儿个人难以搬运，要几人一起才可以搬运到户外去玩耍。

要使良好的物质环境和精神环境相辅相成、相得益彰，还依赖于老师的适当引领。首先，教师要成为幼儿良好行为的榜样，杜绝对幼儿的言语攻击和体罚。其次，教师平时要多观察幼儿，尽量进行纵向比较，即基于幼儿个人成长经历进行比较，减少不必要的横向比较，避免幼儿同伴关系紧张，以营造和谐舒适的心理氛围。再次，在一些容易发生纠纷的场合，组织幼儿讨论，拟定合理的规则。比如，一些特大型的器械设施，如滑滑梯等，不可能人手一件，也没有必要人手一件。若幼儿都想玩，争先恐后容易导致安全隐患。而此时若组织幼儿讨论，形成合理的规则，就不仅提高其协商的技能，还可以趁机培养其学会排队、轮流使用等积极行为。最后，当幼儿出现攻击性行为时，要及时制止，适时

引领。

(3) 选择优秀的影视作品和读物

影视作品和读物的选择应遵循以下原则：首先，不能够让儿童接触到含有血腥暴力镜头的影视作品和读物，避免引发他们对其中攻击性行为的观察与模仿。其次，好好利用儿童能够从影视作品和读物中观察学习的特点，为其选择优质的、弘扬亲社会行为的优秀影视作品和读物，以引发其更多的亲社会行为。

2. 提高儿童的社会认知水平

由于攻击性的儿童倾向于认为别人有攻击自己的意图，因此要减少这些儿童的攻击性行为，就要提高其社会认知水平。可以通过角色扮演、集体讨论和真实性检验来提高其社会认知水平。

首先，可以通过创设情境游戏，让这些攻击性行为较多的儿童分别在游戏中扮演不同的角色，以从不同角色体验到不同的想法，从而提高其意图知觉水平。

其次，可以在这些情境游戏中组织儿童讨论，并且适当引领，以便儿童可以看到同伴是如何从不同角度解读他人的意图的。这有助于儿童更全面、更准确地解读不同情境中人们可能的想法。

再次，进行真实性检验的询问训练。比如，对那些总是倾向于以为别人即将攻击自己的儿童，要教给他们以询问代替猜测。每当与同伴发生争执或者有可能发生争执时，告诉这些儿童先问对方类似的问题："请问你想做什么呀？"这些真实性检验的询问训练，有助于这些儿童明白：自己对他人的负性猜测并不是事实。如此，他们将逐渐摆脱自己负性猜测的束缚，减少攻击性行为。

最后，帮助儿童意识到攻击性行为的后果。通过启发诱导、移情训练等方式，让儿童理解被人攻击是一件痛苦、愤怒的事情。同时，也要帮助儿童明白攻击性行为会带来不受欢迎、缺乏好朋友等后果。

3. 培养儿童的交往技能和自控能力

首先，可以采用行为训练法、认知训练法和情感训练法来培养儿童的交往技能。在同伴交往有关内容中提及，这三种训练方法都能够整体促进儿童的同伴交往水平。被拒绝儿童，通常就是平时体现出攻击性行为的儿童。对于这些儿童，采用认知训练法训练培养其人际交往能力，效果更好。

其次，通过讨论、游戏体验等多种方式，培养儿童的情绪调节和自我控制能力。在受挫、被侵扰等情境中，儿童的烦闷、愤怒等消极情绪积聚越多，其表现出攻击性行为的可能性也愈大。因此，要及时地疏导并且教给这些儿童情绪调节和自我控制的方法。教师可以提出一些开放性的有关问题予以启发，然后组织幼儿讨论，鼓励他们各抒己见。这些问题包括："当我们遇到困难的时候，可以怎么做？""当我们被人打扰的时候，可以怎么说？怎么做？""当我们难过的时候，可以怎么做？""当我们生气的时候，该怎么办？"等等。

也可以创设一些游戏情境，鼓励儿童尝试他们在讨论中提出的一些想法，之后再组织他们总结，比较这些方法的成效。这些有针对性的训练，将有助于提高儿童的情绪调节和自我控制能力。

拓展阅读 4-8

母亲行为与幼儿行为之间的关系①

母亲行为是指母亲在抚养幼儿的过程所表现出来的相对稳定的行为方式，是母子互动系统中直接影响幼儿发展的因素。按其对幼儿发展的影响的性质可划分为两种类型：支持行为与不支持行为。已有研究表明，母亲支持行为对幼儿的自我概念、学业成就、心理健康和社会适应都具有积极影响，而不支持行为则具有消极影响。支持行为并非溺爱，而是当幼儿遇到困难或者提出请求之时，给予必要而不多余的支持。若不能支持，也需讲明情况，不应简单粗暴地拒绝，否则会恶化亲子关系、影响幼儿的情绪。

【本章小结】

1. 学前儿童的亲子交往

(1) 亲子交往及其早期发展

亲子交往，是指父母与其亲生子女、收养子女或过继子女之间的双向信息沟通和情感互动的过程。

依恋是早期亲子交往的重要形式。在发展心理学中，依恋特指婴幼儿对其主要抚养者特别亲近而不愿意离去的情感，是存在于婴幼儿与其主要抚养者(主要是母亲)之间的一种强烈持久的情感联系。依恋的特点：一是对象具有选择性；二是寻求亲近；三是分离焦虑；四是稳定性。

依恋产生的标志是婴儿表现出认生现象。鲍尔比研究认为，依恋的发展大致经历了四个阶段：前依恋期(零至一两个月)，这是对人无差别的社会反应阶段；依恋建立期(一两个月至六七个月)，这是有差别的社会反应阶段；依恋明确期(七至二十四个月)，这是特殊的情感联结阶段；目标调整的伙伴关系期(两三岁以后)。

优质的依恋对学前儿童的生存与发展具有重要而深远的意义。安全型依恋优于不安全依恋、矛盾型不安全依恋和混乱型不安全依恋。

(2) 亲子交往对儿童的影响机制

常见的心理机制包括态度改变、观察与模仿、认同作用。态度改变是指父母通过权力控制、撤回爱护、信息内化等种种方法改变儿童的态度，使儿童接受、内化行为规范的

① 张萌，张文新. 母亲抚养压力、母亲行为和幼儿消极行为特征的调查及其对策. 青少年研究，2001(1)：42-44.

过程。其中，信息内化又叫引导，是指父母以儿童能够理解并且乐于接受的方式，将规则传递给儿童的影响机制。从长远来看，信息内化是一种能够有力促进儿童身心健康发展、提升亲子交往质量的影响机制。儿童会观察模仿学习，因此父母要为儿童树立良好的榜样。认同，是指人们通过潜意识地模仿成功的因素、机构或个体来提升自己在他人眼中的价值。父母双方都高质量地抚养和陪伴孩子，有利于认同的顺利进行。

(3) 父母教养方式对儿童发展的影响

鲍姆林德等研究者结合情感和控制两个维度，将教养方式分为权威型、专制型、溺爱型和忽视型四种类型。并且认为权威型教养方式是一种相对理想的教养方式。

(4) 亲子交往的影响因素

父母因素：父母的性别影响着亲子交往的时间、方式和对儿童发展的具体作用；父母的个性对亲子交往具有直接影响；父母的生存状态间接影响亲子交往的状况。

儿童自身的因素：儿童的生理特征，如性别、年龄、身体发育水平和健康状况是亲子交往的重要影响因素；儿童的心理特点，如气质、性格、能力等的特点也影响父母与之交往的方式。

此外，亲子交往还受家庭以外的其他许多因素的影响。

2. 学前儿童的同伴交往

(1) 同伴交往及其意义

同伴交往，是指同龄或者心理发展水平相当的个体之间的一种共同活动与相互协作。

同伴交往给儿童提供只有在地位平等的基础上才能获得的认知、规则、技能、经验等多方面的学习机会，以及特定的心理满足。具体而言，同伴交往具有以下重要意义：其一，有助于提升儿童的认知能力；其二，有助于儿童获得积极的情绪和情感体验；其三，有助于提升儿童的交往技能，内化规则，激发和巩固积极行为；其四，同伴交往有助于儿童自我意识等个性结构的形成和发展。

(2) 同伴交往的发展

2 岁前儿童前同伴交往的发生与初步发展，大致经历了以下三个阶段：客体中心阶段，在 0～6 个月期间；简单相互作用阶段，在 6～12 个月期间，这是同伴交往的发生期；互补的相互作用阶段，在 1～2 岁期间。

2 岁以后，游戏成为儿童与同伴交往的主要形式。儿童游戏经历了无所事事→旁观者行为→个体游戏→平行游戏→联合游戏→合作游戏六个发展水平，这体现了 2 岁以后学前儿童同伴交往的过程。

(3) 同伴交往的类型

根据同伴现场提名法的结果，可以大致将儿童归类为：受欢迎儿童，即获得正向提名最多和负向提名最少的儿童；被拒绝儿童，即获得负向提名最多和几乎没有获得正向提名的儿童；一般儿童，即获得一些两种提名，但是正向提名没有受欢迎儿童多，负向提名没有被拒绝儿童多的儿童；受忽视儿童，即获得两种提名都非常少甚至几乎没有获得两种提名的儿童；争议儿童，即同时获得很多正向提名和负向提名的儿童。

(4) 影响同伴交往的因素与同伴交往能力的优化

影响因素：儿童自身的特点，即儿童的行为特点、儿童的个性特点、儿童的社会认知能力、交往技能和相貌、年龄等其他特点，是影响其同伴交往的重要内因；外部环境的作用，即早期亲子交往的经验、教师的态度与行为、活动材料和活动性质是影响学前儿童同伴交往的重要外因。

优化儿童与同伴交往能力的措施：采取科学合理的教育教养方式；多为儿童创设同伴交往的机会；有针对性地指导各类儿童交往。

3. 学前儿童的社会行为

(1) 社会行为的概念与分类

社会行为是人们在交往活动中所形成的对他人或某一事物、事件表现出的态度、言语和行为反应。

根据社会行为的动机和目的不同，可以分为亲社会行为和反社会行为两大类。亲社会行为，是指能够善意地帮助和支持他人，或使他人受益的自愿行为。其中，利他行为被看成是更为高尚、道德的亲社会行为。

反社会行为，是指违反社会公认的行为规范，损害社会和公众共同利益的行为。反社会行为一词所指代的性质严重且恶劣，学前儿童心智远未成熟，因此不宜给他们贴上反社会行为的标签。不过，从防患于未然的角度而言，需要关注和防止学前儿童的攻击性行为。

(2) 学前儿童亲社会行为的发展

婴儿在与人交往的过程中，不时体现出早期分享行为的倾向；6 个月以后的婴儿也初步体现出了一些具有同情和安慰倾向的行为；学步儿也常常会积极主动地帮助父母做一些日常的家务活。

随着年龄的增长，幼儿亲社会行为的数量呈上升趋势；幼儿在园表现出来的多种亲社会行为中，合作行为居多；幼儿在园亲社会行为指向同性同伴比指向异性同伴的次数多。

(3) 学前儿童亲社会行为的影响因素与培养

影响因素：儿童观点采择的水平会影响其亲社会行为的认知；在亲社会行为的决定阶段，对方与自己的人际关系，以及儿童当时的情绪和情感，会影响儿童的具体决定；父母和教师的直接教育和对亲社会行为的强化具有重要作用，儿童从社会生活环境中进行的学习，也在一定程度上影响其亲社会行为。

培养：进行观点采择的训练；改善儿童的人际关系；拓展儿童的应对经验；创设良好

的生活环境。

(4) 攻击性行为的概念与发展特点

攻击性行为，是指故意导致人或动物身体、情感受到伤害的行为，或者是故意导致财物损坏的行为。损害性是攻击性行为的基本特征。

攻击性行为的分类：美国学者哈吐普按照攻击者的意图将攻击性行为划分为工具性攻击和敌意性攻击；按照攻击的手段来划分，攻击性行为大致可以分为身体性攻击行为和言语性攻击。

学前儿童攻击性行为的发展特点：从工具性攻击逐渐向敌意性攻击转化；由身体性攻击逐渐向言语性攻击转化；儿童攻击性行为存在一定的性别差异。

(5) 攻击性行为的主要影响因素与防止措施

遗传基因、激素水平等生物因素，以及父母的教养方式、大众传播媒介等环境因素，以及儿童自身的交往技能、社会认知能力等，已经被研究证实对儿童的攻击性行为都具有不同程度的影响。而且这些影响因素呈现出复杂的交互作用。

攻击性行为的干预：①改善儿童生活的环境，包括改善家庭氛围，采取科学的教养方式，科学保教，创造良好的活动环境，选择优秀的影视作品和读物；②可以通过角色扮演、集体讨论和真实性检验来提高儿童的社会认知水平；③培养儿童的交往技能和自控能力。可以采用行为训练法、认知训练法和情感训练法来培养儿童的交往技能，通过讨论、游戏体验等多种方式，培养儿童的情绪调节和自我控制能力。

本章检测

一、思考题

1. 亲子交往、同伴交往的含义分别是什么？

2. 何为依恋？依恋具有哪些基本特点？依恋的发展经历了哪些阶段？

3. 同伴交往对学前儿童的心理发展具有哪些重要意义？

4. 影响同伴交往的因素有哪些？如何优化学前儿童同伴交往的能力？

5. 何为社会行为、亲社会行为和反社会行为？

6. 何为攻击性行为？攻击性行为有哪些分类？

7. 学前儿童的攻击性行为具有哪些发展特点？

二、实践应用题

1. 父母对自己所用教养方式的回顾与分析：回顾自己的成长经历，特别是亲子交往的情况，分析父母对自己的教养方式属于哪一种类型的教养方式，这一教养方式有何优势与不足；思考是哪些因素使得父母对自己采用这一教养方式。

2. 亲子交往片段的观察研究：小组合作，观察 10 个亲子交往的片段，分析其中涉及哪些亲子交往的作用机制，讨论这些机制的优劣。

3. 同伴交往的行动研究：小组合作，采用同伴现场提名法了解一个自然班中儿童同伴交往的类型；与带班教师合作，一起研究个性化的教育方案，提升被拒绝和受忽视型儿童的同伴交往质量。

4. 亲社会行为的行动研究：小组合作，观察一个自然班幼儿亲社会行为的发生频率和种类，设定为现状；根据亲社会行为的影响因素和培养措施的有关知识，与带班教师合作，尝试培养幼儿的亲社会行为，持续两个星期；对比幼儿亲社会行为前后的变化，总结反思教育的效果。

5. 攻击性行为的行动研究：小组合作，以自然观察法，辅以对幼儿教师的访谈，找出一个自然班中攻击性行为较多的幼儿；根据攻击性行为的影响因素和干预措施的有关知识，与带班教师合作，尝试降低幼儿的攻击性行为，持续两个星期；对比幼儿前后攻击性行为的变化，总结反思教育的效果。

6. 入园焦虑的访谈研究：小组合作，访谈多位幼儿教师，了解他们曾经尝试过哪些办法来缓解新入园幼儿的分离焦虑，效果如何；汇总访谈结果，再反馈给幼儿教师。

7. 儿童观看影视作品的访谈研究：小组合作，访谈家长给孩子看影视作品的种类、时间和注意的事项；讨论家长们做得好与需要改进的方面；拟建设性的建议，反馈给这些家长。

参 考 文 献

国家文件类

[1] 幼儿园工作规程.1996-03-09,2016-01-05.

[2] 幼儿园教育指导纲要(试行).2001-08-01.

[3] 中国7岁以下儿童生长发育参照标准.2009-06-02.

[4] 国务院关于当前发展学前教育的若干意见.2010-11-24.

[5] 3—6岁儿童学习与发展指南.2012-10-09.

[6] 幼儿园教师专业标准(试行).2012-10-15.

工具书类

[1] 林崇德,杨治良,黄希庭.心理学大辞典.上海:上海教育出版社,2003.

[2] 中国社会科学院语言研究所词典编辑室.现代汉语词典(第5版).北京:商务印书馆,2005.

著作类

[1] 贝克.儿童发展(第5版).吴颖,译.南京:江苏教育出版社,2002.

[2] 边玉芳.儿童心理学.杭州:浙江教育出版社,2009.

[3] 陈帼眉.学前心理学(第2版).北京:人民教育出版社,2003.

[4] 陈鹤琴.家庭教育.上海:华东师范大学出版社,2006.

[5] 戴维·霍瑟萨尔,郭本禹.心理学史.郭本禹,魏红波,朱兴国,译.北京:人民邮电出版社,2011.

[6] 戴维·迈尔斯.心理学.黄希庭,译.北京:人民邮电出版社,2013.

[7] 郭力平.学前儿童心理发展研究方法.上海:上海教育出版社,2002.

[8] 黄希庭.心理学导论.北京:人民教育出版社,1991.

[9] 黄希庭.人格心理学.杭州:浙江教育出版社,2002.

[10] 劳拉·E.伯克.伯克毕生发展心理学:从0岁到青少年(第4版).陈会昌,译.北京:中国人民大学出版社,2014.

[11] 科里.心理咨询与治疗的理论及实践(第八版).谭晨,译.北京:中国轻工业出版社,2010.

[12] 李葆明.前额叶皮层α2受体与注意力缺损多动症.中南地区第八届生理学学术大会论文摘要汇编,2012-6-12.

[13] 李燕,赵燕. 学前儿童发展心理学. 上海:华东师范大学出版社,2008.

[14] 刘金花. 儿童发展心理学(第 3 版). 上海:华东师范大学出版社,2006.

[15] 罗伯特·菲尔德曼. 发展心理学——人的毕生发展(第 4 版). 苏彦捷,译. 北京:世界图书出版公司,2007.

[16] 罗斯·D. 帕克,阿莉森·克拉克-斯图尔特. 社会性发展. 俞国良,译. 北京:中国人民大学出版社,2014.

[17] 玛利亚·鲁宾逊. 0～8 岁儿童的脑、认知发展与教育. 李燕芳,译. 上海:上海教育出版社,2013.

[18] 马乔里·J. 克斯特尔尼克. 儿童社会性发展指南:理论到实践. 邹晓燕,译. 北京:人民教育出版社,2009.

[19] 南茜·艾森博格. 爱心儿童——儿童的亲社会行为研究. 孔毅梅,译. 成都:四川教育出版社,2006.

[20] 彭聃龄. 普通心理学(修订版). 北京:北京师范大学出版社,2001.

[21] 钱峰,汪乃铭. 学前心理学(第 2 版). 上海:复旦大学出版社,2012.

[22] 吴荔红. 学前儿童发展心理学. 福州:福建人民出版社,2014.

[23] 杨丽珠,吴文菊. 幼儿社会性发展与教育. 大连:辽宁师范大学出版社,2000.

[24] 詹姆斯·卡拉特. 生物心理学. 苏彦捷,译. 北京:人民邮电出版社,2013.

[25] 张春兴. 教育心理学. 杭州:浙江教育出版社,1998.

[26] 张文新. 儿童社会性发展. 北京:北京师范大学出版社,1999.

[27] 周念丽. 学前儿童发展心理学(第 3 版). 上海:华东师范大学出版社,2014.

[28] 朱智贤,林崇德. 思维发展心理学. 北京:北京师范大学出版社,1986.

[29] 罗杰·霍克. 改变心理学的 40 项研究. 白学军,译. 北京:人民邮电出版社,2010.

[30] Piaget J. The psychology of intelligence (M Piercy, DE Berlyne, trans.). New York: Harcourt, Brace, 1950 (Originally published, 1947).

期刊报纸网站类

[1] 陈红香. 三至六岁幼儿创造想象发展的调查分析. 学前教育研究,1999,76(4).

[2] 陈惠芳,程华山. 4～14 岁儿童注意广度发展的实验研究. 心理科学通讯,1989(1).

[3] 陈伟民,桑标. 儿童自我控制研究述评. 心理科学进展,2002(1).

[4] 岑国桢. 列昂节夫的个性理论. 心理学探新,1983(2).

[5] 仇佩英. 幼儿自我评价恰当性的研究. 心理科学,1991(3).

[6] 但菲,冯璐. 教师态度与指导方式对幼儿坚持性影响的实验研究. 心理发展与教育,2009(1).

[7] 丁祖荫. 儿童思维发展的几个问题. 心理科学通讯,1984(5).

[8] 范存仁,周志芳. 从出生到六岁儿童智能发展规律的探讨. 心理学报,1983(4).

[9] 韩进之,杨丽珠. 我国学龄前儿童自我意识发展初探. 心理发展与教育,1986(3).

[10] 郝波,梁卫兰,王爽,等. 北京城区 16～30 个月正常幼儿语法发育状况. 中国心理卫生杂志,2005(1).

[11] 侯静,陈会昌,王争艳,等. 亲子互动研究及其进展. 心理科学进展,2002,10(2).

[12] 李葆明. 前额叶皮层 α2 受体与注意力缺损多动症. 中南地区第八届生理学学术大会论文摘要汇

编,2012-6-12.

[13] 李丹.儿童角色采择能力与利他行为发展的相关研究.心理发展与教育,1994(2).

[14] 李洪曾,胡荣查,杜灿珠,等.五至六岁幼儿有意注意稳定性的实验研究.心理学报,1983(2).

[15] 李惠桐,王珊,王之珍,等.三岁前儿童智能发育调查.心理科学通讯,1982(1).

[16] 李彦章.父母教养方式影响因素的研究.健康心理学杂志,2001,9(2).

[17] 刘凌,杨丽珠.婴儿自我认知发生再探.心理学探,2010,30(3).

[18] 刘明.中国儿童青少年的气质分布与发展研究.心理发展与教育,1990(3).

[19] 刘振前,阎国利.研究婴幼儿对特殊事件记忆的方法.心理学动态,1996,4(4).

[20] 刘文,杨丽珠,金芳.气质和儿童同伴交往类型关系的研究.心理学探新,2006,26(4).

[21] 莫秀锋,李红,张仲明.3～5岁幼儿在视野阻隔任务中的长度传递性推理.心理发展与教育,2011(3).

[22] 莫秀锋.有效观察:研究型幼儿教师成长的基点.教育导刊,2015,560(4).

[23] 莫秀锋.试析优秀幼儿教师的教育行为特征.教育导刊,2015,564(6):57-59.

[24] 莫秀锋.儿童说谎研究新进展对诚信教育的启示. 教育导刊,2009, 420(6):29-33.

[25] 莫秀锋.儿童的重复行为:正常与异常的辨析.中国特殊教育,2014(4).

[26] 莫秀锋.亲子冲突的认知和理性应对.教育导刊,2008(3).

[27] 沈德立,阴国恩,朱萍,等.关于幼儿视、听感觉道记忆的研究.心理科学通讯,1985(2).

[28] 石筠弢.婴儿期自我认知的发展.心理发展与教育,1989(4).

[29] 王明珠,邹泓,李晓巍,等.幼儿父母婚姻冲突与教养方式的关系:父母情绪调节策略的调节作用.心理发展与教育,2015,31(3).

[30] 王宪细,刘静和,范存仁.四至九岁儿童类概念的发展的实验:Ⅱ.儿童分类中的概括特点的实验研究.心理学报,1964(4).

[31] 王宪细.国外有关儿童思维发展的一些研究.心理科学通讯,1964(2).

[32] 吴天敏,许政援.初生到三岁儿童言语发展记录的初步分析.心理学报,1979(2).

[33] 杨丽珠,杨春卿.幼儿气质与母亲教养方式的选择.心理科学,1998,21(1).

[34] 姚平子,熊易群,王启萃,等.幼儿观察力发展的实验研究.心理发展与教育,1985(2).

[35] 阴国恩.材料的几何属性差异对3—7岁儿童分类标准影响的研究.心理科学,1996(05).

[36] 庞丽娟.幼儿不同交往类型的心理特征的比较研究.心理学报,1993(3).

[37] 幼儿口头言语研究协作组.幼儿口头言语发展的调查研究.心理科学通讯,1981(5).

[38] 张玲.对当下国内儿童真人秀节目的反思.新闻世界,2014(3).

[39] 张萌,张文新.母亲抚养压力、母亲行为和幼儿消极行为特征的调查及其对策.青少年研究,2001(1).

[40] 张志杰,黄希庭.自传记忆的出现及早期发展.心理学动态,1999,7(2).

[41] 曾彬,吕园.3～6岁幼儿注意水平研究.教育导刊,2014(5).

[42] 周宗奎.亲子交往作用机制的心理学分析.西南师范大学学报(哲社版),1997(2).

[43] 冯夏婷.关于3～7岁攻击性幼儿的社会认知发展状况的研究(博士学位论文).华南师范大学,2003.

[44] 覃燕燕，袁夏岚. 两岁孩被灌酒变痴呆谁之过？http://www.qianhuaweb.com/2015/0521/2766179.shtml,2015-05-21.

[45] 刘金婷，等. 睾酮与人类社会行为. 心理科学进展，2013，21(11).

[46] 张春续. 女孩摔婴：真有天生罪犯吗. http://view.news.qq.com/original/intouchtoday/n2634.html，2013-12-06.

[47] Meltzoff A N，Moore M K. Newborn Infants Imitate Adult Facial Gestures. Child Development，1983(54).

[48] Rovee-Collier C. The Development of Infant Memory. Current Directions in Psychological Science，1999，8(3).

[49] Warren Jones，Ami Klin. Attention to eyes is present but in decline in 2-6-month-old infants later diagnosed with autism. Nature，2013.

[50] http://blog.renren.com/share/248807806/14367182676,2015-01-06.

[51] http://finance.chinanews.com/life/2014/11-14/6775139.shtml,2015-01-08.

[52] http://hznews.hangzhou.com.cn/kejiao/content/2012-02/07/content_4058918.htm，2015-01-03.

[53] http://muzhi.baidu.com/question/2897271.html,2015-01-03.

[54] http://news.sciencemag.org/sifter/2014/02/mom-makes-different-milk-for-boys-and-girls，2014-10-03.

[55] http://news.sina.com.cn/e/2005-05-18/14016678531.shtml，2014-11-12.

[56] http://www.022net.com/2012/11-28/442620383272447.html,2014-09-10.

[57] http://www.39yst.com/xinwen/20150211/234006.shtml,2014-09-26.

[58] http://www.iqiyi.com/jilupian/20130125/33dca2d8e3ec4e24.html,2015-01-06.

[59] http://www.nhfpc.gov.cn/zhuzhan/wsbmgz/201304/b64543eaaee1463992e8ce97441c59bb.shtml,2015-01-03.

[60] http://www.pep.com.cn/xgjy/xlyj/xskj/fzyjy/201008/t20100827_798040.htm,2015-01-03.

[61] http://www.xinli001.com/info/11087/,2015-01-03.

[62] http://zhidao.baidu.com/question/158260305.html,2015-01-03.

[63] http://www.3dmgame.com/news/201007/17574.html,2014-12-26.

[64] http://news.163.com/11/0525/03/74SAQVFV00014AED.html，2014-05-21.

[65] http://www.66law.cn/laws/68828.aspx，2014-11-12.

[66] http://www.moe.edu.cn/publicfiles/business/htmlfiles/moe/s5972/201201/129266.html，2015-01-03.